Tiere im Wattenmeer

Zur Lebensweise ausgewählter Arten

Herausgegeben vom

Landesinstitut Schleswig-Holstein
für Praxis und Theorie der Schule (IPTS)

und dem

Landesamt für den Nationalpark
Schleswig-Holsteinisches Wattenmeer (NPA)

im Geschäftsbereich des Ministers für Natur, Umwelt
und Landesentwicklung

sk

1990

Verlag Schmidt & Klaunig, Kiel

Diese Schrift wurde vom IPTS-Arbeitskreis
„Wattenmeer“ erstellt:

Ulrich Fiedler
Klaus Kock
Matthias Kundy
Boje Maaßen
Dr. Hans-Ulrich Meyer
Dr. Manfred Thies

Titelfotos: Sandregenpfeifer (K. Wernicke)
Wattschnecken (H. Schwarzbach)

ISBN 3-88312-142-8

Inhalt

Seite

Vorwort

Das Wattenmeer ist einer der geheimnisvollsten und faszinierendsten Lebensräume in Mitteleuropa. Wegen seiner international herausragenden ökologischen Bedeutung wurde 1985 der Nationalpark Schleswig-Holsteinisches Wattenmeer eingerichtet. Dieser Schutz, der höchste nach deutschem Naturschutzrecht, kann nur realisiert werden mit den Menschen, die in diesem Gebiet leben und das Wattenmeer nutzen.

Doch wir können nur schützen, was wir kennen. Es ist deshalb wichtig, aufzuzeigen, was alles im Wattenmeer lebt und welche ökologischen Zusammenhänge und Vernetzungen sowie Empfindlichkeiten bestehen.

Umweltbildung und Information gehören mit zu den bedeutsamen Aufgaben des Wattenmeer- und Nordseeschutzes. Diese Schrift wird gemeinsam von IPTS und NPA herausgegeben, um Lehrkräften – einer der wichtigsten Multiplikatorengruppen im Natur- und Umweltschutz – geeignete Materialien an die Hand zu geben, die den Unterricht, besonders auch in der freien Natur, bereichern und verbessern können.

Den Mitgliedern des IPTS-Arbeitskreises „Wattenmeer" danken wir für die mühevolle Arbeit beim Zusammentragen der Wissensbausteine über Tiere des Wattenmeeres.

Wir hoffen, daß dieses Sachwissen dazu beiträgt, die Naturschutzproblematik des Wattenmeeres vielen – vor allem auch jungen – Menschen klar zu machen und sie zu veranlassen, sich für seinen Schutz einzusetzen.

Kronshagen/Tönning, im Dezember 1990

Dr. Hans Dohm
Direktor des
Landesinstituts Schleswig-Holstein
für Praxis und Theorie
der Schule

Friedrich Heddies Andresen
Direktor des
Landesamtes für den
Nationalpark
Schleswig-Holsteinisches
Wattenmeer

Einführung

Hans Ulrich Meyer

Erleben, Erkennen und Verstehen von Naturvorgängen sind wichtige Elemente der Umwelterziehung. Die Kenntnis der Biologie und der Ökologie häufiger Tier- und Pflanzenarten ist dabei unerläßlich. Sowohl die exemplarische Betrachtung einzelner Arten als auch die Analyse eines ökologischen Beziehungsgeflechtes erfordern dies. Es bereitet aber oftmals Schwierigkeiten, die in der Literatur weit verstreuten Informationen über die Arten zu finden. Die Veröffentlichung des IPTS-Arbeitskreises „Biotoparbeit auf dem Schulgelände" über „Unterrichtliches Arbeiten mit dem Schulteich" (IPTS 1985) ist ein positives Beispiel für eine Zusammenstellung solcher Informationen.

Der IPTS-Arbeitskreis „Wattenmeer" hat sich deshalb als erstes Ziel gesetzt, diese Informationslücke für den Bereich Wattenmeer zu schließen. Aufbauend auf vorhandene Literatur zum Thema (vor allem KOCK 1988, MEYER 1985, THIES 1985) und ergänzt durch Angaben aus der Primärliteratur und aus Handbüchern sind in diesem Band Informationen zur Biologie und Ökologie der wichtigsten Tierarten des Wattenmeeres zusammengetragen. Der vorliegende Band soll es ermöglichen, die Beobachtungen im Lebensraum Wattenmeer zu deuten, zu vertiefen und damit in einen Verständnis-Zusammenhang zu stellen. So ist er eine wichtige Voraussetzung für die in Vorbereitung befindlichen Bausteine zum Erleben, Erkunden und Erlernen des Lebensraumes Wattenmeer. Der Band soll sowohl Lehrerinnen und Lehrern als auch Schülerinnen und Schülern höherer Klassenstufen eine Hilfe sein.

Bei der Erarbeitung der Monografien wurde wie folgt verfahren:

- Die Auswahl der Arten erfolgte nach den Kriterien Häufigkeit, Auffälligkeit sowie nach ihrer Bedeutung im Rahmen der Umwelterziehung, also im gewissen Sinn nach ihrer pädagogischen Bedeutung.
- Die Reihenfolge der behandelten Arten richtet sich nach der gültigen Taxonomie; hilfreich war die Artenliste im Bericht der Wadden Sea Working Group (DANKERS, KÜHL & WOLFF 1981).
- Für viele Arten der Wirbellosen existieren uneinheitlich mehrere deutsche Namen, gelegentlich ist auch gar keiner zu finden. Wir haben uns in der Namensgebung weitgehend dem Bestimmungsbuch „Düne, Strand und Wattenmeer" angeschlossen, was in Absprache mit den Autoren geschah (JANKE & KREMER 1988). Mit dem Bezug auf ein verbreitetes, populäres Bestimmungsbuch hoffen wir, daß eine einheit-

liche deutsche Benennung weitere Verbreitung erfährt, was für die schulische Arbeit sicher von Vorteil ist.

- Die Monografien haben einen unterschiedlichen Umfang; wir haben hierbei folgende Schwerpunkte gelegt: Da Informationen über Wirbellose schwerer zugänglich sind als beispielsweise über Vögel, werden erstere ausführlicher dargestellt. Innerhalb der Wirbellosen sind die Monografien der häufigen, auffälligen Arten umfangreicher gestaltet.
- Die ausführlicheren Monografien folgen einem einheitlichen Gliederungsschema, wobei die einzelnen Abschnitte je nach der Erhältlichkeit von Informationen und nach der pädagogischen Bedeutung gewichtet werden:
  - Namen (deutsch, wissenschaftlich, ggf. ortsübliche), Beschreibung,
  - Vorkommen, Lebensweise (Fortbewegung, Behausung, Sinne), Atmung und Blutkreislauf, Ernährung, Exkretion und Osmoregulation, Fortpflanzung und Entwicklung, Feinde und Stellung in der Nahrungskette sowie ggf. wirtschaftliche Bedeutung.
  - Bei Kurzmonografien von weniger bedeutsamen Arten entfallen einzelne dieser Punkte.
  - Literaturangaben werden jeweils am Ende der einzelnen Monografien aufgelistet.
  - Am Ende haben wir ein Glossar eingefügt. Die Verwendung von Fachausdrücken läßt sich bei diesem umfangreichen Thema nicht ganz vermeiden; das Verzeichnis soll zur besseren Verständlichkeit beitragen.

Obwohl es inzwischen eine Fülle von Veröffentlichungen zur Ökologie des Wattenmeeres gibt, haben wir einige einführende Kapitel vorangestellt. Hier sollten sonst kaum behandelte allgemeine Aspekte angesprochen werden, wie Osmoregulation, Produktion und Stabilität des Ökosystems.

Für hilfreiche Hinweise und kritische Durchsicht des Manuskriptes haben wir zu danken: R. Berghahn, M. Franz, G. Heidemann, K. Janke, K. Kos-magk-Stephan, K. Reise, U. Rösner.

Literatur

DANKERS, N., H. KÜHL & W.J. WOLFF (1981): Invertebrates of the Wadden Sea. Final Report of the section‚Marine Zoology' of the Wadden Sea Working Group. Rotterdam (Balkema).

KOCK, K. (1988): Das Watt. Lebensraum auf den zweiten Blick. Rendsburg (Schutzstation Wattenmeer).

IPTS (1985): Unterrichtliches Arbeiten mit dem Schulteich. Beobachten und Untersuchen. IPTS Beiträge für Unterricht und Lehrerbildung Nr. 20. Kiel (Schmidt & Klaunig).

JANKE, K. & B.P. KREMER (1988): Düne, Strand und Wattenmeer. Tiere und Pflanzen unserer Küsten. Stuttgart (Kosmos).

MEYER, H.U. (1985): Schulbiologische Untersuchungen im Wattenmeer. IPTS Beiträge für Unterricht und Lehrerbildung Nr. 21. Kiel (Schmidt & Klaunig).

THIES, M. (1985): Biologie des Wattenmeeres. Praxis Schriftenreihe Biologie, Band 32. Köln (Aulis).

DER LEBEMSRAUM WATTENMEER

Geographischer Überblick

Klaus Kock

1. Definition

Als Watt werden die regelmäßig im Gezeitenrhythmus freifallenden und überfluteten Flächen zwischen Land und Meer bezeichnet. Das Wattenmeer umfaßt das gesamte Küstengebiet mit freifallenden Wattflächen, Inseln, Sandbänken, Wattströmen und Vorlandsalzwiesen (Abb. 1).

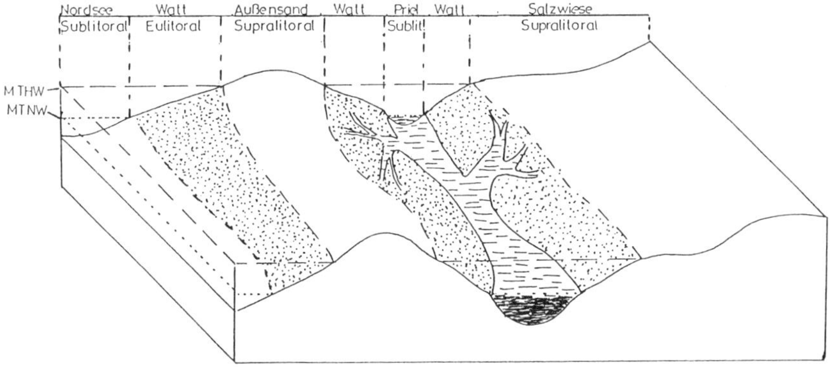

Abb. 1: Landschaftselemente des Wattenmeeres, vereinfacht (Zeichnung Bernhardi).

Wegen der regelmäßigen Veränderungen der Gezeitenstände bei Spring- und Nipptide (in vierzehntägigem Wechsel durch die unterschiedliche Stellung der gezeitenerzeugenden Himmelskörper zueinander) und unregelmäßiger Wasserstandsschwankungen durch Windeinfluß gibt es keine scharfe Abgrenzung des Watts zum Meer und zum Land hin.

Der mittlere Tidenhub, also der Abstand zwischen mittlerem Tidehochwasser (MTHw) und mittlerem Tideniedrigwasser (MTNw), beträgt an den nördlichen und westlichen Rändern des Wattenmeeres etwa 1,5 m, während er in der inneren Deutschen Bucht 3 bis 4 m erreicht.

2. Größe des Gebietes

Das Wattenmeer der südlichen Nordsee erstreckt sich vom niederländischen Den Helder bis zur Halbinsel Skallingen in Dänemark über annähernd 500 km Länge (Abb. 2). Die Breite variiert stark, sie beträgt im Mittel

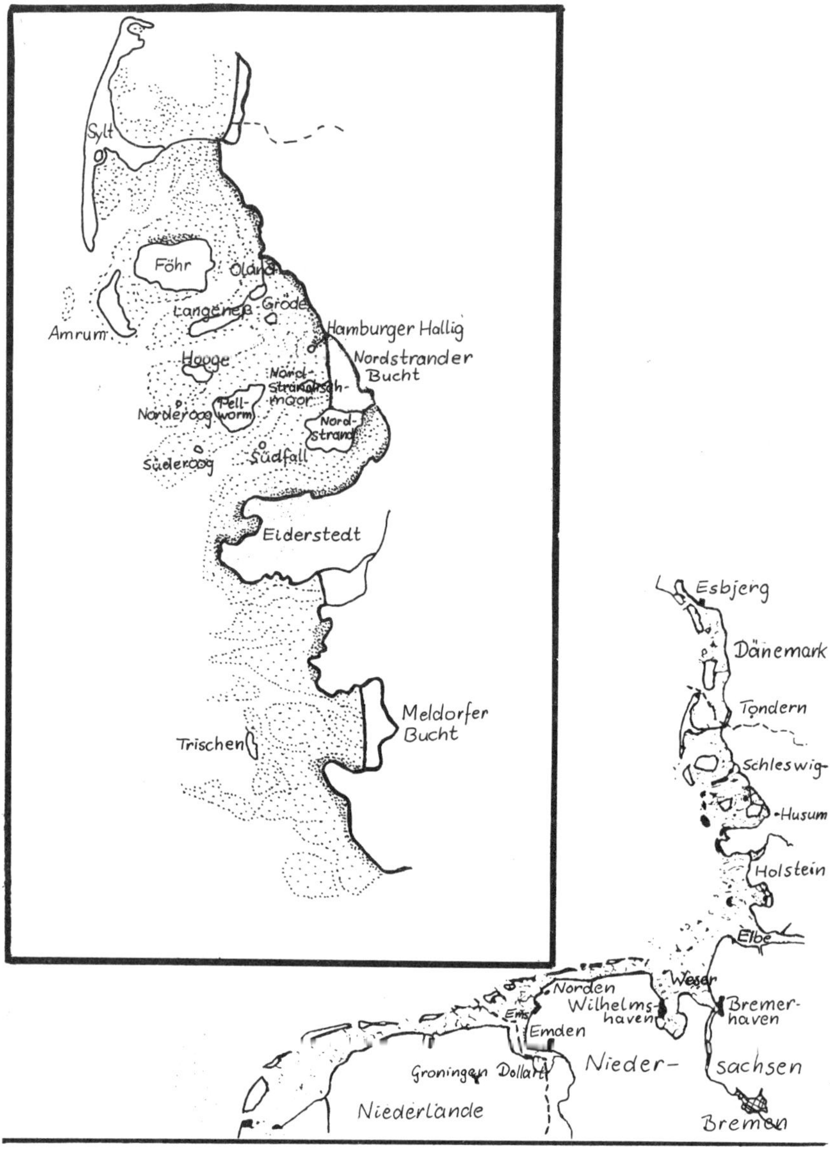

Abb. 2: Übersichtskarte des gesamten und des schleswig-holsteinischen Wattenmeeres (Zeichnung Bernhardi).

meist 10 km, bei Husum im nordfriesischen Wattenmeer sogar über 30 km. Die Gesamtfläche beträgt ca. 7.500 km².

3. Landschaftselemente

An der Festlandsküste bilden die Flußästuarien von Ems, Weser und Elbe tiefe Buchten, die durch den Brackwassereinfluß besondere Lebensräume darstellen.

Bezogen auf das gesamte Wattenmeer machen die freifallenden Wattflächen etwa 2/3 der Fläche aus, sie liegen im Eulitoral. Die ständig wasserführenden Priele sowie die tieferen Wattströme gehören dem Sublitoral an, während die Salzwiesen der Halligen und die Vorländer dem Supralitoral zugerechnet werden. Abb. 3 zeigt die Flächenanteile der verschiedenen Landschaftselemente im nordfriesischen Wattenmeer.

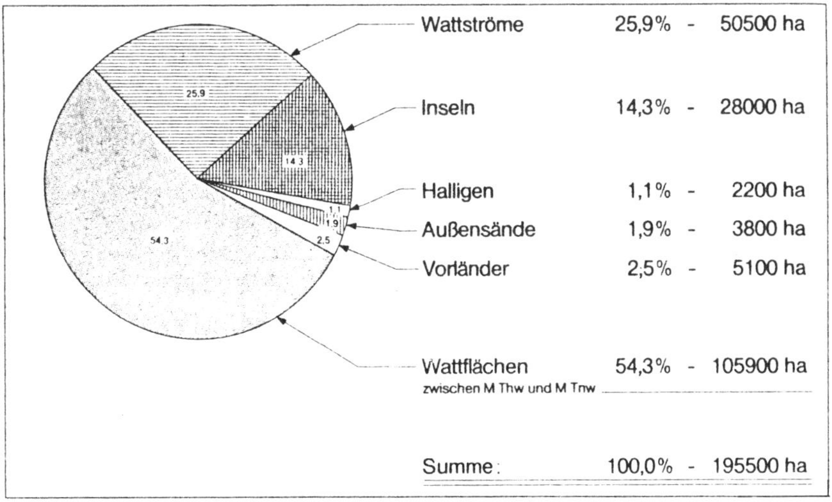

Abb. 3: Verteilung der Landschaftselemente im nordfriesischen Wattenmeer (aus DIECKMANN).

4. Entwicklung

Das Wattenmeer ist eine geologisch junge Landschaft, die sich nach der letzten Eiszeit entwickelte, auf deren Höhepunkt der Meeresspiegel etwa 100 m tiefer lag als heute. Vor etwa 6.000 bis 7.000 Jahren lag der Meeresspiegel nur noch 3 – 4 m tiefer als heute und erreichte langsam den seeseitigen Rand des Wattenmeeres. Aufeinanderfolgende Transgressionen und Regressionen des Meeres hatten wechselnde Sedimentschichten aus sandigen oder tonigen Meeressedimenten (während der Transgressionen) und Torf (während der Regressionen) zur Folge.

Doch entwickelten sich die heutigen Küstenformen im wesentlichen erst in den letzten 1.000 Jahren (Abb. 4). So brachen die Zuidersee und der Dollart bei der schweren Sturmflut von 1362 ein, die auch in Nordfriesland große Landverluste verursachte. Ein Teil der Wattflächen ist also ehemaliges Kulturland, wie von Zeit zu Zeit freigelegte Spuren menschlicher Tätigkeiten (Grabensysteme, Brunnenringe) zeigen.

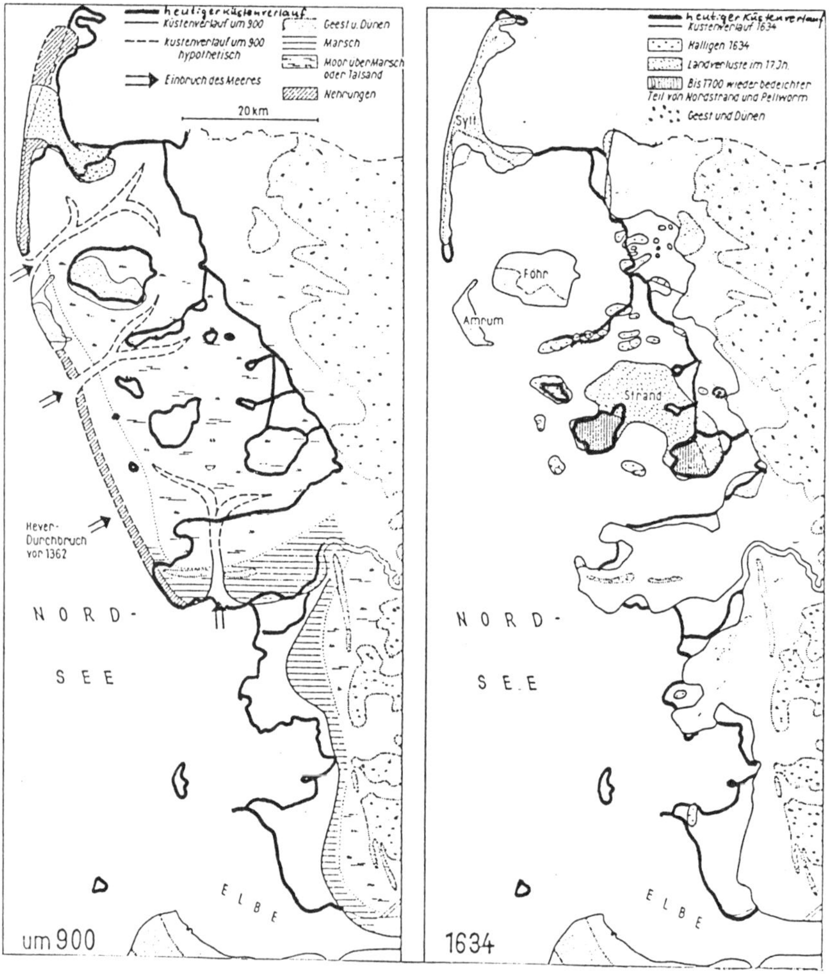

Abb. 4: Die Entwicklung der Küstenformen an der schleswig-holsteinischen Westküste in den letzten tausend Jahren (verändert nach BANTELMANN).

4. Geomorphologie

Charakteristisches Merkmal des Watts ist seine natürliche Dynamik, die sowohl die Sedimente als auch die Lebensgemeinschaften betrifft. Insbesondere die Sedimente sind häufigen Umlagerungen ausgesetzt. Ursachen hierfür sind die regelmäßigen Gezeitenströmungen sowie unregelmäßig auftretende Sturmfluten. Je nach Strömungs- und Brandungsexposition überwiegt in einigen Bereichen Erosion, während andere Gebiete durch Sedimentation langsam anwachsen. Neben dieser vorherrschenden Umlagerung innerhalb des Wattenmeeres ist auch ein Eintrag von Sinkstoffen aus der freien Nordsee zu verzeichnen.

Die Gezeitenströmungen sind über den tiefergelegenen Wattflächen stärker als über höheren Watten, da größere Wassermassen pro Zeiteinheit transportiert werden. Dies führt zu einer räumlichen Differenzierung der Sedimente, denn es besteht ein positiver Zusammenhang zwischen Strömungsgeschwindigkeit und Korngröße der sedimentierten Teilchen.

Prinzipiell entstehen daher in den tiefergelegenen äußeren Wattbereichen Sandwatten (vorherrschende Korngröße über 0,1 mm), es folgen Mischwattgebiete (vorherrschende Korngröße 0,06 – 0,1 mm), und in Landnähe bzw. auf Wattwasserscheiden dominieren Schlickwatten (vorherrschende Korngröße geringer als 0,06 mm), da hier die Strömung beim Kentern der Tide völlig zum Erliegen kommt.

Literatur

ABRAHAMSE, J. (ed.) (1984): Wattenmeer, Neumünster (Wachholtz).

BANTELMANN, A. (1966): Die Landschaftsentwicklung der schleswig-holsteinischen Westküste, Die Küste 2.

DIECKMANN, R. (1987): Bedeutung und Wirkung des Deichvorlandes für den Küstenschutz. In.: N. KEMPF u.a. (Hrsg.): Salzwiesen: Geformt von Küstenschutz, Landwirtschaft oder Natur? WWF Tagungsbericht 1, Husum.

REINECK, H.E. (ed.) (1982): Das Watt. Ablagerungs- und Lebensraum. Frankfurt (Kramer).

Abiotische Umweltfaktoren

Klaus Kock

Generell gleichen die Lebensbedingungen des Watts weitaus stärker denen des Meeres als jenen des Landes. Doch treten im Vergleich zum vollmarinen Bereich erheblich größere Schwankungen der abiotischen Umweltfaktoren auf.

1. Temperatur

Durch die geringe Wassertiefe und das Freifallen können im Watt sowohl im Tages- als auch im Jahresverlauf erheblich höhere Temperaturschwankungen als in der freien Nordsee auftreten. Tageshöchsttemperaturen im Sommer von 35° C an der Wattoberfläche können nach der Überflutung auf 15°–20° C absinken. Im Winter kann die Temperatur bei strengem Frost auf –5° bis –10° C fallen. Eisschollen können sich bilden, an der obersten Bodenschicht festfrieren und diese bei Bewegung forttragen bzw. abhobeln.

2. Salzgehalt

Der Salzgehalt liegt im Wattenmeer mit etwa 30 ‰ unter dem der freien Nordsee (34 ‰), was durch die Aussüßung durch Flußwasser verursacht wird. Durch starke Regenfälle kann das Wasser in Wattpfützen und in der obersten Bodenschicht stark ausgesüßt werden, während es bei starker Sonneneinstrahlung, vor allem in der Verlandungszone, durch Verdunstung zu höherer Salzkonzentration bis hin zum Auskristallisieren an der Bodenoberfläche kommen kann.

3. Bodentyp

Durch unterschiedliche Strömungsgeschwindigkeiten kommt es zur Sortierung der Sedimente nach Korngrößen, nach der Wattgebiete in Schlickwatt (feinste Bodenteilchen), Mischwatt und Sandwatt (gröbste Bodenteilchen) eingeteilt werden. Generell kann man sagen, daß die Bodenstabilität und der Gehalt an organischer Substanz vom Sandwatt zum Schlickwatt zunehmen.

4. Sauerstoffgehalt des Bodens

Im Boden kommt es durch bakterielle Abbauprozesse von organischer Substanz zu Sauerstoffmangel und zur Bildung von Schwefelwasserstoff. Dieser verbindet sich mit im Boden vorliegendem Eisen zu schwarzem Schwefeleisen. So befindet sich im Wattboden unter der Oberfläche eine je nach Durchlüftung nur wenige Millimeter bis Zentimeter dicke bräunliche Oxidationszone und darunter die schwärzliche sauerstofffreie Reduktionszone. Im Schlickwatt mit geringer Durchlüftung und hohem Anteil an organischer Substanz ist die Reduktionszone markanter ausgebildet als im Sandwatt.

5. Strömung

Neben den regelmäßig auftretenden Gezeitenströmungen, die kaum 0,5 - 1 m/sec auf den Wattflächen überschreiten, treten bei Sturmfluten erheblich stärkere Strömungen auf, da in der gleichen Zeiteinheit größere Wassermassen bewegt werden müssen. Auch wirbelt dann die starke Brandung den Boden kräftig um.

Für das Verständnis der Wattökologie ist es besonders wichtig, daß neben den regelmäßigen Schwankungen (durch astronomische Gesetzmäßigkeiten), die schon deutlich über denen der freien Nordsee liegen, unregelmäßige dramatische Ereignisse (Sturmfluten, Eiswinter) auftreten, die immer wieder zu starken Veränderungen der Lebensgemeinschaften führen.

Literatur

REINECK, H.E. (Hrsg.) (1982): Das Watt. Ablagerungs- und Lebensraum, Frankfurt (Kramer).

WOLFF, W.J. (1983): Ecology of the Wadden Sea, Bd. 1 Hydrology, Rotterdam (Balkema).

Anpassungen der Tiere an das Wattenmeer:

Fortpflanzung und Wanderungen

Hans Ulrich Meyer

Fortpflanzung und Wanderungen der Wirbellosen des Wattenmeeres können als Einheit betrachtet werden, da beide Mechanismen zur schnellen Ausbreitung der Arten im Wattenmeer beitragen. Denn ein Lebensraum mit extrem schwankenden Umweltbedingungen wird nur dann erfolgreich besetzt, wenn das Gebiet auch nach schweren Verlusten immer wieder neu besiedelt werden kann. Für die meisten Arten der Wirbellosen liegt in den küstennahen Bereichen der Nordsee ein großes Reservoir vor, aus dem sich die Populationen des Wattenmeeres immer wieder neu ergänzen können.

Meerestiere pflanzen sich typischerweise über ein planktisches Larvenstadium fort. Sie werden auf diese Weise in neue Siedlungsareale verdriftet. Dauernd festsitzende Arten (wie z.B. die Seepocken) können diese Verbreitung sogar nur über eine planktische Phase vollziehen. Die Strategie hat den Vorteil, daß durch Strömungen eine weite Verbreitung erfolgt. Nachteilig sind die hohen Verluste durch Wegfraß und durch Besiedeln eines ungeeigneten Habitats, in dem sich das Jungtier nicht weiterentwikkeln kann. So besetzen Seepocken nur Hartböden, Ringelwürmer aber nur weiche Sedimentböden erfolgreich. Dementsprechend muß ein großer Überschuß an Nachkommen produziert werden. Von den mehr als 10 Mio. Eiern der Miesmuschel überleben weniger als 1 % den ersten Sommer. Sind allerdings geeignete freie Flächen vorhanden, so treten durch den

Brutfall der Larven ernorme Siedlungsdichten auf. Nach einem Eiswinter können 20 000 bis 50 000 kleine Herzmuscheln pro m^2 gezählt werden.

Viele Arten zeigen unterschiedliche Formen von Brutpflege oder Brutfürsorge. Dabei werden weniger Eier gebildet, die aber eine größere Überlebenschance besitzen. Einige Beispiele mögen dies verdeutlichen:

- Einige Borstenwurmarten geben die befruchteten Eizellen in Laichballen ab, die als gallertige Kugeln am Substrat festhaften. Dadurch wird die planktische Phase verkürzt oder umgangen, und die Verluste in dieser Zeit verringern sich.
- Die Wattschnecke hat keine planktische Phase; die Eier werden an festen Partikeln angeheftet; aus ihnen schlüpfen direkt die Kleinschnecken.
- Die Weibchen der Nordseegarnele und der Strandkrabbe tragen ihre Brut einige Zeit mit sich und verkürzen so die planktische Phase.

Alle diese Mechanismen vergrößern die Überlebensaussichten des Eies, der Larve oder des Jungtieres. Sie verhindern zudem ein Verdriften in ungünstige Siedlungshabitate. Andererseits wird so die Fähigkeit zur weiträumigen Neubesiedlung nach Eiswintern, Stürmen oder ähnlichen Katastrophen reduziert. Daher zeigen viele Arten der Wirbellosen ausgeprägte Wanderungsmechanismen:

- Wattwürmer (Arenicola marina) besiedeln in unterschiedlichen Altersstadien verschiedene Wattenbereiche; sie vermindern eine intraspezifische Konkurrenz und weichen einem großen Feinddruck aus.
- Nordseegarnelen, Strandkrabben, Wattschnecken und junge Plattmuscheln lassen sich im Herbst durch die Tidenströmung in sublitorale Bereiche verdriften und kehren im Frühjahr auf gleichem Wege zurück.

Die meisten Arten der Wirbellosen, die regelmäßig im Wattenmeer anzutreffen sind, besitzen ausgeprägte Fähigkeiten einer schnellen Ausbreitung, entweder als Larve oder in späteren Stadien. So wird eine opportunistische Lebensweise begünstigt; auf kurzfristig schwankende Umweltfaktoren, wie Temperatur, Nahrungsangebot oder Feinddruck, kann schnell reagiert werden, und nach Katastrophen können Bestandsverluste binnen Jahresfrist ausgeglichen werden. Diese Mechanismen werden unterstützt durch die Reserve in den angrenzenden Nordseebereichen, aus denen sich bei Totalausfall die Wattenmeerpopulationen neu aufbauen können.

Literatur

ABRAHAMSE, J. (ed.) (1976): Wattenmeer. Neumünster (Wachholtz).

REISE, K. (1985): Tidal flat ecology. Berlin u.a.O. (Springer).

Ernährungsformen

Hans Ulrich Meyer

Das Wattenmeer umfaßt Teillebensräume, die unterschiedlich stark vom Meer beeinflußt werden. Die Dauer der Trockenliegezeit ist von besonderer Bedeutung für die Ernährungsstrategien der Tiere. Gerade im Eulitoral, also zwischen MTHw- und MTNw-Linie, steht die Nahrung nicht ständig zur Verfügung. So können Fische nur bei Wasserbedeckung, Watvögel nur bei Trockenfallen von dem großen Nahrungsreichtum profitieren. Filtrierende Tiere, wie viele Muschelarten, haben durch die Trockenliegezeit eine verkürzte Periode der Nahrungsaufnahme. Neben der unmittelbaren Wirkung auf das Nahrungsangebot beeinflussen Tidenrhythmus und meteorologische Bedingungen alle Lebensbereiche der Wattbewohner, wie bereits unter „abiotische Umweltfaktoren" dargelegt wurde.

Im Folgenden sollen die Ernährungsformen und -mechanismen Wirbelloser dargestellt werden. Sie lassen sich in drei Grundtypen einteilen: die z.T. mitverwendeten englischen Begriffe sind in der Literatur gebräuchlich und umschreiben zudem die Ernährungsform besonders gut.

1. „deposit feeder" sind solche Tiere, die die Nahrung (sedimentiertes organisches Material) auf der Sedimentoberfläche oder im Boden aufnehmen.
2. „suspension feeder" sind solche Tiere, die ihre Nahrung (Plankton oder Sinkstoffe) aus dem freien Wasser aufnehmen.
3. Räuber und Aasfresser.

1. Bei den deposit feeder muß zwischen weidenden Tieren und Sedimentfressern unterschieden werden.

Die Weidegänger, wie die Strandschnecke oder die Wattschnecke, nehmen Kleinstalgen, meist Kieselalgen, von der Wattoberfläche auf.

Die Sedimentfresser leben von Detritus und/oder den daran haftenden Mikroorganismen. Sie fressen entweder unselektiv das gesamte Sediment oder weiden selektiv die stark mit organischem Material angereicherte Oberfläche ab. Typische Vertreter der ersten Gruppe sind der Wattwurm und der Kotpillenwurm, die zweite Gruppe kann durch den Schlickkrebs und durch die Baltische Plattmuschel gekennzeichnet werden. Allerdings gibt es eine Reihe von Übergangsformen der Ernährungsstrategie; auch zeigen sogar klassische Sedimentfresser, wie der Wattwurm, opportunistische Anpassungen, indem das gefressene Sediment zuvor durch Pumpbewegungen mit Nahrung aus dem freien Wasser angereichert werden kann.

2. Die suspension feeder nehmen die Nahrung aus dem freien Wasser auf. Der Fangmechanismus kann sehr verschieden sein: Tentakelfänger fangen meist Zooplankton mit ihren Nesselkapseln (Laomedea-Polypen) oder mit den klebrigen Tentakeln (viele Borstenwürmer, wie der Bäumchenröhrenwurm). Muscheln filtrieren das Wasser mit ihren Kiemen (Miesmuschel, Herzmuschel). Die feinbeborsteten Rankenfüße der Seepocken bilden ein feinmaschiges Netz, das durch das Wasser gezogen wird. Die Pantoffelschnecke produziert Schleimnetze, die sie mit der darin gefangenen Nahrung auffrißt.

3. Räuberische Arten treten in den unterschiedlichsten Größen auf: Junge Strandkrabben, Nordseegarnelen sowie der Opalwurm fressen Tiere der Meiofauna unter 1 mm Größe. Große Strandkrabben, Einsiedlerkrebse sowie Vögel und Fische konsumieren die Makrofauna.

Spezialisierte Aasfresser reagieren mit einem feinen chemischen Fernsinn auf Tierleichen im Wasser. Im Eulitoral ist hier vor allem der Gefleckte Blattwurm, im Sublitoral die Wellhornschnecke zu nennen.

Die meisten Arten zeigen opportunistische Ernährungsstrategien: Es wird nicht nur eine Methode des Nahrungserwerbs angewendet. Je nach Angebot kann der Seeringelwurm beispielsweise suspension feeder, deposit feeder, Räuber oder Aasfresser sein. Arten, die nur von einer einzigen Nahrungsquelle leben, kommen im Wattenmeer kaum vor.

Die Verteilung der Ernährungstypen über das Eulitoral zeigt einen deutlichen Zusammenhang mit der Trockenliegezeit und der unterschiedlichen Sedimentation im Watt. Suspension feeder kommen bevorzugt in unteren, deposit feeder in oberen Gezeitenbereichen vor.

Insgesamt gilt für das Wattenmeer, daß das gesamte Nahrungsangebot intensiv genutzt wird. Tritt ein Mangel einer Nahrungsquelle auf, so muß die Art entweder andere Nahrung nutzen, oder sie muß längere Hungerphasen überstehen (typisch die Seepocken des obersten Eulitoral), oder sie muß abwandern können. Tritt andererseits ein Überschuß an Nahrung auf, so muß möglichst die Fortpflanzungsphase mit diesen günstigen Bedingungen synchronisiert werden. Alle diese Strategien sind bei den verschiedenen Tierarten vorhanden, die das Watt als Nahrungsraum nutzen. Nur so kann verstanden werden, daß auch nach Phasen mit ungünstigen Lebensbedingungen wieder schnell hohe Biomassen auftreten. Die Neubesiedlung der Wattflächen nach strengen Eiswintern ist das beste Beispiel hierfür.

Literatur

ABRAHAMSE, J. (ed.) (1976): Wattenmeer. Neumünster (Wachholtz).

DANKERS, N., H. KÜHL & W.J. WOLFF (1981): Invertebrates of the Wadden Sea. Final Report of the Wadden Sea Working Group. Rotterdam (Balkema).

MEESENBURG, H., S. TOUGAARD & C.C. KINZE (1976): Die Tierwelt des dänischen Wattenmeeres. Esbjerg (BYGD).

Ionen- und Osmoregulation

Manfred Thies

Von besonderer Bedeutung für die aus dem Meer in die Küstengewässer eindringenden Organismen ist der Salzgehalt dieses Mediums. Die Körperflüssigkeit der Meeresorganismen ist an ein Außenmedium angepaßt, in dem etwa 35 g Meersalz pro Liter Meerwasser gelöst sind.

Verringert sich die Salzkonzentration, müssen sich die Organismen auf veränderte osmotische Drucke einstellen. Nach Angaben von REMANE (1940) sind nur wenige marine Arten diesen Belastungen gewachsen, so daß ihre Zahl zunächst gleichmäßig, von 10 ‰ bis 5 ‰ aber sprunghaft abnimmt (Abb. 5). Salzkonzentrationen um 10 ‰ können z.B. nach Regen-

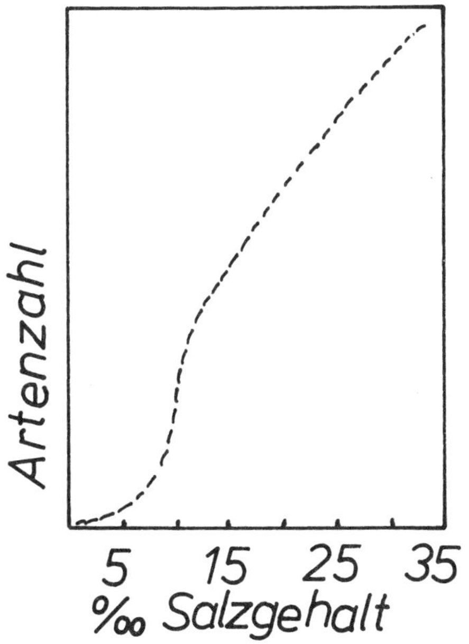

Abb. 5: Anzahl mariner Arten in Abhängigkeit vom Salzgehalt (nach REMANE).

perioden in Halligprielen, die von vielen wirbellosen Meerestieren besiedelt sind, auftreten. Dieser Salzgehalt stellt sich im offenen Wattenmeer normalerweise aber nicht ein. Erst in den Flußmündungen von Elbe (Brunsbüttel) und Weser (Bremerhaven) geht der Salzgehalt auf diesen Wert zurück.

Dennoch sind auch geringe Abweichungen des Mediums vom Salzgehalt des Meerwassers nicht ohne Einfluß auf den Salzhaushalt und die Energiebilanz niederer Tiere. Ringelwürmern, Weichtieren und niederen Krebsen fehlt die Fähigkeit zur Osmoregulation. Milieuänderungen wirken sich bei ihnen sofort auf die Zwischenzellflüssigkeit aus und müssen von den Zellen ausgeglichen werden. In salzverdünnten Medien scheiden diese Tiere daher nicht nur das osmotisch eingedrungene Wasser, sondern auch Körpersalze aus. Erhöht sich die Salzkonzentration im Außenmedium, werden gegenläufige Prozesse ausgelöst, bis das Körpermilieu wiederum dem Außenmedium weitgehend angeglichen ist. Die hierbei erfolgende Ionenaufnahme bzw. -abgabe und den damit verbundenen Auf- bzw. Abbau osmotisch wirksamer Aminosäuren in den Zellen bezeichnet man als Ionenregulation bzw. Volumenregulation (SCHLIEPER 1964). Für sie ist ein hoher Energieaufwand erforderlich. Ionenregulation ist daher nur in begrenztem Umfang möglich. Extreme Abweichungen vom Meerwassermilieu erschöpfen die Energiereserven der meisten Wattiere und blockieren zusätzlich die enzymgesteuerten Abläufe der Zellen.

Im Gegensatz zu Ringelwürmern, Weichtieren und niederen Krebsen verfügen Strandkrabben über osmoregulatorische Fähigkeiten, die auf die Tätigkeit ihrer Kiemen zurückzuführen sind. Sinkt die Salzkonzentration ihres Aufenthaltsmediums, so nimmt zwar auch die Salzkonzentration ihrer Blutflüssigkeit ab, jedoch nicht im gleichen Maße wie die des Außenmediums. Der Strandkrabbe gelingt es sogar, ihr Innenmedium durch aktive Salzaufnahme über die Kiemen in einem weiten Bereich nahezu konstant zu halten. Im Brackwasser erzeugt sie einen salzhaltigen Urin und steigert seine Produktion, wenn der Grad der Aussüßung des Aufenthaltsmediums zunimmt. Im reinen Meerwasser beträgt die tägliche Urinabgabe 3,6 % des Körpergewichts und bei einem Salzgehalt von 14 ‰ fast 30 %.

Bei der Osmoregulation der Strandkrabbe spielt ein spezieller Abschnitt ihrer Kiemen eine besondere Rolle. Die erhöhte Salzkonzentration ihrer Körperflüssigkeiten wird nach Anpassung an salzverdünnte Medien, z.B. Brackwasser, durch erhöhte Produktion des Enzyms Na-K-ATPase, dem Enzym der Na-Pumpe, in den hinteren Kiemenpaaren gewährleistet (SIEBERS & WINKLER 1983). Die Enzymproduktion ist milieuabhängig. Sie wird durch die Na-Konzentration des Mediums gesteuert.

Am Wachstums- und Fortpflanzungsverhalten einiger Meeresalgen, bei denen der Salzgehalt der Körperflüssigkeit vom Außenmedium unabhängig ist, läßt sich ablesen, daß auch die Osmoregulation energiezehrend ist. In verdünnten Medien verlieren diese Tiere vermehrt Reserven für die zu leistende osmotische Arbeit. Verglichen mit Tieren, die im Meeresmilieu leben, ist ihre Embryonalentwicklung verzögert und die Fortpflanzungsrate deutlich geringer.

Für Tiere, die nicht über den Atemwasserstrom im ständigen Kontakt mit dem umgebenden Meerwasser stehen, können dennoch Probleme für den Salzhaushalt entstehen, wenn wie sich überwiegend von Meerestieren ernähren. Die meisten Küstenvögel leben vorwiegend von Ringelwürmern, Muscheln, Krebsen und Fischen, die sie im Wattenmeer oder in küstennahen Gewässern erbeuten. Die salzhaltige Nahrung macht eine spezielle Form der Salzabscheidung erforderlich. So besitzen z.B. Möwen oberhalb ihrer Augen eine paarige Drüse, die sogenannte Salzdrüse, mit deren Hilfe sie den Salzüberschuß ausscheiden. Die Drüse ist bei den Landvögeln verkümmert. Das Salz wird von den Drüsen als wäßriges Sekret in die Nasenhöhle entlassen. Es ist nicht selten als Tropfen an der Schnabelspitze hängend zu entdecken. Das Sekret erreicht Salzkonzentrationen von 10 %. Die Salzausscheidung wird reflektorisch geregelt. Sie wird ausgelöst, wenn das Blut nach den Mahlzeiten einen bestimmten osmotischen Wert überschritten hat.

Literatur

PENZLIN, H. (1970): Kurzes Lehrbuch der Tierphysiologie. Stuttgart (Fischer).

REMANE, A. (1940): Die Tierwelt der Nord- und Ostsee I: Ökologie. Leipzig (Akademische Verlagsgesellschaft).

REMMERT, H. (1984): Ökologie. Berlin u.a.o. (Springer).

SCHLIEPER, C. (1964): Ionale und osmotische Regulation bei ästuarlebenden Tieren. Kieler Meeresf. 20, 169–178.

SIEBERS, D. & A. WINKLER (1983): Ionenregulation der Strandkrabbe Carcinus maenas und anderer decapoder Crustaceen. Verh. Dtsch. Zool. Ges., 227.

THEEDE, H. (1980): Osmotische Anpassung bei Meerestieren. Unterricht Biologie 4, Heft 43, 42–43

Produktion im Wattenmeer

Hans Ulrich Meyer

Das Wattenmeer wird zu den produktivsten Ökosystemen der Erde gerechnet. Einige Ursachen hierfür sollen im folgenden dargestellt werden.

1. Produktionsökologie: Begriffserklärungen

„Als Produktion bezeichnen wir den Zugewinn an Substanz eines Individuums, einer Population, eines Systems pro Zeiteinheit" (REMMERT 1984). Produktionsangaben für ganze Biozönosen werden meist auf Flächeneinheiten, z.B. 1 m^2 bezogen.

Die Biomasse, also die vorhandene Menge organisch gebildeter Substanz pro Flächeneinheit, ist nicht mit Produktion gleichzusetzen. Lebewesen mit einer großen Biomasse, wie der Seehund, verzeichnen auf einer bestimmten Fläche eine relativ geringe Produktion. Demgegenüber stellt das Phytoplankton zwar eine geringe Biomasse pro Flächeneinheit, erreicht aber durch häufige Zellteilung und schnelles Wachstum eine viel höhere Produktion als der Seehund.

Das Verhältnis Produktion zu Biomasse (P/B), der Umsatz, verdeutlicht dies. Der Umsatz kann sowohl auf Individuen als auch auf ganze Ökosysteme bezogen werden:

- Tiere mit geringer Produktion und großer Biomasse haben einen kleinen Umsatz, Kleintiere mit hoher Produktion haben einen großen Umsatz.
- In Ökosystemen mit hohem Umsatz und geringer Biomasse sind große Mengen Nährstoffe verfügbar. Dies ist z.B. im Wattenmeer der Fall. Die Individuen vieler Arten zeigen eine hohe Produktion durch schnelles Wachstum und große Reproduktionsraten bei relativ geringer Biomasse. Umgekehrt erbringen Ökosysteme mit hoher Biomasse (wie z.B. im Extremfall tropische Wälder) eine im Verhältnis dazu geringe Nettoproduktion, da es relativ wenig frei verfügbare Nährstoffe gibt. Der Umsatz ist gering.

2. Daten zur Produktion

Produktionsdaten für Lebensgemeinschaften werden immer pro Zeit- und Flächeneinheit angegeben. Die Zahlen umfassen meist die Bilanz für ein ganzes Jahr. Demgegenüber stellen Biomassedaten nur das Ergebnis einer Momentaufnahme dar.

Die Werte werden heute meist in Gramm Kohlenstoff (C), in Gramm aschefreiem Trockengewicht (afTG) oder in Energieeinheiten (Kilojoule, kJ) angegeben. Umrechnungsfaktoren sind in Tabelle 1 angegeben.

Tabelle 1: Umrechnungsfaktoren für Biomasse- und Produktionsdaten (aus REMMERT 1980)

1 g C von Pflanzen	= 2,2 g afTG
1 g C von Tieren	= 1,7 g afTG
1 g afTG von Pflanzen	= 17 bis 21 kJ
1 g afTG von Tieren	= 21 bis 25 kJ

a) Pflanzen

Für die Ermittlung der pflanzlichen Produktion, also der Primärproduktion, werden mehrere standardisierte Methoden angewendet, die in Lehrbüchern der Ökologie beschrieben sind (ODUM 1980, REMMERT 1984).

b) Tiere

Der Biomassezuwachs der Tiere, also der Konsumenten, wird als Sekundärproduktion bezeichnet. Für die Ermittlung der Sekundärproduktion bestimmt man die Wachstumsraten der Tiere, oft im Labor. Diese Werte erreichen aber bei weitem nicht die Genauigkeit wie die der Primärproduktion. Einige Beispiele sollen dies verdeutlichen.

- Die Wachstumsraten sind im Freiland aufgrund stark veränderlicher Lebensbedingungen (abiotische Faktoren, innerartliche Konkurrenz) oft unterschiedlich groß. Im Wattenmeer bewirken Ebbe und Flut ein sich ständig änderndes Nahrungsangebot. Weiterhin tritt in dichten Beständen, z.B. in Miesmuschelbänken, eine erhebliche Nahrungskonkurrenz der Tiere untereinander auf, die das Wachstum und damit die Produktion verringert. So wurde mehrfach an niederländischen Miesmuschelkulturen beobachtet, daß sich durch sehr dichten Besatz die Produktionsleistung deutlich verringerte.
- Das individuelle Wachstum ist zwar produktionsfördernd, die Sterblichkeit der Individuen setzt aber die Produktion herab. Durch Tod oder Wegfraß von Individuen wird aber wiederum der Raum für Überlebende vergrößert. Gerade im Wattenmeer spielt der intensive Wegfraß eine große Rolle: Einerseits werden große Mengen von Muscheln in einem dicht besiedelten Herzmuschelbeet von Vögeln, Fischen und Strandkrabben gefressen, andererseits haben die Überlebenden mehr Raum, und es steht mehr Nahrung pro Muschel zur Verfügung.
- Wenn eine Art mehrere nicht deutlich getrennte Fortpflanzungsphasen im Jahr hat, ist die tatsächliche Jahresproduktion nur sehr schwer zu ermitteln. Das individuelle Wachstum der einzelnen Tiere einer Generation

kann kaum noch gemessen werden. Gerade im Wattenmeer zeigen viele Arten (Wattschnecken, verschiedene Borstenwurmarten, die Nordseegarnele) eine über mehrere Monate dauernde Laichperiode.

3. Die Produktion im Wattenmeer

Erst in den vergangenen 20 Jahren wurden genaue Messungen über die Produktion des Wattenmeeres durchgeführt. Abbildung 6 gibt ein denkbares Energiefluß-Schema für das Wattenmeer wieder.

a) Primärproduktion

Nur ein Drittel der für die Konsumenten verwertbaren Biomasse wird im Wattenmeer produziert; zwei Drittel gelangen als Detritus (organische Schweb- und Sinkstoffe) aus der angrenzenden Nordsee (Tabelle 2).

Tabelle 2: Primärproduktion im Wattenmeer (in Gramm aschefreies Trockengewicht pro m^2 und Jahr). Die Daten sind aus verschiedenen Quellen kombiniert und gemittelt.

– Mikro-Phytobentos (vor allem Kieselalgen des Wattbodens):	250
– Phytoplankton:	50
– Großalgen und Seegräser:	unter 10
Zwischensumme: Primärproduktion im Wattenmeer	310
– eingetragene organische Substanz aus der Nordsee (z.B. Detritus)	600
Summe der Nahrung, die den Folgekonsumenten des Wattenmeeres zur Verfügung steht	910

Tabelle 3: Primärproduktion verschiedener Ökosysteme der Erde (in Gramm aschefreies Trockengewicht pro m^2 und Jahr).

Meeresökosysteme:	
Wattenmeer (Benthos + Plankton)	260 – 330
Wattenmeer (inclusive Eintrag von Detritus aus der Nordsee)	910
Nordsee (planktonreiche Gebiete)	260
Schelfmeere (Durchschnitt)	400
Spitzenwerte	660 – 1100
Benthische Großalgen (z.B. Macrocystis vor Kalifornien)	2000 – 4000
Korallenriffe	4000
Landökosysteme:	
tropische Regenwälder	2000 – 4000
gemäßigte Wälder	800 – 1600
Halbwüsten	60 – 120
Kulturland (gemäßigte Breiten)	1000 - 1200

Diese Netto-Primärproduktion erreicht ähnliche Werte wie in anderen wattähnlichen Gezeitenbereichen der gemäßigten Zonen. Ist die Wassertiefe größer, nimmt die Menge an Phytoplankton gegenüber des Mikrophytobenthos zu, so daß immer etwa 300 g afTG/m^2 an Jahresproduktion zur Verfügung stehen. Im Vergleich zu anderen Ökosystemen sind diese Werte für die Primärproduktion nicht besonders hoch (siehe Tabelle 3).

b) Sekundärproduktion

Tabelle 4: Sekundärproduktion der Primärkonsumenten im Wattenmeer. Zahlen kombiniert nach verschiedenen Quellen und gemittelt (in g aschefreier Trockensubstanz pro m^2 und Jahr).

– Makrofauna (Wirbellose des Wattbodens, wie Würmer, Muscheln, Schnecken und Krebse)	25
– Zooplankton	10
– Mikro- und Meiofauna (Kleintiere und Jugendformen unter 1 mm Größe)	65
Sekundärproduktion der Primärkonsumenten	100

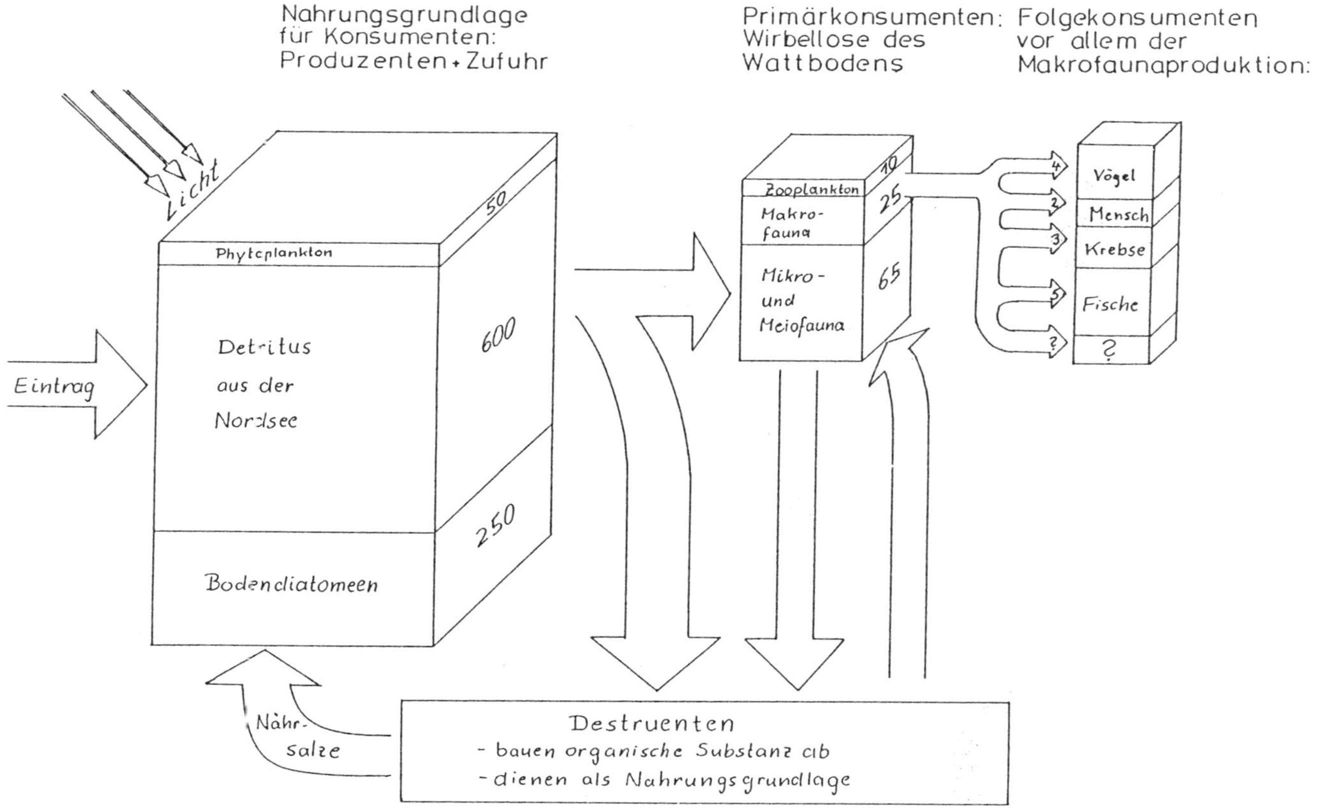
Nahrungsgrundlage
für Konsumenten:
Produzenten + Zufuhr
Primärkonsumenten:
Wirbellose des
Wattbodens
Folgekonsumenten
vor allem der
Makrofaunaproduktion:
Licht
Phytcplankton
50
Detritus
aus der
Nordsee
600
Bodendiatomeen
250
Eintrag
Zooplankton
10
Makro-
fauna
25
Mikro-
und
Meiofauna
65
4
2
3
5
?
Vögel
Mensch
Krebse
Fische
?
Destruenten
- bauen organische Substanz ab
- dienen als Nahrungsgrundlage
Nähr-
salze

Nach heutigem Kenntnisstand wird angenommen, daß Meiofauna und Mikrofauna unter 1 mm Größe einen sehr hohen Anteil an der Sekundärproduktion besitzen. Bei nur 2 g Biomasse pro m^2 ist ihre Stoffwechselintensität sehr hoch. Demgegenüber weist die Makrofauna im Mittel nur eine Biomasse von 25 g afTG/m^2 und Jahr auf. Der große Meiofauna-Anteil an der Produktion bewirkt einen hohen Stoffumsatz im Wattenmeer und damit bei intensiver Destruenten-Tätigkeit eine Beschleunigung des Stoffkreislaufes. Zum Vergleich beträgt die Sekundärproduktion der Makrofauna in küstennahen Meeresgebieten bei uns durchschnittlich 8 g/m^2/Jahr afTG. Die Fischerei entnimmt aus der Nordsee bei intensiver Nutzung etwa 1 g/m^2/Jahr afTG an Fisch und Muscheln. Diese beiden Zahlen mögen verdeutlichen, daß die große Bedeutung des Wattenmeeres im Bereich der Sekundärproduktion liegt. Die Tiere der Meiofauna konsumieren neben den Kieselalgen auch den Detritus mit den daranhaftenden Mikroorganismen (Bakterien, Pilze usw.). Dies ist bisher kaum quantifizierbar und macht das Nahrungsgefüge des Wattenmeeres noch komplizierter.

Für die weiteren Folgekonsumenten ist vor allem die Nettoproduktion der Makrofauna über 1 mm Größe von Bedeutung. Sie wird von den Strandkrabben, Fischen und Vögeln weitgehend ausgenutzt (siehe Abb. 6). Auch die Entnahme durch den Menschen (v.a. Muschelfischerei) ist nennenswert. Für diese Gruppe der Folgekonsumenten wird sinnvollerweise keine Produktion angegeben, da sich nur einige ständig im Wattenmeer aufhalten. In Abbildung 6 kennzeichnen die Pfeile lediglich, welcher Anteil der Sekundärproduktion von den verschiedenen Folgekonsumenten aufgenommen wird.

4. Ursachen der hohen Sekundärproduktion des Wattenmeeres

Das Wattenmeer besitzt einen vergleichsweise hohen ökologischen Wirkungsgrad, es ist also ein großer Anteil der Bruttoprimärproduktion im gesamten Ökosystem nutzbar, was eine hohe Sekundärproduktion zur Folge hat:

- Die Hauptproduzenten, die mikroskopisch kleinen Kieselalgen des Wattbodens mit Siedlungsdichten von bis zu 1 Mio. pro cm^2, haben einen

Abb. 6: Energiefluß im Wattenmeer, kombiniert nach verschiedenen Autoren und vereinfacht (Zeichnung Bernhardi).

Die Zahlen in den Kästen geben die Produktion in Gramm aschefreies Trockengewicht pro m^2 und Jahr an. Die Zahlen vor der Säule „Folgekonsumenten" kennzeichnen, wieviel Gramm aschefreies Trockengewicht aus der Makrofauna-Jahresproduktion von den verschiedenen Folgekonsumenten aufgenommen werden.

sehr hohen Umsatz. Ein großes Nährsalzangebot sowie eine schnelle Generationsfolge der Algen (Zellteilungen alle 4 Tage) ermöglichen dies: Einer Biomasse von 5 bis 10 g afTG/m^2 steht eine Nettoproduktion von durchschnittlich 250 g afTG/m^2/Jahr gegenüber!

- Die Nahrungsketten im Watt sind kurz; sie umfassen im allgemeinen nur drei Glieder:

  1. Produzenten (Kieselalgen)
  2. Primärkonsumenten (Filtrierende = suspension feeder oder Substratfressende = deposit feeder: Borstenwürmer, Muscheln, Schnekken und Krebse)
  3. Folgekonsumenten (Fische, Vögel, Strandkrabben).

  Dadurch sind vermutlich die Verluste, z.B. durch Atmung, in der kurzen Nahrungskette geringer als in den längeren Nahrungsketten der Meere.
- Daher nimmt auch die Größe der Organismen von einer trophischen Ebene zur nächsten schnell zu (z.B. einzellige Algen – Wattwurm – Großer Brachvogel).
- Im Wattenmeer herrscht in allen Stufen der Nahrungsketten ein sehr großer Freßdruck von den Folgekonsumenten. So geht ein großer Anteil der produzierten Biomasse in die Weidenahrungsketten (Diatomeenfresser – räuberische Folgekonsumenten) und nicht in Detritusnahrungsketten ein.
- Die Folgekonsumenten nutzen die produzierte Biomasse der Wirbellosen des Wattenmeeres wie eine intensive Portionsweide in einem fein abgestimmten zeitlichen und räumlichen Muster: Im Frühjahr und Herbst profitieren bis zu 10 Mio. Wat- und Wasservögel vom Angebot. Im Sommer vergrößert sich das Angebot an kleineren Wirbellosen (Jugendformen), von dem vor allem die bei Flut einwandernden Jungfische und Krabben sich ernähren. Alle diese Konsumenten haben ein unterschiedliches Nahrungsspektrum, sind aber in der Lage, sich wechselnden Angeboten schnell anzupassen.

Zusammenfassend läßt sich also sagen, daß dieser Lebensraum aufgrund seiner Sekundärproduktion und dem hohen Umsatz auf dieser Ebene hochproduktiv ist. Beredter Ausdruck dieser Zusammenhänge sind beispielsweise die riesigen Schwärme von Watvögeln oder Entenvögeln, die hier gerade die Phasen ihres Lebens verbringen, in denen es auf ein schnelles Anlegen von Fettdepots ankommt.

Literatur

ASMUS, H. & R. ASMUS (1985): The importances of grazing food chain for energy flow and production in three intertidal sand bottom communities of the northern Wadden Sea. Helgol. Meeresunters. 39, 273–301.

CADEE, G.C. & J. HEGEMAN (1974): Primary production of the benthic microflora living on tidal flats in the Dutch Wadden Sea. Neth. J. Sea Res. 8, 260–291.

DANKERS, N., H. KÜHL & W.J. WOLFF (1981): Invertebrates of the Wadden Sea. Final Report of the Wadden Sea Working Group. Rotterdam (Balkema).

GRIMM, H. (1988): Wattenmeer. Unterricht Biologie Heft 136, 4–13.

KOCK, K. & H.U. MEYER (1988): Das Wattenmeer – Drehscheibe des Vogelzugs. Unterricht Biologie Heft 136, 46–51.

KUIPERS, B.R., P.A.W. DE WILDE & F. CREUTZENBERG (1981): Energy Flow in a Tidal Flat Ecosystem. Marine Ecology Prog. Ser. 5, 215–221.

ODUM, E.P. (1980): Grundlagen der Ökologie. 2 Bde., Stuttgart.

REISE, K. (1985): Tidal flat ecology. Berlin u.a.O. (Springer).

REMMERT, H. (1984): Ökologie. Berlin u.a.O. (Springer).

WOLFF, W.J. (1979): Flora and Vegetation of the Wadden Sea. Final Report of the Wadden Sea Working Group. Rotterdam (Balkema).

Stabilität des Ökosystems Wattenmeer

Klaus Kock

Die Lebensgemeinschaften des Wattenmeeres sind sehr starken Schwankungen unterworfen, was besonders die Frage nach bestimmenden Faktoren für die Dichte und Artenzusammensetzung der Lebewesen aufwirft. Man kann verallgemeinernd drei verschiedene Ansätze aufführen, die Antwort auf diese Frage geben.

1. BEUKEMA legt den Schwerpunkt der Erklärung auf die abiotischen (physikalischen) Umweltfaktoren, wobei besonders die Wintertemperaturen eine wichtige Rolle spielen. Anhand von langjährigen Untersuchungsreihen stellt er Beziehungen zwischen den Abundanzen verschiedener Bodentiere und den Wintertemperaturen auf. Harte Winter mit Eisgang führen zu starken Rückgängen der Miesmuschel, Herzmuschel, aber auch des Bäumchenröhrenwurms, während sich bei tiefsiedelnden Tieren wie Wattwurm, Klaffmuschel, aber auch beim Opalwurm, die Siedlungsdichte kaum verändert.
2. KUIPERS et.al. betrachten vor allem produktionsbiologische Aspekte und weniger die Artenzusammensetzung. Als wesentlichen Bestim-

mungsfaktor für die Dichte der größeren Bodentiere (Makrozoobenthos) stellen sie die Nahrungskonkurrenz durch Kleinstlebewesen (Meio- und Mikrofauna) in den Vordergrund. Zur Makrofauna gehören die Tiere, die von einem Netz mit 1 mm Maschenweite aufgefangen werden, zur Meiofauna Tiere im Netz von 0,1 – 1 mm Maschenweite. Zur Gruppe der Meiofauna gehören z.B. Krebse (Harpacticiden), Nematodenwürmer und Strudelwürmer aber auch Jugendstadien der Makrofauna, zur Mikrofauna v.a. Protozoen und Bakterien. Da der Stoffwechsel eher eine Funktion der Körperoberfläche als des Gewichts ist (Oberflächen-Volumenverhältnis), ist der Nahrungskonsum dieser Gruppe trotz ihrer geringen Biomasse von ca. 1 g af TG/m^2 enorm hoch, was durch Messungen des in-situ-Sauerstoffverbrauchs nachgewiesen werden konnte. KUIPERS et.al. gehen davon aus, daß die Meiofauna einen rund dreimal so hohen Sauerstoffverbrauch hat wie die Makrofauna, wobei der Detritus und die ihn besiedelnden Bakterien eine besondere Rolle spielen. Die starke Nahrungskonkurrenz führt dazu, daß die Makrofauna nicht die Biomasse und Produktion erreicht, die aufgrund der Höhe der Primärproduktion und der Nährstoffzufuhr zu erwarten wäre.

3. REISE konnte durch Versuche nachweisen, daß neben den stark schwankenden physikalischen Faktoren der Feinddruck einen wesentlichen Bestimmungsfaktor für die Zusammensetzung und Dichte der Bodenlebensgemeinschaft darstellt. Durch Netzkäfige geschützte Wattflächen wiesen eine erheblich dichtere und dauerhaftere Besiedlung auf als ungeschützte Vergleichsflächen. Durch verschiedene Maschenweiten stellte er fest, daß als Freßfeinde vor allem Garnelen, Strandkrabben und Grundeln von Bedeutung sind, die sich in starkem Maße von den Jugendstadien von Muscheln und Borstenwürmern ernähren. Ganze Larvengenerationen werden nach dem Brutfall im Frühsommer bis zum Herbst fast vollständig dezimiert. So hängt das Überleben einer neuen Generation von Wattieren wesentlich von der Stärke des Feinddrucks nach dem Larvenfall ab. Nur Jahrgänge, die einem schwächeren Feinddruck ausgesetzt sind und zusätzlich durch milde Winter begünstigt werden, können sich dauerhaft ansiedeln. Dies erklärt, warum in Herz- oder Klaffmuschelbeeten meist nur eine Altersklasse auftritt.

Charakteristisch für das Ökosystem Watt sind die starken und unregelmäßigen Schwankungen. Denn neben den regelmäßigen Schwankungen (Gezeiten, Jahreszeiten) treten unregelmäßige Störungen in Form von Sturmfluten und Eiswintern auf. Auch der Feinddruck ist nicht konstant. REISE spricht von einem „unbalancierten Ökosystem", das nach Störungen keine Tendenz zeigt, in den Ausgangszustand zurückzukehren. Daher trifft die Charakterisierung von tidebeeinflußten Flachwasserbereichen als „pulsstabile Ökosysteme", die sich in einem Kompromiß zwischen Jugend und Reife befinden (ODUM 1980), für das Wattenmeer nicht zu. EBENHÖH erwähnt Versuche, bei denen im Labor Wattflächen mit konstanten Schwankungen nachgebildet wurden. Diese degenerierten über kurz oder lang. Gerade die unsteten Umweltveränderungen spielen also offensichtlich für Dichte und vor allem die Artenvielfalt eine entscheidende Rolle. „Das System wird durch Tiden, Jahreszeiten und Stürme erregt, trainiert, gekitzelt und würde ohne sie degenerieren" (EBENHÖH).

Literatur

BEUKEMA, J.J. (1979): Biomass and species richness of the macrobenthic animals living on a tidal flat area in the dutch wadden sea: Effects of a severe winter, Neth. J. Sea Res. 13 (2), 203–223.

EBENHÖH, W. (1988): Zum dynamischen Verständnis des Wattenmeeres, Vortrag auf der Fachkonferenz „Ökosystem Wattenmeer" am 14.3.1988 in Oldenburg.

KUIPERS, B.R., P.A.W.J. DE WILDE & F. CREUTZBERG (1981): Energy flow in a tidal flat ecosystem, Mar. Ecol. Prog. Ser. 5, 215–221.

ODUM, E.P. (1980): Grundlagen der Ökologie, 2 Bde. Stuttgart (Thieme).

REISE, K. (1981): Ökologische Experimente zur Dynamik und Vielfalt der Bodenfauna in den Nordseewatten, Verh. Dtsch. Ges. 1–15.

Nesseltiere (Cnidaria)

Hans Ulrich Meyer

Die insgesamt über 9000 Nesseltier-Arten leben alle im Wasser, überwiegend im Meer. Folgende Merkmale sind charakteristisch für diesen Tierstamm:

- Der Körper ist nur aus 2 Zellschichten aufgebaut, dem Ektoderm und dem Entoderm. Dementsprechend haben diejenigen Gewebe eine andere Konstruktion, die bei höheren Tieren aus dem Mesoderm gebildet werden: Kontraktile Fasern werden durch Epithelmuskelzellen, also durch Ausläufer von Epithelzellen gebildet; entsprechendes gilt auch für Epithelnervenzellen.
- Die Nesseltiere besitzen einen unterschiedlich ausgebildeten Generationswechsel (Metagenese). Die festsitzenden Polypen vermehren sich zum Teil ungeschlechtlich durch Knospung, die planktisch lebenden Medusen bilden die Geschlechtszellen (Abb. 7).
- Der Kôrperbau ist streng radiärsymmetrisch, was alle Organe einschließt.
- Das Körperinnere besteht aus einem Hohlraum mit nur einer Öffnung, dem Mund.
- Charakteristisch und einmalig im Tierreich ist der Besitz von kompliziert aufgebauten Nesselkapseln, die zum Beutefang und zur Abwehr von Feinden dienen (Abb. 7). Vielen Badegästen ist das Gift der Quallen, das stark nesselnd („Nesseltiere") wirkt, in unangenehmer Erinnerung. Das

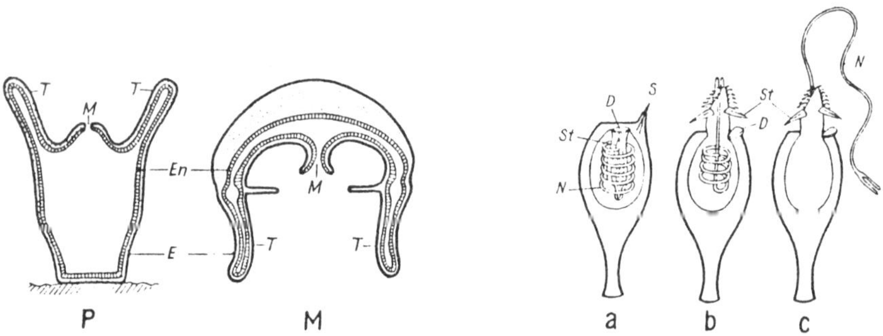

Abb. 7: Kennzeichen der Nesseltiere (nach DE HAAS & KNORR, verändert).

Links Bauplan von Polypen- (P) und Medusengeneration (M); E Ektoderm, En Entoderm, M Mundöffnung, T Tentakel.

Rechts Bau und Funktion der Nesselkapseln; D Deckel, N Nesselfaden, S Sinnesborste, St Stilett.

Gift besteht aus niedermolekularen Polypeptiden, die insbesondere gegen Krebstiere giftig wirken, also dem Beuteerwerb dienen. Beim Menschen treten vor allem durch die vor unseren Küsten heimischen Feuerquallen (z.B. Cyanea) lokale Schmerzen auf; nach mehrmaligem Kontakt kann es sogar zu einem Schock kommen. Die Wirkungen der Gifte anderer Nesseltiere reichen von Taubheit der Haut über Schock, Kopfschmerz, Schüttelfrost, Fieber bis in schweren Fällen zu Atemnot und Tod durch Herzstillstand. Besonders die in tropischen Meeren vorkommende Seewespe gilt als das giftigste Meerestier überhaupt; ein Kontakt mit dieser Qualle führt in Sekundenschnelle zum Herztod, ohne daß eine Hilfe möglich ist.

Der Stamm der Nesseltiere ist in vier Klassen unterteilt, von denen drei bei uns heimisch sind:

Die Hydrozoen bilden meist Kolonien mit vielen Einzelindividuen, die durch Ausläufer (Stolonen) miteinander verbunden sind. Sie besitzen eine gemeinsame Körperhöhle, durch die die Nahrung verteilt wird. Die Medusengeneration tritt bei vielen Arten nicht in Erscheinung; einzelne Polypen der Kolonien sind dann zu Geschlechtstieren (Gonophoren) umgewandelt (siehe Abb. 10). Hydrozoen siedeln auf Hartsubstraten, wie Steinen, Pfählen und Muschelschalen, ja sogar auf dem Ende des Sipho der Sandklaffmuschel Mya arenaria. Bei den meisten Arten werden die Polypenköpfchen nur wenige mm groß. Im Wattenmeer sind einige Dutzend Arten anzutreffen, die allerdings nur vom Fachmann unterschieden werden können. Neben den im Folgenden näher behandelten Arten Gonothyrea loveni und Hydractinia echinata ist noch das Seemoos Sertularia cupressina häufiger, wenn auch in letzter Zeit stark in Abnahme begriffen.

Bei den Scyphozoen überwiegt die Medusengeneration. Aus unauffälligen kleinen Polypen entstehen durch endständige Abschnürung (Strobilation) Medusen. In diese Klasse gehören viele auffällige Formen, wie die Ohrenqualle (Aurelia aurita), die Wurzelmundqualle (Rhizostoma octopus), sowie die stark nesselnden Arten Kompaßqualle (Chrysaora hyoscella), Gelbe Nesselqualle (Cyanea capillata) und Blaue Nesselqualle (Cyanea lamarckii). Ihr Hauptlebensraum ist die freie Nordsee.

Die Anthozoa (Korallentiere) treten nur in der Polypengeneration auf. Die Geschlechtszellen bilden sich in der Innenwand der oft aufgefalteten Körperhöhle. Die meisten der bei uns vorkommenden Arten sind größere Einzeltiere. Lediglich die im tieferen Wasser siedelnde „Tote Mannshand" (Alcyonium digitatum) bildet einen Tierstock mit vielen tausend Einzelindividuen. Im Wattenmeer kommen nur solche Arten vor, die auf größeren Hartsubstraten – wie Anlegepfählen – auch gelegentliches Trockenfallen ertragen, z.B. die Pferdeaktinie (Actinia equina), oder die sich im Sedimentboden einbohren können bzw. sich mit Schill als Hartsubstrat begnügen, z.B. die Witwenrose (Sagartia troglodytes). Insgesamt sind im Wattenmeer etwa 10 Arten vertreten.

Literatur

DE HAAS, W. & F. KNORR (1990): Was lebt im Meer an Europas Küsten? Rüschlikon-Zürich (Albert Müller).

HABERMEHL, G. (1987): Gift-Tiere und ihre Waffen. Berlin u.a.O. (Springer).

KAESTNER, E. (1969): Lehrbuch der speziellen Zoologie. Bd. 1 Wirbellose, 1. Teil. Stuttgart (Fischer).

Stachelpolyp (Hydractinia echinata)

Hans Ulrich Meyer

Die Kolonien dieser Art bilden dichte, krustenartige, braune Überzüge meistens auf von Einsiedlerkrebsen (Pagurus bernhardus) bewohnten Schneckengehäusen (Abb. 8). Die Ausläufer der Polypen bilden unter

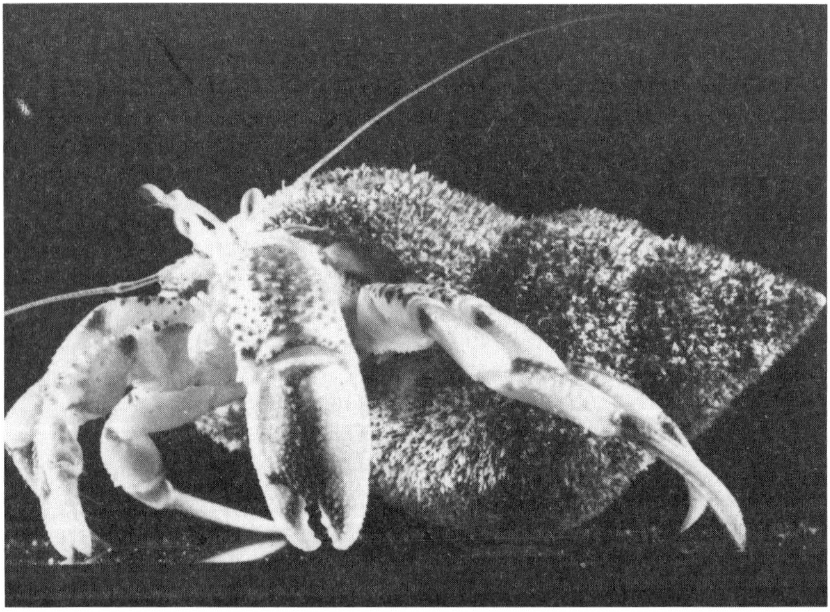

Abb. 8: Einsiedlerkrebs, Pagurus bernhardus, im Gehäuse einer Wellhornschnecke; Stachelpolypen (Hydractinia echinata) bilden einen krustenartigen Überzug mit vielen Einzelpolypen (Foto: Söhl).

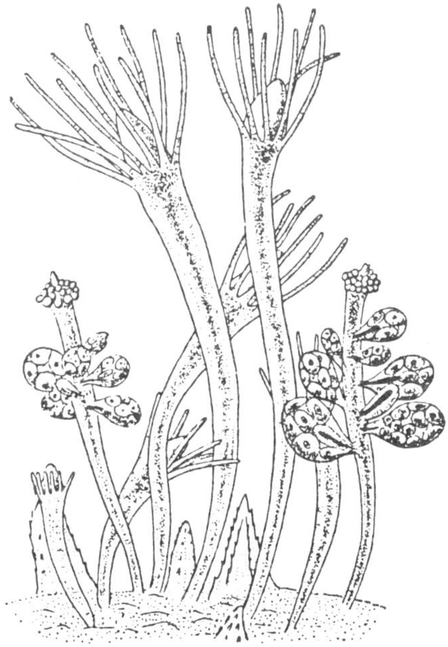

Abb. 9: Stachelpolypen, Hydractinia echinata (aus VERVOORT): Nährpolypen, Geschlechtspolypen und zu Stacheln umgebildete Polypen.

diesem stacheligen Überzug aus umgebildeten Polypentieren (Name „echinata"!) einen Hohlraum, durch den der Stoffaustausch zwischen den Einzelpolypen erfolgt. Diese zeigen Arbeitsteilung und ragen aus dem Überzug deshalb in unterschiedlicher Form hervor (Abb. 9).

- Einige tausend Nährpolypen (Trophozoide) von bis zu 1,5 cm Länge sind mit ihren Tentakeln für den Nahrungserwerb zuständig.
- Die Geschlechtspolypen (Blastostyle) sind an den rudimentären Tentakeln erkennbar; sie bilden die Gameten aus.
- Spezielle Wehrpolypen mit vielen Nesselkapseln befinden sich insbesondere an der Öffnung des Schneckengehäuses; sie pendeln dort, wenn sich der Krebs z.B. aufgrund von Gefahr in das Schneckengehäuse zurückgezogen hat. Verläßt der Krebs das Gehäuse, werden sie binnen kürzester Zeit zurückgebildet.

Speziell letztere Beobachtung ließ schon früh die Vermutung einer Symbiose aufkommen: Der Krebs ernährt die Polypenkolonie durch Nahrungsreste, die Wehrpolypen schützen den Krebs. Daß sich diese Annahmen präzisieren lassen, hat REISE (1985) anhand verschiedener Untersuchungen belegt:

- Einsiedlerkrebse bevorzugen bei einer Neubesiedlung von Schneckengehäusen solche, die bereits mit Hydractinia bewachsen sind. Desgleichen suchen die Larven der Polypen bevorzugt von Einsiedlerkrebsen besetzte Schneckenhäuser auf.
- Die Freßpolypen befinden sich meist an der Schalenunterseite, die bei der Fortbewegung des Krebses über das Sediment schleift. Die hierbei aufgewirbelte Meiofauna (Kleinstfauna im Sandlückensystem) wird von den Nährpolypen eingefangen. REISE beobachtete in Käfigversuchen, daß durch die Hydrozoen 67 % Verluste bei der Meiofauna der obersten Schichten des Wattbodens, verglichen mit 30 % Verlusten durch Krebse in unbesiedelten Schneckengehäusen, auftreten.
- Die harten Überzüge der Polypen wachsen über den Mündungsrand des Schneckengehäuses weiter hinaus und vergrößern so das Gehäuse. Da gerade in Litoralbereichen Schneckengehäuse mittlerer Größe Mangelware sind (zwischen dem Gehäuse der Strandschnecke mit 1 cm Öffnungsweite und dem der Wellhornschnecke mit 3 cm), und die Krebse zudem in nicht zu engen Gehäusen besonders schnell wachsen, stellt dieser Gehäuseanbau die notwendigen Zwischengrößen bereit. Etwa die Hälfte der untersuchten besiedelten Schneckengehäuse wiesen solche Anbauten auf, die die „Wohnungslücke" der Einsiedlerkrebse schließen.

Symbiose bedeutet in diesem Beispiel also für den Krebs ein besseres Wohnungsangebot, für die Polypen das Erschließen neuer Nahrungsquellen.

Literatur

REISE, K. (1985): Tidal flat ecology. Berlin u.a.O. (Springer).

VERVOORT, W. (1946): Fauna van Nederland. XIV. Hydrozoa. Leiden.

Die Gattungen Laomedea/Gonothyrea/Obelia

Hans Ulrich Meyer

Diese eng verwandten und ähnlich gebauten Gattungen der Hydroidpolypen kommen in unseren Meeren in gut einem Dutzend Arten vor, von denen auch fast alle im Wattenmeer nachgewiesen wurden. Wesentliches Unterscheidungsmerkmal ist die Form des Mündungsrandes der Theca, d.h. der chitinösen Hülle um das Polypenköpfchen.

Die meisten Polypen dieser Gattung leben in großen, vielfach verzweigten Kolonien zusammen (Abb. 10). Diese Kolonien sind oftmals mit einem dichten Pelz von Kieselalgen besetzt, so daß man den Polypenstock nicht immer auf den ersten Blick erkennen kann. Die Einzelpolypen sind mit einem Stiel, dem Hydrocaulus, verbunden. Durch ihn findet der Stoffaustausch statt, z.B. auch die Ernährung der Fortpflanzungspolypen. Während Freßpolypen alleine zur Nahrungsaufnahme fähig sind (Zooplankton, aber auch Phytoplankton und Detritus), bilden die Fortpflanzungspolypen durch seitliche Einschnürungen die Medusen, die Geschlechtsgeneration.

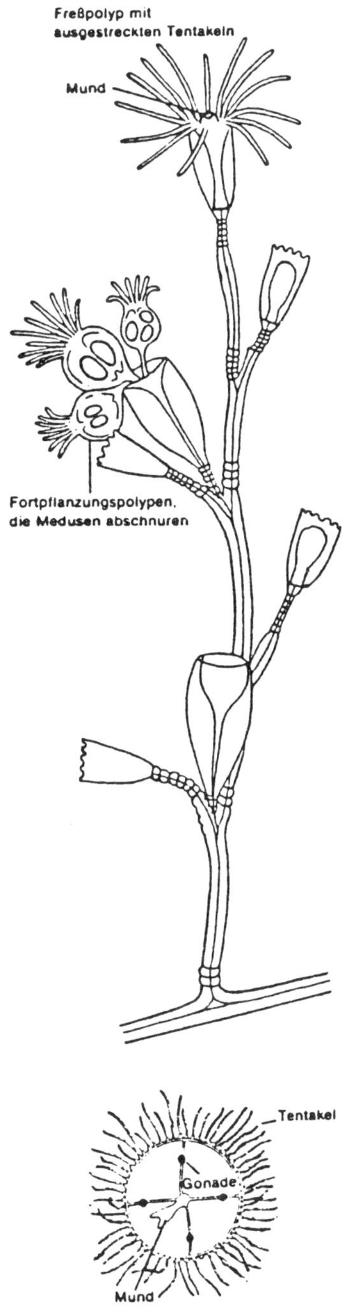

Abb. 10: Polypenkolonie und Meduse der Gattungen Laomedea/Gonothyrea (nach CAMPBELL, verändert).

Bei den einzelnen Arten gibt es unterschiedliche Abstufungen in der Ausbildung dieses Generationswechsels: Einige Arten bilden freischwimmende Medusen (wie z.B. Obelia geniculata), bei anderen bleiben die Medusen am Polyp festsitzen und geben von dort ihre Geschlechtszellen ab; schließlich sind bei einigen Arten keine Medusen mehr erkennbar, so daß hier kein Generationswechsel auftritt.

Die freischwimmenden Medusen leben planktisch. An den meist nur wenige mm großen Tieren kann der radiärsymmetrische Bau der Nesseltiere besonders gut studiert werden: Der runde gallertige Schirm wird von Radiärkanälen durchzogen und von einem Ringkanal umspannt, die alle von Entoderm ausgekleidet sind. Die Mundöffnung befindet sich in der Mitte, die Gonaden an den Radiärkanälen.

Ei- und Samenzellen werden ins freie Wasser abgegeben; nach der Befruchtung entwickelt sich die Planula-Larve, die alsbald zum Bodenleben übergeht und sich auf einem Hartsubstrat festheftet. Da im Wattenmeer nur ein geringes Angebot an geeigneten Substraten vorliegt, werden diese oftmals in großer Dichte besetzt: Steine, Lahnungen, Muschelschill, ja sogar Sipho-Enden der Sandklaffmuschel und Stiele größerer Algen. Die Hydrozoen vertragen ein allerdings nicht zu lange dauerndes Trockenfallen; ihr Hauptvorkommen liegt deshalb in Wattpfützen, in Prielen sowie in den unteren Gezeitenbereichen.

Literatur

CAMPBELL, A.C. (1977): Der Kosmos-Strandführer. Stuttgart (Kosmos).

KÜCKENTHAL, W. (1984): Leitfaden für das Zoologische Praktikum. Stuttgart (Fischer).

VERVOORT, W. (1946): Fauna van Nederland. XIV. Hydrozoa. Leiden.

Witwenrose (Sagartia troglodytes)

Hans Ulrich Meyer

Sagartia kommt an allen Küsten des Atlantik von Mittelnorwegen bis zum Mittelmeer vor. Die vertikale Verbreitung reicht von der Niedrigwasserlinie bis in etwa 50 m Tiefe. Die Art ist also eine sublitorale Küstenform. Sie besiedelt Hartsubstrate, Rhizoide von Tangen und Sedimentböden gleichermaßen. Im Wattenmeer bohrt sie sich einige cm tief in sandige bis schlickige Sedimente ein. Ihre Fußscheibe haftet dabei sehr fest an einem harten Gegenstand im Boden, z.B. an einer Muschelschale. Im Eulitoral werden tiefere, wasserbedeckte Bereiche besiedelt. Häufiger kann man die Witwenrose auf der Sohle breiter, langsam fließender Priele finden. Aufgrund des unscheinbaren Äußeren im kontrahierten Zustand wird sie aber oft übersehen, zumal die Tentakelkrone meist nur bei Dunkelheit ausgebreitet wird.

Sagartia wird ausgestreckt bis 12 cm hoch; die Fußscheibe erreicht einen Durchmesser von 5 cm, die Mundscheibe von 3 cm. Die 100 bis 200 dicklichen Tentakel werden knapp 1 cm lang, so daß die Tentakelkrone im ausgebreiteten Zustand einen Durchmesser von bis zu 5 cm besitzt (Abb. 11).Die Färbung ist sehr variabel. Neben vorherrschenden dunkelgrünen Tönungen treten gelbe, graue und braune Färbungen auf. Die Tentakel sind lebhaft kräftig gemustert und besitzen nahe der Basis ein deutliches, querstehendes „B". Die Körperwand ist außen mit Saugwarzen besetzt, an denen kleine Steinchen und Schillpartikel haften.

Die Art ist lebendgebärender Zwitter. Die Jungen werden von April bis Juni mit weniger als 1 mm Durchmesser freigesetzt und heften sich an Hartsubstrate.

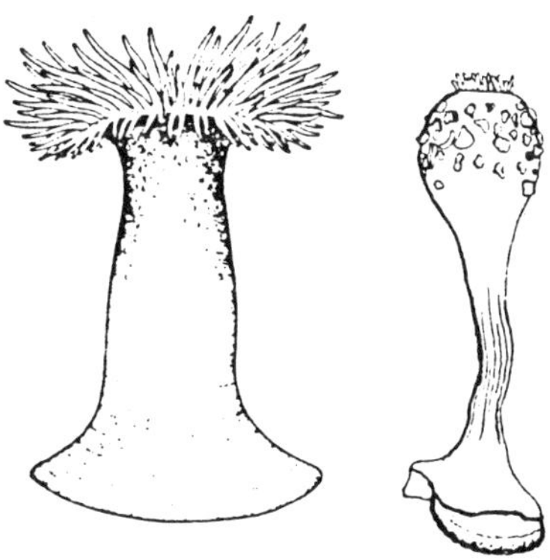

Abb. 11: Witwenrose, Sagartia troglodytes (aus MANUEL): Tiere im ausgestreckten und kontrahierten Zustand.

Sagartia ist ein „suspension feeder". Suspendierte Partikel bleiben an dem sehr zähen Schleim der Tentakel und der Mundscheibe haften und werden mit dem Schlag von Wimpern in Richtung Mundöffnung befördert. Die Verdauung erfolgt mit einer Reihe von Proteasen im Gastralraum. Unverdauliche Bestandteile werden als Faeces aus der Mundöffnung ausgeschieden. Zur Verteidigung besitzen viele Anthozoen, so auch Sagartia, Acontien. Diese weißlichen Wehrfäden werden bei Beunruhigung durch starke Kontraktion aus der Mundöffnung ausgeschleudert und enthalten Nesselgift.

Neben der Witwenrose treten noch einige andere Anthozoen-Arten im Wattenmeer auf; ihre Unterscheidung ist schwierig, zumal sie meist im kontrahierten Zustand gefunden werden.

- Tangrose (Sagartia elegans), an Hartsubstraten unter ständiger Wasserbedeckung.
- Schlammrose (Sagartiogeton undatus) in Sedimentböden unter der Niedrigwasserlinie.
- Pferdeaktinie (Actinia equina), auf Hartsubstraten vom unteren Eulitoral an tiefer.
- Dickkörnige Seerose (Urticina felina).

Literatur

CAMPBELL, A.C. (1977): Der Kosmos-Strandführer. Stuttgart (Kosmos).

MANUEL, R.L. (1981): British Anthozoa. Synopses of the British Fauna No. 18 (N.S.). London.

Weichtiere (Mollusca)

Manfred Thies

Die Weichtiere sind mit etwa 130 000 Arten in fast allen Lebensräumen vertreten. Die drei bekanntesten Gruppen sind die Schnecken (Gastropoda) mit 105 000 Arten, die Muscheln (Bivalvia) mit 20 000 Arten und die Kopffüßer (Cephalopoda) mit 730 Arten. Kopffüßer fehlen im Wattenmeer.

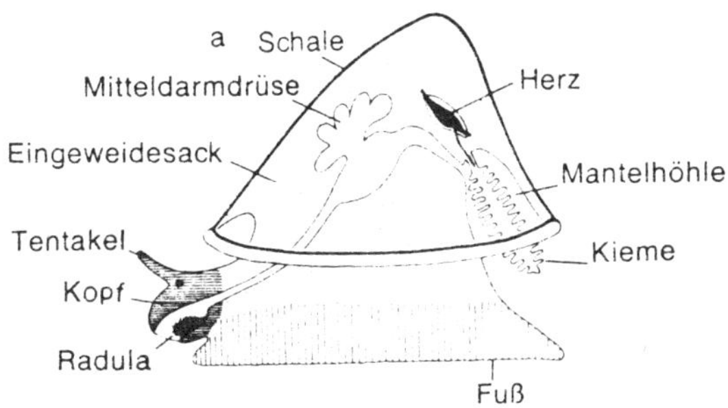

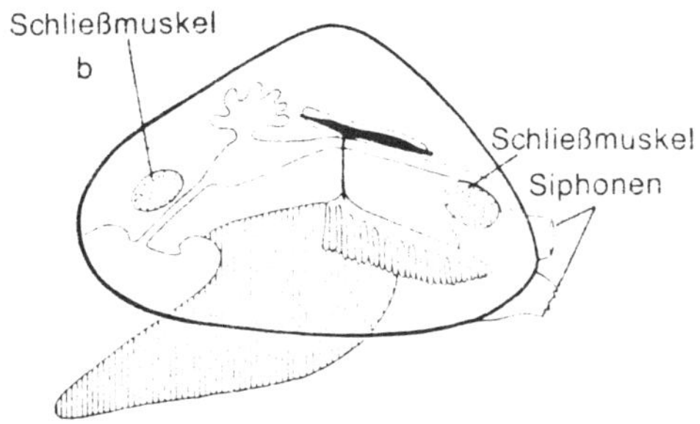

Abb. 12: Baupläne der Weichtiere:
a) Schnecken, b) Muscheln
(aus REMANE, STORCH & WELSCH).

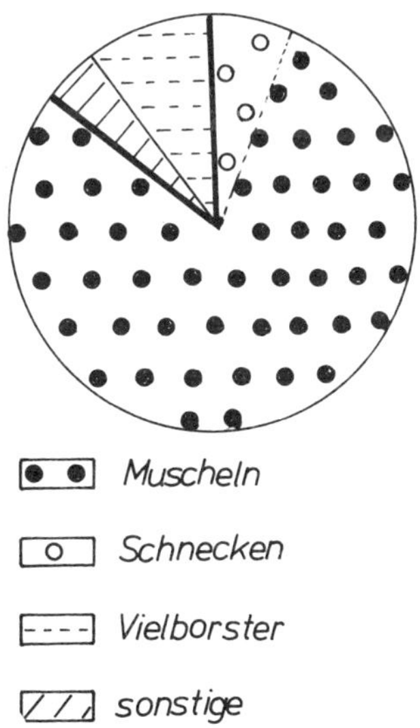

Abb. 13: Anteil der Muscheln und Schnecken an der Gesamtbiomasse des Wattenmeeres (nach MICHAELIS, verändert).

Der Körper der Schnecken und Muscheln ist massig und teilweise (Schnecken) oder ganz (Muscheln) von einer Kalkschale umgeben (Abb. 12). Im Gegensatz zu den Gliedertieren (Articulata), wie z.B. den Ringelwürmern und Krebsen, fehlen ihnen Gliedmaßen. Sie besitzen jedoch einen unpaarigen, muskulösen Fuß, mit dem sie sich festhalten, fortbewegen und eingraben können. Eine drüsenreiche Hautfalte, der Mantel, kleidet das Kalkgehäuse aus. In die vom Mantel ausgesparte Höhle ragen reich durchblutete Kiemen und der Eingeweidesack. Die Kalkschale wird an der Oberfläche des Mantels und Eingeweidesacks gebildet. Ihr Zuwachs erfolgt am unteren Mantelrand.

Der Anteil der Muscheln und Schnecken an der Bodenfauna des Wattenmeeres ist sehr hoch. Nach Untersuchungen im Jadebusen sind Weichtiere mit fast 90 % an der Gesamtbiomasse des Eulitorals beteiligt (Abb. 13).

Literatur

MICHAELIS, H. (1987): Strukturveränderungen der Wattfauna am Beispiel des Jadebusens. Umweltvorsorge Nordsee. Hrsg.: Nieders. Umweltministerium, 151–161.

REMANE, A., V. STORCH & U. WELSCH (1978): Kurzes Lehrbuch der Zoologie. Stuttgart, (G. Fischer Verlag).

Käferschnecken (Polyplacophora)

Hans Ulrich Meyer

Die Klasse der Käferschnecken (Polyplacophora) gehört zum Unterstamm Urweichtiere (Amphineura) des Stammes der Weichtiere. Er wird dem Unterstamm der Conchifera gegenübergestellt, zu dem die Klassen Muscheln und Schnecken gehören. Die „echten" Schnecken sind also näher mit den Muscheln als mit den Käferschnecken verwandt. Die Klasse der Polyplacophora umfaßt weltweit nur 1000 Arten (gegenüber 130 000 Weichtierarten insgesamt), die überwiegend in den Brandungsbereichen der Meere leben.

Das Aussehen der Käferschnecken wird geprägt durch die 8 dachziegelartig einander übergreifenden beweglichen Schalenplatten. Sie sind außen von einem stachelig-schuppigen Gürtel (Perinotum) umgeben (Abb. 14). Aufgrund dieser für Weichtiere untypischen Ausbildungen ordnete Linné die Käferschnecken zusammen mit den Seepocken (Krebstiere) in eine gesonderte Ordnung „Vielschalige Weichtiere". Denn auch weitere typische Schnecken-Merkmale, wie Fühler oder Augen, fehlen bei dieser Gruppe. Die Schalenplatten der Käferschnecken bestehen aus Kalk, darauf liegt eine dünne Schicht aus organischer Substanz (Periostracum). Die Bauch-

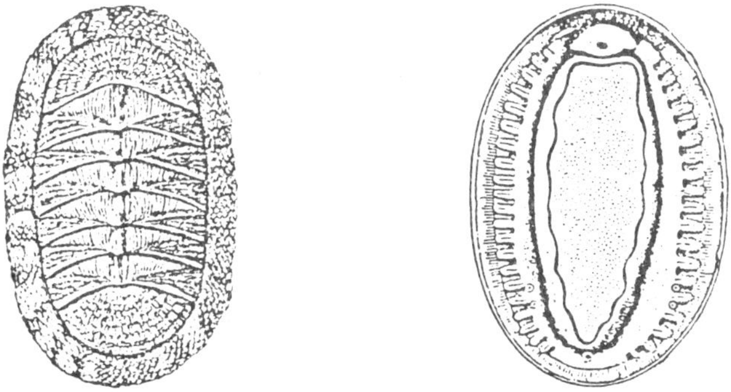

Abb. 14: Käferschnecke, Lepidochitona cinereus (aus KÄSTNER): Oberseite mit Schalenplatten und Gürtel, Unterseite mit Kriechsohle und einer Reihe von lappigen Kiemen in der Mantelrinne.

seite wird von einer fast die ganze Körperlänge überziehenden Fußsohle bedeckt. Sie ist von einer mit Kiemen ausgestatteten Rinne umgeben.

Käferschnecken leben überwiegend im Brandungsbereich felsiger Küsten. Sie können sich durch verschiedene Mechanismen fest an den Untergrund anpressen und so dem Wellenschlag standhalten:

- Die Sohle bildet eine große Haftfläche.
- Der Drüsenschleim der Sohle verstärkt den Hafteffekt.
- Muskeln, die die Schalenplatten und den Gürtel zur Sohle hinabziehen, bewirken einen Unterdruck (Saugnapfprinzip).

Wird ein Tier trotzdem losgerissen, so kann es sich als Schutzreaktion asselartig zusammenrollen. Die Fortbewegung geschieht durch Muskelwellen, die auf der Sohle von vorne nach hinten laufen. Es können dabei Geschwindigkeiten zwischen 1 und 10 cm/Min. erzielt werden. Käferschnekken orientieren sich meist entgegen der Schwerkraft und vom Licht weg. Käferschnecken sind reine Weidegänger. Eine längliche Reibzunge (Radula) ermöglicht das Abraspeln feiner Algenbeläge auf dem Untergrund. Die Fortpflanzung erfolgt über Trochophora-ähnliche Larven, die nur kurze Zeit im Plankton verweilen.

Rändel-Käferschnecke (Lepidochitona cinerea)

Hans Ulrich Meyer

Die Rändel-Käferschnecke lebt als einzige Vertreterin dieser Gruppe auch im Wattenmeer. Sie besiedelt Hartsubstrate, wie Steine und Muschelschalen. Sie bevorzugt den unteren Gezeitenbereich und ist regelmäßig im

Schillbett flacher Priele anzutreffen, meist an der Unterseite leerer Muschelschalen. Oft wird sie dort wegen ihrer geringen Größe (1 bis 2 cm) und ihrer sehr variablen Färbung übersehen. Die Kalkplatten sind oliv/grau/dunkelrot, der Gürtel ist oliv bis rötlich gefleckt gefärbt. Man findet kaum einmal zwei Individuen mit dem gleichen Farbmuster. In der Mantelrinne entlang der Sohle befinden sich 16 bis 19 Paare Kiemen (Abb. 14).

Die Art ist entlang der nordatlantischen Küsten von Marokko bis Nordnorwegen sowie an der Ostküste Amerikas verbreitet. In die Ostsee dringt sie bis in die Kieler Bucht, gelegentlich auch bis in die Mecklenburger Bucht ein. In der Nordsee kommen einige Arten der Käferschnecken vor, die allerdings nur schwer zu unterscheiden sind.

Literatur

CAMPBELL, A.C. (1977): Der Kosmos-Strandführer. Stuttgart (Kosmos).

KÄSTNER, E. (1969): Lehrbuch der speziellen Zoologie. Bd. 1, Wirbellose, 1. Teil. Jena (Fischer).

Schnecken (Gastropoda)

Hans Ulrich Meyer

Diese Klasse des Stammes der Weichtiere umfaßt etwa 105 000 rezente Arten. Sie haben die Großlebensräume Meer, Süßwasser und Land gleichermaßen erfolgreich besiedelt. Systematisch lassen sie sich in die Vorderkiemer (Prosobranchia), die Hinterkiemer (Ophistobranchia) und die landbewohnenden Lungenschnecken (Pulmonata) untergliedern. Im Wattenmeerbereich spielen vor allem die Prosobranchia eine Rolle, hier besonders durch zwei Arten vertreten (Gemeine Strandschnecke Littorina littorea und Wattschnecke Hydrobia ulvae). In sublitoralen Lebensräumen und im Helgoländer Felswatt trifft man auch eine Anzahl mariner Ophistobranchia an; im Wattenmeer ist nur die kleine Art Retusa obtusa anzutreffen (siehe unter Wattschnecke, Hydrobia ulvae).

Im Folgenden sollen die Prosobranchia kurz charakterisiert werden (Abb. 15). Gemeinsame Merkmale sind:

- Kalkschale (meist spiralig gewunden), umschließt den Eingeweidesack und kann von einem Deckel (Operculum) verschlossen werden.
- Fuß mit Kriechsohle; die Vorwärtsbewegung erfolgt durch wellenartig von vorne nach hinten verlaufende Muskelkontraktionen.
- Drehung (Torsion) des Eingeweidesackes und des Strickleiternervensystems: Während der Larvenentwicklung dreht sich der Eingeweidesack

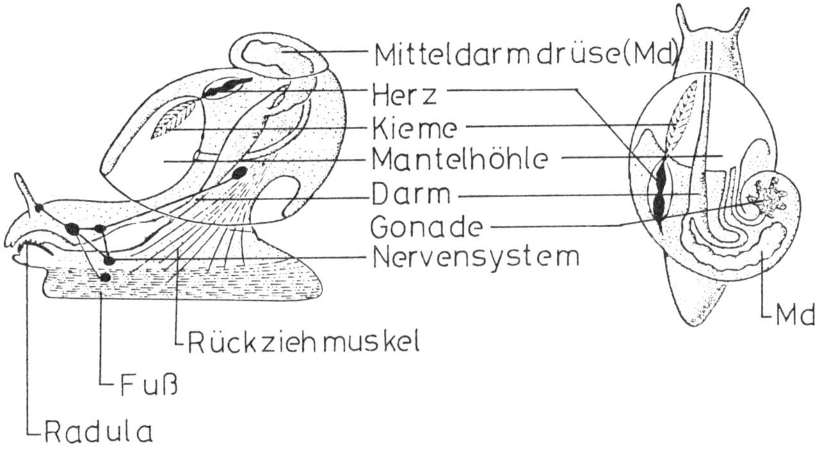

Abb. 15: Bauplan einer Hinterkiemer-Schnecke (Zeichnung Bernhardi).

um 180 Grad, so daß die ursprünglich hinten liegenden Kiemen und der After an den Vorderrand der Schale noch vor das Herz rücken. Diese Drehung steht nicht in unmittelbarem Zusamenhang mit der Schneckenhaus-Spirale; beispielsweise zeigen die an der Atlantikküste heimischen Napfschnecken (Gattung Patella) keine Gehäusewindung, wohl aber die innere Torsion. Auch der systematische Übergriff der gekreuztnervigen Schnecken (Unterklasse Streptoneura) beruht auf dieser Drehung. Dabei reduzieren sich ursprünglich paarig vorkommende Organe zum Teil, so zum Beispiel die Geschlechtsorgane und der linke der beiden Muskeln, die den Weichkörper bei Gefahr oder zu Ruhephasen in das Gehäuse zurückziehen.

- Die Mantelhöhle enthält die Kiemen; durch sie strömt das Atemwasser. Einige Prosobranchier können außerdem mittels stark durchblutetem Mantelhöhlendach atmen.
- Die Radula ist eine unpaare Raspelzunge aus Chitinzähnen an der Mundöffnung und dient zur Aufnahme und zur Zerkleinerung der Nahrung. Vorderkiemer-Schnecken sind meist Weidegänger oder Räuber.
- Neben Lichtsinnesorganen in der Haut und im Fühlerbereich (Grubenaugen) ist allen Schnecken ein chemischer Sinn in der Öffnung zur Mantelhöhle gemein (Osphradium), das die Beschaffenheit des Atemwassers kontrolliert.
- Prosobranchier sind getrenntgeschlechtlich. Männliche Tiere besitzen einen Penis zur Übertragung der Spermien.

- Die Entwicklung der marin lebenden Formen erfolgt über eine charakteristische Veliger-Larve, die mit zwei segelartigen Hautlappen im Wasser schweben. Als Planktont findet gleichzeitig die Verbreitung statt.

Gemeine Strandschnecke (Littorina littorea)

Hans Ulrich Meyer

Verbreitung

Der wissenschaftliche Name deutet bereits auf das Vorkommen in Litoralbereichen hin. Ihr Hauptvorkommen beginnt im Wattenmeer im oberen Eulitoral und reicht bis in sublitorale Bereiche der Nordsee. Die Art hat sich durch Anpassungen vor allem im Bereich der Atmung und der Exkretion einen Lebensraum erschlossen, der von Land wie auch vom Meer aus weitgehend konkurrenzarm ist. Littorina ist hier die größte Konsumentenart, und größere Exemplare sind kaum von Feinden bedroht.

Auf Helgoland wurden die „Hölker" gesammelt und verzehrt. Das ist heute aber aus Naturschutzgründen verboten. Die geografische Verbreitung reicht vom Mittelmeer über den Atlantik nördlich des 43. Breitengrades bis in die Ostsee bei Rügen. 1855 wurde sie vermutlich durch Schiffe in Nordamerika eingeschleppt.

Beschreibung

Das Gehäuse der Gemeinen Strandschnecke wird bis zu 40 mm hoch und ist entsprechend dem Leben in Brandungsbereichen recht dickschalig; im Wattenmeer erreichen die meisten Individuen allerdings nur 10 bis 20 mm. Das Gehäuse ist stumpf kegelförmig mit 6 bis 8 flach abgesetzten Windungen, das der Jungtiere besitzt deutlich abgesetzte Umgänge und eine auffallende Spitze. Die Umgänge von größeren Exemplaren sind nur undeutlich zu erkennen, auch erscheint die Spitze durch Schalenerosion abgestumpft. Das Gehäuse ist durch feine Spiral- und Zuwachsstreifen strukturiert. Die Farbe reicht von grauschwarz bis braun mit dunkleren Spiralstreifen. Wie bei allen Vorderkiemern kann das Gehäuse durch einen Deckel (Operculum) verschlossen werden. Besonderes Kennzeichen am Weichkörper ist die schwarze feine Bänderung der Fühler. Neben Littorina littorea sind im Wattenmeer gelegentlich zwei weitere Strandschnecken-Arten zu finden. In Tabelle 5 und Abb. 16 sind sie vergleichend dargestellt.

Abb. 16: Gehäuse der Strandschnecken (aus JANKE):
Links: Gemeine Strandschnecke, Littorina littorea (im Watt bis 20 mm, bei Helgoland bis 40 mm hoch)
Mitte: Flache Strandschnecke Littorina mariae (bis 14 mm hoch)
Rechts: Rauhe Strandschnecke, Littorina saxatilis (bis 16 mm hoch).

Tabelle 5: Gegenüberstellung der im Watt vorkommenden Strandschnecken-Arten

	Gemeine Strandschnecke (L. littorea)	Flache Strandschnecke (L. mariae)	Rauhe Strandschnecke (L. saxatilis)
Größe	bis 20 (40) mm	bis ca. 10 mm	bis ca. 8 mm
Schale	stumpf kegelförmig mit flach abgesetzten Umgängen, feine Spiral- u.Zuwachsstreifen, grau/schwarz/braun	Gewinde stark verkürzt: letzter Umgang macht fast die gesamte Schalenhöhe aus, fast glatt, gelb/braun	6 bis 9 deutlich hervortretende Umgänge, deutliche Spiralstruktur („Rauhe Strandschnecke), schwarz (rötlich)
Vorkommen	Hartsubstrate und epibiontisch auf allen Wattsedimenten	bevorzugt auf Fucus vesiculosus (Blasentang)	Bereich der MThw-Linie, Hartsubstrate
Fortpflanzung	planktische Eier, Plankton-Larven	Gallertlaich mit 90–150 Eiern an Steinen oder Fucus befestigt; fertige Schnecken schlüpfen nach 3 Wo. und leben sofort wie die ad.	Viviparie (lebendgebärend); die Eier entwickeln sich im Uterus, es werden „fertige" Schnecken geboren.

Bewegung, Sinne

Tast-, Schwere- und Lichtsinn spielen bei der Gemeinen Strandschnecke gleichermaßen eine Rolle. Ein chemisches Sinnesorgan (Osphradium) zur Kontrolle des Atemwasserstromes liegt an der Mantelöffnung. Die Fühler beherbergen Schweresinn, Tastsinn, Geruchssinn und Lichtsinn. Die Grubenaugen an der Fühlerbasis ermöglichen sowohl ein begrenztes Formensehen als auch das Erkennen des polarisierten Lichtes. Hinzu kommt ein einfacher Hautlichtsinn.

Die Orientierung beim Umherkriechen von Littorina wird offensichtlich durch mehrere Faktoren gesteuert. Tiere, die bevorzugt an vertikalen Flächen leben, zeigen unter Wasserbedeckung eine Aufwärtsbewegung (negative Geotaxis/positive Phototaxis). Beim Trockenfallen durch ablaufendes Wasser führen sie ungerichtete Freßwanderungen durch, bis sie eine zu lange Trockenzeit zum Ruhen in Spalten und Nischen zwingt. Hierbei sitzen oft viele Tiere eng beieinander, was vermutlich einen erhöhten Schutz gegen die Brandungskräfte und gegen Austrocknung bewirkt (Abb. 17). Die Tiere heften sich mit einem Schleimband an, ziehen dann

Abb. 17:
Ansammlung von Strandschnecken an einem Pfahl. Die Tiere überdauern hier dichtgedrängt die Trockenliegezeit.
(Foto: Meyer)

den Fuß ein und verschließen das Gehäuse mit dem Operculum. Dauert die Trockenphase sehr lange, so lassen sich die Schnecken fallen und beginnen dann erneut ihre Wanderung nach oben. An hohen vertikalen Flächen, die unten keine Auffangmöglichkeiten (Hafenbauten, wie Schwimmfender u.ä.) für herabfallende Schnecken bieten, kommt Littorina littorea kaum vor, was ein Beleg für die geschilderte Art der Bewegung ist. Gesteuert wird diese Wanderung also durch die Faktoren Schwerkraft und Licht sowie durch Nahrungsangebot und durch die austrocknungsfördernden Streßfaktoren (Trockenliegezeit, Temperatur, Wind, Salzgehalt).

Tiere auf horizontalen Flächen zeigen eine „Lichtkompaßorientierung": Sie kriechen zunächst etwa 20 Minuten zum Licht (positive Phototaxis) und kehren dann um (negative Phototaxis), so daß sie zum Ausgangspunkt zurückgelangen. Dies ergibt U-förmige Kriechspuren und führt zu einer relativ großen Standorttreue der Tiere. Auch von anderen Schnecken des Litoral ist dies bekannt: Die Napfschnecke Patella sitzt bei jedem Niedrigwasser immer exakt in der gleichen Position; die Käferschnecke Lepidochitona sucht während des Trockenfallens ebenfalls ihren Ausgangspunkt auf.

Die Kriechgeschwindigkeit der Strandschnecken beträgt 2 bis max. 10 cm/Min. Sie ist von der Temperatur abhängig. Unter 8 Grad wird ein Umherkriechen weitgehend eingestellt. Beim Kriechen wird ein Schleimband ausgeschieden, das die Fortbewegung erleichtert. Auf trockenem Untergrund muß die Schnecke gelegentlich innehalten, um neuen Schleim zu produzieren. Oft kann beobachtet werden, daß ein Tier der Schleimspur eines anderen folgt. Dies ist auf im Schleim enthaltene Lockstoffe (Pheromone) zurückzuführen, die bei laichreifen Tieren besonders wirksam sind. Das Schleimband der Kriechspur trägt erheblich mit zur Festigung der Wattsedimente bei. Die Kriechspuren zeigen eine deutliche Längsteilung, was auf eine funktionelle Längsteilung der unterschiedlichen Muskelpartien im Schneckenfuß beruht.

Atmung

Strandschnecken atmen als Vorderkiemer (Prosobranchier) mit Kiemen, die in durchblutete Hautfalten des Mantelhöhlendaches übergehen. Während des Trockenfallens können sie mit diesem lungenartigen Atemorgan Sauerstoff aus der Luft aufnehmen. Solange die Schnecke aktiv ist, ist die Aufnahmerate hier sogar mehrfach höher als im Wasser. Nach einigen Stunden Trockenfallen verschließen sie die Gehäuseöffnung mit ihrem Operculum, um sich vor drohender Austrocknung zu schützen. Je nach Temperatur können die Tiere dann etwa 20 Tage trockenfallen, ohne Schaden zu nehmen. Dabei verlieren sie bis zu einem Drittel ihres Gewichtes. Sie gehen nach dem Schließen des Gehäuses eine beträchtliche Sauerstoffschuld ein, was sich in erhöhten Respirationsraten nach dem Wiedereintauchen zeigt.

Strandschnecken können während der Trockenzeit hohe Temperaturen ertragen; erst bei 46 Grad sterben 50 % der Individuen. Auch die Frostresistenz ist entsprechend hoch.

Ernährung

Die Gemeine Strandschnecke ist überwiegend ein Weidegänger. Mit ihrer Radula werden größere und kleinere Algen vom Substrat abgeschabt. Während im Felslitoral größere Algen (vor allem der Darmtang Enteromorpha) eine wichtige Rolle als Schneckennahrung spielen, werden im Watt vornehmlich Kieselalgen von der Sedimentoberfläche aufgenommen. Hierbei spielen natürlich auch Detritusflocken mit daran haftenden Bakterien eine bedeutende Rolle. Neben Pflanzen wird gelegentlich auch das Fleisch von Seepocken gefressen, deren Kalkschale durch Wellengang oder andere mechanische Einflüsse beschädigt wurde; die Schalen werden dabei mit der Kriechsohle gehalten und gedreht.

Den Bau und die Arbeitsweise der Radula bei der Nahrungsaufnahme beschreibt ANKEL sehr anschaulich: Die Radula mit 480 bis 580 Zahnreihen und je 7 Zähnen wird über eine Knorpelkante geführt; dabei richten sich die einzelnen Zahnreihen nacheinander auf. Die Mundöffnung wird gleichzeitig über den Grund geschoben, so daß freßbare Partikel abgeraspelt werden. Beim Abheben der Mundöffnung wird die Radula wieder zurückgeführt. Diese Vorgänge lassen sich durch eine Glasscheibe gut beobachten. Strandschnecken fressen hauptsächlich bei Wasserbedeckung. Die Geschwindigkeit der Radula-Bewegung hängt von der Dauer der vorherigen Hungerperiode ab. So zeigen Tiere des oberen Eulitoral mit nur vier Stunden Wasserbedeckung etwa 30 Bewegungen, Tiere aus dem mittleren Gezeitenbereich mit 10 Stunden Wasserbedeckung nur 5–10 Bewegungen pro Minute.

Osmoregulation

Die Gattung der Strandschnecken dringt zwar weit an die Grenzen mariner Lebensräume vor, die Arten sind jedoch in ihrer Physiologie an das marine Milieu gebunden. Die Ionenkonzentration der Körperflüssigkeit ist weitgehend isotonisch mit der des Außenmedium. Extrem schwankenden Salzgehalten entgehen Littorina-Arten durch Schließen des Operculum. Die Aktivität nach langer Ruhe wird durch den Umgebungssalzgehalt gesteuert, der wiederum die Freßaktivität beeinflußt; zu hohe oder zu niedrige Salzgehalte können dann zum Verhungern der Tiere führen. Eier,

Larven und Jungtiere sind gegenüber Salinitätsschwankungen noch empfindlicher als Adulte.

Exkretion

Die höher im Litoral angesiedelten Littorina-Arten (z.B. L. neritoides und L. saxatilis) scheiden überwiegend wassersparende Harnsäure aus. Littorina littorea als eulitorale Form gibt meist wassergebundenen Harnstoff und Ammoniak ab; die Abscheidungskonzentration hängt vom Grad des Trokkenfallens ab. Die Harnsäureexkretion ist eine besonders wassersparende Ausscheidungsform. Im oberen Eulitoral befinden sich 30 % mehr Harnsäure in den Nieren der Strandschnecken als im unteren Eulitoral. Auch während Hungerperioden steigt der Harnsäureanteil in den Nieren, weil dann vermehrt Eiweiße abgebaut werden. Da die endgültige Ausscheidung der Stickstoffabbauprodukte in Form wasserlöslicher, giftiger Ammonium-Ionen stattfindet, wird folgender Mechanismus vermutet: Beim Trockenfallen speichern die Strandschnecken Eiweißabbauprodukte in Form der relativ ungiftigen Harnsäure in den Nieren; unter Wasserbedeckung werden diese Exkrete direkt in Form von löslichen Ammonium-Ionen abgegeben.

Fortpflanzung

Littorina littorea ist getrenntgeschlechtlich. Geschlechter können nur präparativ (Penis) bestimmt werden. Geschlechtsreife setzt im zweiten Lebensjahr ein. Die Männchen sind ab Februar begattungsreif, die Weibchen ab März. Die Eier werden in Kapseln von 1 mm Durchmesser, die 2 bis 3 (max. 9) Eier enthalten, ins freie Wasser abgegeben (Abb. 18). Von März bis Mai sind sie sehr häufig im küstennahen Plankton zu finden. Nach 5 Tagen schlüpfen Veliger-Larven; sie besitzen kleine Schalen mit 1,5 Windungen, und jeder Velum-Lappen ist durch zwei artcharakteristische schwarze Punkte gekennzeichnet, die bei zurückgezogenem Velum sogar durch die Schale scheinen (Abb. 18).

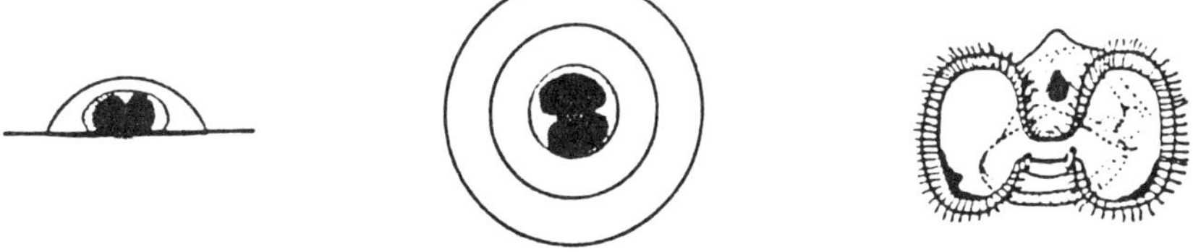

Abb. 18: Gemeine Strandschnecke (aus NEWELL & NEWELL): Eikokon mit Eiern (von oben und von der Seite) und Veliger-Larve aus dem Plankton.

Das Gehäuse der Larve ist ca. 0,6 mm groß und gelblich gefärbt. Nach 2 Wochen findet die Metamorphose und der Übergang zum Bodenleben statt. Wie die meisten Larven von Benthostieren führen Littorina-Veliger vertikale Suchbewegungen in der Wassersäule durch, um eine optimale Siedlungsfläche zu erreichen. Bevorzugt werden Bereiche des unteren Eulitoral bzw. oberen Sublitoral besiedelt, da hier die Umweltbedingungen nicht solchen extremen Schwankungen unterliegen. Vor allem Fucus-Bestände und Miesmuschelbänke dienen den Kleinschnecken bis 5 mm Größe als Habitat.

Die beiden anderen Strandschnecken-Arten des Wattenmeeres zeigen entsprechend ihrer unterschiedlichen Siedlungszone andere Fortpflanzungsmechanismen (vgl. Tabelle 5). Die Gemeine Strandschnecke erreicht im ersten Jahr eine Größe zwischen 3 und 10 mm, im zweiten Jahr bis etwa 15 mm und im dritten Jahr über 17 mm Gehäusehöhe. In den ersten Lebensjahren sind die Jahresringe als Zuwachsstreifen an der Gehäusemündung deutlich erkennbar.

Feinde

Die Gemeine Strandschnecke ist zwar durch ihr recht stabiles Gehäuse gut geschützt, dennoch dienen sie einer Reihe von Freßfeinden als Nahrung. Kleinere Exemplare werden vielfach von Watvögeln (z.B. Knutt) gefressen. Größere Tiere können von Austernfischern, Eiderenten und Silbermöwen erbeutet werden. Die Strandkrabbe frißt ohne Schwierigkeiten Tiere von 10 mm Gehäusehöhe aus dem Gehäuse; die Männchen knacken sogar leicht Schalen von 30 mm Größe. Lediglich als Fischnahrung wird die Art selten erwähnt.

In Großbritannien und in Frankreich werden Strandschnecken oft mit der Hand gesammelt und gegessen, jedoch hat die Art keine fischereiwirtschaftliche Bedeutung.

Literatur

ANKEL, W.E. (1937): Wie frißt Littorina? Senckenbergiana 19, 317–333

HEIL, K.P. & D. EICHELBERG (1983): Untersuchungen zum Harnsäuremetabolismus von Littorina littorea (Gastropoda). Helgol. wiss. Meeresunters. 36, 465–472.

JANKE, K. (1986): Die Makrofauna und ihre Verteilung im Nordost-Felswatt von Helgoland. Helgoländer Meeresunters. 40, 1–55.

KAESTNER, A. (1969): Lehrbuch der speziellen Zoologie. Bd. 1, Wirbellose 1. Teil, Jena (Fischer).

LEWIS, J.R. (1972): The ecology of rocky shores. London (Engl. Univ. Press).

MOORE, H.B. (1937): The biology of Littorina littorea. I. Growth of the shell and tissues, spawning, length of life and mortality. J. mar. biol. Ass. U.K., 21, 721–742.

NEWELL, G.E. & R.C. NEWELL (1979): Marine Plankton. London (Hutchinson).

SCHÄFER, W.E. (1950): Über Nahrung und Wanderung im Biotop bei der Strandschnecke Littorina littorea. Arch. f. Molluskenkunde 79, 1–8.

Gemeine Wattschnecke (Hydrobia ulvae)

Hans Ulrich Meyer

Die Gemeine Wattschnecke kommt in der Nord- und Ostsee sowie im Atlantik südlich bis zum Senegal vor. Sie dringt weit in brackige Flußmündungsbereiche vor. In der östlichen Ostsee tritt sie noch bei durchschnittlichen Salzgehalten von 1,5 ‰ auf. Im Wattenmeer ist ihr Vorkommen auf Salzgehalte über 10 ‰ beschränkt. Die obere Verbreitungsgrenze im Litoral ist im allgemeinen die mittlere Hochwasserlinie (MTHw), jedoch sind einzelne Tiere sogar im unteren Bereich der Salzwiesen (Andelrasen) anzutreffen. Das Verbreitungsmaximum im Watt liegt im mittleren und oberen Eulitoral, vor allem in vom Wattwurm besiedelten Mischwatten und in Seegraswiesen.

Neben der sehr häufigen Gemeinen Wattschnecke tritt in geringen Mengen noch die Bauchige Wattschnecke (H. ventrosa) auf. In zusammengespülten Schalenansammlungen findet man schließlich noch in Einzelexemplaren die räuberisch lebende Gewölbte Kopfschildschnecke (Retusa obtusa). Die drei Kleinschnecken-Arten sind in Abb. 19 vergleichend dargestellt.

Abb. 19: Gehäuse von Kleinschnecken des Wattenmeeres:
Links: Gemeine Wattschnecke, Hydrobia ulvae (bis 6 mm hoch)
Mitte: Bauchige Wattschnecke, Hydrobia ventrosa (bis 5 mm hoch)
Rechts: Gewölbte Kopfschildschnecke, Retusa obtusa (bis 10 mm hoch).

In dänischen Ästuar-Habitaten des Limfjords, die in Bezug auf die Lebensbedingungen mit dem Wattenmeer vergleichbar sind, kommen vier Schneckenarten aus der Familie der Hydrobiidae vor. Jede dieser Arten zeigt ein Mosaik spezifischer Ansprüche an unterschiedliche Umweltfaktoren und besetzt damit eine eigene ökologische Nische. Wichtige Verteilungsfaktoren sind Salzgehalt, Wellenexposition und Nahrungsangebot. Bei Koexistenz, also beim Vorkommen zweier oder mehrerer Arten im gleichen Areal, zeigen die Individuen der verschiedenen Arten eine Kontrastbetonung der Artunterscheidungsmerkmale. So dauert die Fortpflanzungsperiode von H. ulvae bei alleinigem Vorkommen über vier bis fünf Monate, bei deckungsgleichem Vorkommen mit H. ventrosa nur zwei. Auch verändert sich dann die durchschnittliche Schalengröße: H. ulvae-Schalen sind bei Mischvorkommen deutlich größer als bei alleinigem Vorkommen; dann sind H. ventrosa-Schalen kleiner.

Beschreibung

Wattschnecken sind sehr klein und werden oft erst gar nicht bemerkt (Abb. 20). Das Gehäuse von zweijährigen Tieren wird bis zu 6 mm hoch. Es ist aus 6 bis 8 Umgängen aufgebaut, von denen der letzte fast die Hälfte der gesamten Gehäusehöhe einnimmt.

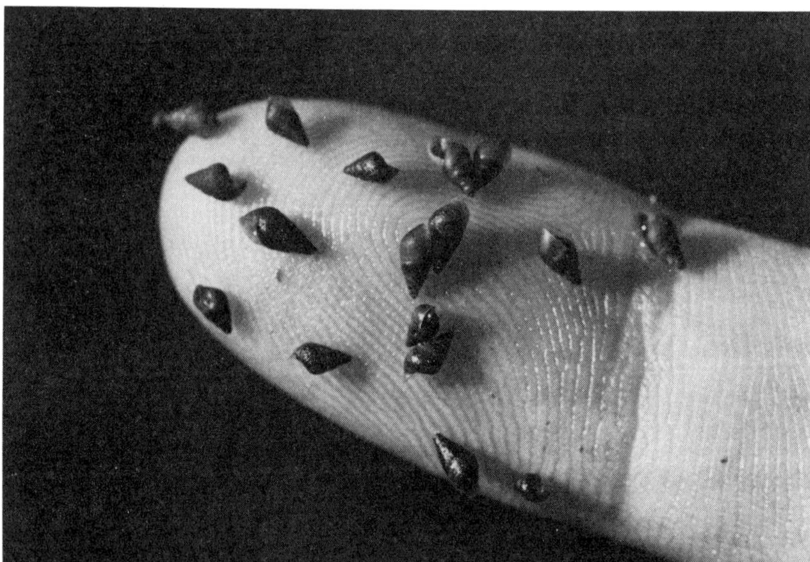

Abb. 20: Wattschnecken sind sehr klein und werden auf den ersten Blick leicht übersehen (Foto: Archiv NPA/Schwarzbach).

Die Umgänge sind im Gegensatz zur gelegentlich ebenfalls im Watt auftretenden Bauchigen Wattschnecke (Hydrobia ventrosa) kaum abgesetzt. Die Gehäusespitze ist stumpf, aber immer vorhanden. Ein weiteres Unterscheidungsmerkmal zu H. ventrosa ist die Form des Mündungsrandes: Bei H. ulvae ist er spitzwinklig, bei H. ventrosa bildet er einen rechten Winkel.

Die Gehäusefarbe der lebenden Schnecken ist dunkelgelblich bis braunschwarz. Leere Gehäuse sind meist weiß. Man kann sie in zusammengeschwemmten Schalenansammlungen gut von Gehäusen mit lebenden Schnecken unterscheiden. Zwischen den Fühlern von H. ulvae befindet sich ein schwarzer Fleck. Der linke Fühler ist stärker als der rechte ausgebildet.

Neben diesen beiden Wattschneckenarten findet man in Schalenansammlungen gelegentlich Gehäuse der Gewölbten Kopfschildschnecke (Retusa obtusa, siehe Abb. 19), die zu den Hinterkiemer-Schnecken (Ophistobranchia) gehört. Es ist bis 7 mm hoch, zylinderförmig aufgerollt. Retusa besitzt keine Radula und keinen Fußlappen. Sie ernährt sich räuberisch von kleineren Würmern und anderen Schnecken, vor allem von Hydrobia. Bevorzugt wird im Watt der obere Gezeitenbereich in Ufernähe besiedelt; die Siedlungsdichten liegen unter optimalen Bedingungen bei 100 bis 300 Ind. pro m^2.

Bewegung

Während der Wasserbedeckungszeit kriechen die Schnecken auf der Sedimentoberfläche und nehmen dabei Nahrung auf. Ähnlich wie Littorina scheint Hydrobia dabei eine Lichtkompaß-Reaktion zu zeigen; durch Änderung der Orientierung zum Licht während des Kriechens kehrt die Schnecke im Bogen zum Ausgangspunkt zurück. Die Kriechspuren sind dabei stark gewunden bis geschlängelt (Abb. 21); ihre Spurbreite beträgt 1,5 bis 2 mm. Beim Kriechen wird vom Fuß ein schmales, glänzendes Schleimband ausgeschieden, das das Sediment bindet. Während einer Aktivitätsphase können Spurlängen von bis zu 30 cm beobachtet werden.

Beim Trockenfallen gräbt sich die Wattschnecke bis zu einem Zentimeter tief in den Boden ein. Mit dem Kopf und der Kriechsohle wühlt sie ein Loch in den Boden; unter wiederholten rüttelnden und drehenden Bewegungen wird die Schale nachgezogen. Dieser Vorgang dauert einige Minuten, und an der Oberfläche ist nur noch ein kleines Loch erkennbar. Bei trockenem Sediment wird das Gehäuse mit dem Operculum verschlossen; in feuchtem bis nassem Boden sitzen die Wattschnecken mit dem Kopf nach oben in dem Loch und strecken die Fühlerspitzen an die Oberfläche.

Durch passives Verdriften können Wattschnecken über weite Strecken verbreitet werden: Trockene Gehäuse werden kaum vom Wasser benetzt und

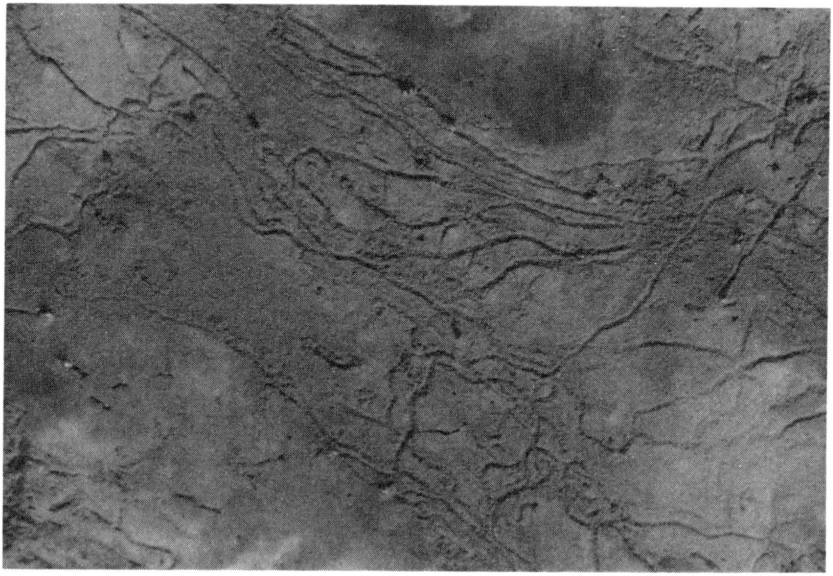

Abb. 21: Kriechspuren von Wattschnecken (Foto: Meyer).

haften dann am Oberflächenhäutchen, so daß Strömungen die Schnecken mitnehmen. Dies ist bei den jahreszeitlichen Wanderungen der Schnecken von Bedeutung (siehe „Fortpflanzung"). Ein aktives Aufsuchen der Wasseroberfläche tritt gelegentlich durch negativ geotrope Kriechbewegungen auf. Dort angelangt, produziert die Schnecke mit den Schleimdrüsen des Fußes einen Teppich, der die Haftung des Fußes an der Wasseroberfläche verstärkt. Dieses „Kopfunter-Schweben" dient zusätzlich der Nahrungsaufnahme, indem der Schleimteppich mit den daran haftenden Detritus-Teilchen regelmäßig aufgefressen wird.

Die Wattschnecke Hydrobia ist durch diese Fähigkeit des Eingrabens und des Verdriftens sehr gut an die wechselhaften Lebensbedingungen des Wattenmeeres angepaßt. Sie zeigt ausgeprägte Züge einer opportunistischen Strategie und weicht so den extremen Umweltbedingungen aus.

Atmung und Blutkreislauf

Wattschnecken sind Kiemenatmer. Sie überleben aber tagelange Trockenheit. Dies läßt darauf schließen, daß sie, ähnlich wie die Strandschnecken, Sauerstoff über das von Blutgefäßen durchzogene Mantelhöhlendach aufnehmen können. Die Aktivität und damit die Menge an aufgenommenem Sauerstoff steigt mit der Temperatur bis etwa 28°, um dann steil abzufallen. Dies ist für das Leben im mittleren bis oberen Gezeitenbereich besonders günstig, da während der Trockenliegezeit im Sommer höhere Temperaturen auftreten können. Da die Schnecken sehr klein sind, verbrauchen sie 2/3 bis 3/4 der aufgenommenen Energie für den eigenen Stoffwechsel.

Ernährung

Wattschnecken sind „deposit-feeder"; sie fressen organisches Material vom Wattboden ab; mikroskopisch kleine Algen und Detritus (tote organische Substanz mit daran haftenden Bakterien) sind gleichermaßen von Bedeutung. Einige Autoren berichten auch von der engen Bindung der Art an Grünalgen (Meersalat Ulva lactuca, siehe Artname der Schnecke, und Darmtang Enteromorpha sp.) oder Blaualgen. Die Schnecken fressen dann aber wohl vor allem den darauf befindlichen Rasen von Mikroorganismen.

In Gebieten mit hoher Besiedlungsdichte im oberen Gezeitenbereich stellt die Wattschnecke eines der wichtigsten Glieder in den Nahrungsketten dar: Durch intensives Abweiden von Bodendiatomeen passieren 3/4 des Energieflusses im Wattbenthos diese Weidegänger. Das häufige Vorkommen in Seegras-Beständen ist auf die epiphytisch siedelnden Kieselalgen zurückzuführen. Hydrobia kann somit bis zu 80 % Anteil an der Sekundärproduktion der Benthos-Tiere haben.

Unverdauliche Bestandteile werden in Form von spindelförmigen, festen Faeces ausgeschieden. Der Faeces enthält Diatomeenschalen, Pflanzenreste (Cellulose) und Schlickpartikel. Durch das feste Verkleben der Partikel findet eine Festlegung der Sedimente statt, da diese Kotpillen durch ihre Größe weniger leicht verdriftet werden. In kleinen Senken des Wattes können diese Faeces in dicken Lagen den Boden bedecken. Auf den Faeces haften abbauende Bakterien, die ihren Stickstoffbedarf aus dem Wasser decken. Die dadurch „eiweißangereicherten" Kotpillen werden von den Wattschnecken wiederum gefressen und dienen so als Stickstoffquelle.

Neben der weidenden Ernährungsweise kann bei der Wattschnecke auch „suspension feeding" beobachtet werden (siehe Fortbewegung): Beim Treiben unter dem Oberflächenhäutchen spannen die Schnecken einen Schleimteppich aus, in dem sich suspendiertes Material verfängt; nach einiger Zeit wird dieser Schleimteppich mitsamt den organischen Substanzen aufgefressen. Möglicherweise werden so gleichzeitig die Mikroorganismen des Wasserhäutchens (Neuston) mitgefangen.

Fortpflanzung und Entwicklung

Wattschnecken sind getrenntgeschlechtlich. Die Paarung erfolgt im zeitigen Frühjahr (ab Ende Februar), und die Eikokons treten etwa einen Monat später auf.

Etwa 20 (10 bis 70) Eier sind in Schleimhülsen eingeschlagen, die mit feinen Sandkörnern bedeckt sind. Sie werden auf größeren Partikeln, in Wattbereichen mit dichtem Hydrobia-Vorkommen vornehmlich auf den Schalen von Artgenossen, festgeheftet (Abb. 22). Die Kokons finden sich

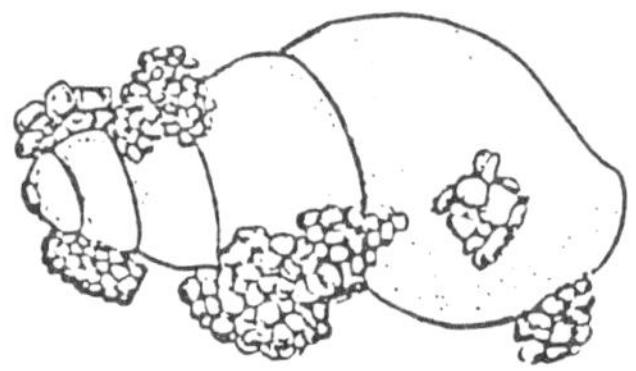

Abb. 22: Wattschnecken heften ihre Eikokons oft an das Gehäuse von Artgenossen (aus HENKING).

gelegentlich auch lose auf dem Sediment, auf den Schalen anderer Mollusken, auf den Panzern von Krebstieren, ja sogar an Fische angeheftet. Ein Weibchen legt, über etwa 20 Tage verteilt, insgesamt bis zu 300 Eier. Da die Reproduktionsphase oft den ganzen Sommer andauert, können im Watt fast das ganze Jahr über Schneckengehäuse mit angehefteten Eikokons beobachtet werden.

Die Larven schlüpfen nach etwa 4 Wochen. Während aus britischen Gewässern von einer etwa zweiwöchigen planktischen Larvenphase berichtet wird, scheint im Wattenmeer eine nur sehr kurze Planktonphase aufzutreten. Die beobachteten Larven besitzen, wie alle Schneckenlarven, zwei Velum-Lappen und eine Schale; Hydrobia-Veliger haben deutliche kirschrote Flecken an den Segeln.

Ab Anfang Mai findet man die Jungschnecken nach ihrer Metamorphose im Wattbenthos. Nur etwa 13 % der Eier entwickeln sich bis zu diesem Stadium. Die Jungschnecken verteilen sich mit den Gezeitenströmungen über alle Wattbereiche, sind vornehmlich aber im unteren Gezeitenbereich anzutreffen. Ab Spätsommer lassen sie sich dann wieder in die Hauptsiedlungsgebiete des mittleren und oberen Eulitoral treiben.

Im Laufe des ersten Lebenssommers verdoppeln die Schnecken ihr Gewicht, im darauffolgenden Winter verlieren sie fast 50 % an Gewicht. Im Frühjahr bis Sommer des zweiten Lebensjahres findet die Fortpflanzung statt. Im darauffolgenden Sommer ist dieser Jahrgang nicht mehr nachzuweisen.

Stellung im Nahrungsnetz, Feinde

Als „deposit feeder" steht die Wattschnecke weit am Anfang der Nahrungsketten. Die Individuenzahlen können in optimalen Habitaten sehr hoch sein: In Extremfällen wurden etwa 1 Mio. Jungschnecken pro m^2 im Schlicksand gezählt, was 100 Tieren pro cm^2 entspricht. Im Durchschnitt treten aber nur etwa 20 000 Tiere pro m^2 auf.

Der Anteil der Wattschnecken an der Gesamtbiomasse der Tiere des Wattbodens beträgt wegen ihrer geringen Größe meist nur 1 bis 2 %, gelegentlich bis 6 %. Trotzdem können diese Schnecken die bedeutsamsten Zwischenglieder in den Nahrungsketten des Benthos sein. Entsprechend vielfältig ist das Spektrum der Konsumenten:

Brandgänse, Stockenten, Sand- und Seeregenpfeifer, Knutt und Alpenstrandläufer sind die wichtigsten Konsumenten unter den Vögeln. Vor allem die Brandgänse dürften durch ihre Art der Nahrungsaufnahme (flächiges Durchseihen der obersten Sedimentschichten) große Mengen an Hydrobia konsumieren. Kleine Strandkrabben sowie Nordseegarnelen fressen ebenfalls viele Wattschnecken. Aus der Gruppe Fische nehmen vor allem Jugendstadien der Plattfischarten Scholle und Flunder die Wattschnecken auf.

Die Wattschnecke ist damit trotz ihrer geringen Größe eines der wichtigsten Glieder in den Nahrungsketten des Wattenmeeres. Durch ihre großen Siedlungsdichten und durch ihre hohe Reproduktions- und Wachstumsgeschwindigkeit trägt sie wesentlich mit zur Ernährung der Folgekonsumenten bei.

Literatur

ASMUS, H. (1984): Freilanduntersuchungen zur Sekundärproduktion und Respiration benthischer Gemeinschaften im Wattenmeer der Nordsee. Berichte aus dem Inst. f. Meeresk. Kiel Nr. 122, 171 S.

FENCHEL, T. (1977): Competition, coexistence and character displacement in mud snails (Hydrobiidae). In: B.C. COULL (ed.): Ecology of Marine Benthos. Univ. of South Carolina Press, Columbia S.C., p. 229–248.

HENKING, K. (1894): Beiträge zur Kenntnis von Hydrobia ulvae Penn. und deren Brutpflege. Ber. Naturforsch. Ges. Freiburg i.B. 8, 89–110.

HYLLEBERG, J. & K.R. SIEGISMUND (1987): Niche overlap in mud snails (Hydrobiidae): Freezing tolerance. Mar. Biol. 94, 403–407.

NEWELL, R. (1962): Behavioural Aspects of the ecology of Peringia (= Hydrobia) ulvae (PENNANT) (Gastropoda, Prosobranchia). Proc. Zool. Soc. Lond. 138, 48–75.

NEWELL, R. (1965): The role of detritus in the nutrition of two marine deposit feeders, the prosobranch Hydrobia ulvae and the bivalve Macoma balthica. Proc. Zool. Soc. Lond. 144, 25–45.

THAMDRUP, H.N. (1935): Beiträge zur Ökologie der Wattenfauna auf experimenteller Grundlage. Medd. Komm. Danmarks Fiskerie og Havunders. Serie: Fiskerie 10, 1–125.

WALTERS, G.J. (1980): Distribution and abundance of Hydrobia ulvae (PENNANT) in the lower Medway estuary, Kent. J. moll. Stud. 46, 171–180.

Pantoffelschnecke (Crepidula fornicata)

Hans Ulrich Meyer

Verbreitung

Die Pantoffelschnecke wurde um 1880 mit importierten Zuchtaustern (Crassostrea virginica) von der amerikanischen Ostküste zunächst nach England eingeschleppt. Sie breitete sich mit planktischen Larven schnell in den britischen Gewässern aus, gelangte 1929 auf holländische Austernbänke und wurde im selben Lebensraum ab 1934 auf Sylt nachgewiesen. Seit 1949 wird sie vereinzelt auch um Helgoland gefunden. Heute tritt sie regelmäßig in der Deutschen Bucht auf, immer auf Hartsubstraten und bevorzugt auf Muschelbänken. Sie hat dabei ihr Vorkommen in sublitorale Bereiche verlagert; dies ist wohl auf das Vordringen der Miesmuschelbänke in tiefere Wasserzonen zurückzuführen. In eulitoralen Wattbereichen ist sie nur noch selten lebend anzutreffen, eher findet man leere Schalen.

Abb. 23: Pantoffelschnecke, Crepidula fornicata (aus DE HAAS & KNORR). Gehäuse von der Seite und von unten (natürliche Größe) sowie Kette von Schnecken (1/2 nat. Größe).

Beschreibung

Das Gehäuse der Pantoffelschnecke ist länglich-oval bis umgekehrt schiffsförmig; das Hinterende läuft spitzer zu (Abb. 23). Es wird bis zu 5 cm lang und 2,5 cm breit. Höhe und Form sind variabel und dem Standort angepaßt. Tiere aus brandungsexponierten Bereichen haben eine flachere Schale als solche in geschützteren Habitaten. Die Grundfarbe des Gehäuses ist weißgelblich; es ist von unregelmäßigen dunkleren Flecken oder Linien überzogen. Das Gehäuse hat eineinhalb Windungen und eine große Öffnung, die zur Hälfte mit einer weißen Platte verschlossen ist. Größere Tiere leben sessil und schmiegen sich mit der Gehäuseöffnung eng an das Substrat. Sie besitzen kein Operculum.

Ernährung

Pantoffelschnecken sind Filtrierer („suspension feeder"). Sie sondern zwei Schleimteppiche mit unterschiedlicher Porenweite ab, durch die der von den Kiemen erzeugte Atemwasserstrom filtriert wird: Der erste Teppich mit einer Maschenweite von 40 bis 90 μ ist vor der Einstromspalte der Mantelöffnung gespannt, der zweite mit feineren Poren von 5 bis 20 μ direkt vor das Kiemengitter. Die beiden Schleimteppiche werden in einer Futterrinne aufgerollt und als „Planktonwurst" an der Radula vorbei in die Mundöffnung geführt. Pantoffelschnecken sind effektive Filtrierer, die zudem eine solche Nahrungspartikel-Größe bevorzugen, die auch von Austern aufgenommen wird. Der frühere Beiname „Austernpest" verdeutlicht, daß diese Art als Nahrungskonkurrenz der Austern in den Kulturen gefürchtet war, zumal Pantoffelschnecken dort auch in großen Mengen vorkamen. Mit dem Erlöschen der Austern-Vorkommen nahmen auch die Crepidula-Bestände ab.

Fortpflanzung

Pantoffelschnecken sind Zwitter. Bei kleineren Tieren reifen zunächst die männlichen Geschlechtsorgane. Diese Männchen kriechen noch frei umher und begatten geschlechtsreife Weibchen. Ab einer bestimmten Körpergröße setzen sich die Tiere endgültig auf Hartsubstraten fest, bevorzugt auf der Schale von Artgenossen. Es entstehen so Ketten von bis zu 12 Individuen (Abb. 23). Mit zunehmender Größe der Tiere bilden sich die männlichen Organe zurück, und die Ovarien reifen heran. Die nun zu Weibchen gewordenen Tiere werden von den kleinen, noch frei umherkriechenden Männchen begattet. Aus den taschenförmigen Eipaketen schlüpfen Veligerlarven von 0,35 mm Größe, die für zwei bis drei Wochen als Planktonten verdriftet werden. Dann gehen sie zum Bodenleben über und durchlaufen die Metamorphose zur fertigen Schnecke.

Literatur

DE HAAS, W. & F. KNORR (1990): Was lebt im Meer an Europas Küsten? Rüschlikon – Zürich (Albert Müller).

KAESTNER, A. (1969): Lehrbuch der Speziellen Zoologie. Jena (Fischer).

REISE, K. (1982): Long-term changes in the macrobenthic invertebrate fauna of the Wadden Sea: Are Polychaetes about to take over? Neth. J. Sea Res. 16, 29–36.

Urania-Tierreich (1967): Wirbellose Tiere 1. Leipzig u.a.O.

WERNER, B. & K.G. GRELL (1950): Die amerikanische Pantoffelschnecke Crepidula fornicata L. Eine Anleitung zum Präparieren. Jena (Fischer).

ZIEGELMEIER, E. (1966): Die Schnecken (Gastropoda Prosobranchia) der deutschen Meeresgebiete und brackigen Küstengewässer. Helgol. wiss. Meeresunters. 13, 1–61.

Wellhornschnecke (Buccinum undatum)

Hans Ulrich Meyer

Verbreitung

Die Verbreitung der Wellhornschnecke reicht vom Eismeer über den gesamten Nordatlantik. In die Ostsee dringt sie bis in die Mecklenburger Bucht bei Salzgehalten um 14 ‰ vor. Im Wattenmeer findet man sie nur in den tieferen Rinnen und Wattströmen bei ständiger Wasserbedeckung. In der Nordsee ist sie auf steinigem, sandigem und schlickigem Untergrund in jeder Tiefe weit verbreitet und sehr häufig.

Beschreibung

Das Gehäuse wird bis zu 11 cm, in Küstennähe nur 7 cm hoch und hat 7 bis 8 deutlich erkennbare Umgänge. Zumindest die letzten beiden Windungen sind mit einer Reihe dichter, gewellter Parallelwülste besetzt (Name: Wellhorn). Die Mündungsöffnung ist groß und glattrandig; an ihrer Spitze befindet sich ein kurzer Siphonalkanal (Abb. 24). Das Gehäuse kann sehr dickwandig und stabil (vor allem bei Tieren aus dem Brandungsbereich), aber auch dünnwandig sein. Die Färbung ist sehr variabel und reicht von braun bis gelblich-weiß. Der Weichkörper ist weißlich-marmoriert. Auf leeren Schalen befinden sich oft kalkschalige Epizoen, wie Seepocken oder Röhrenwürmer (z.B. Pomatoceros oder Hydroides). Der Einsiedlerkrebs Pagurus bernhardus besiedelt gerne die leeren Gehäuse, die dann meist von einem dichten, bräunlichen, stacheligen Pelz des Stachelpolypen Hydractinia echinata überzogen sind.

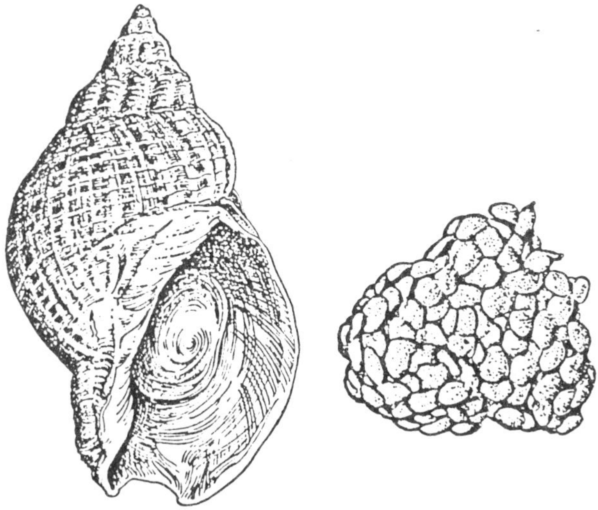

Abb. 24: Wellhornschnecke, Buccinum undatum (aus DE HAAS & KNORR): Gehäuse mit Operculum verschlossen, Laichballen.

Bewegung, Sinne

Die Wellhornschnecke muß als Aasfresser in der Lage sein, die Nahrung mit ihrem chemischen Sinnesorgan (Osphradium in der Mantelhöhle) auf größere Entfernung zu orten. Die Diffusionsgeschwindigkeit für entsprechende Duftstoffe ist im ruhigen Wasser aber sehr gering. Durch den Siphonalkanal des Gehäuses ragt aber ein beweglicher, mehrere cm langer Sipho heraus, der durch gezielte Ausrichtung eine Ortung der Nahrung auf bis zu 30 m Entfernung erlaubt.Die Schnecke kriecht dann mit einer Geschwindigkeit von maximal 16 cm pro Minute auf die Nahrungsquelle zu, was für Meeresschnecken schnell ist.

Wird sie im Litoralbereich durch extremes Niedrigwasser überrascht und fällt dabei trocken, so gräbt sie sich mit dem Fuß ein.

Nahrung, Ernährung

Die Wellhornschnecke ist ein Aasfresser und wird auch als „Gesundheitspolizei" oder „Straßenkehrer" des Meeres bezeichnet. Lebende tierische Nahrung wird nur selten aufgenommen.

Die chemisch geortete Nahrung wird mit dem Fuß festgehalten. Die Radula sitzt an einem Rüssel, der etwa zweimal so lang wie die Schale ist. Die Radula-Zähne funktionieren wie ein Greifbagger: Die Seitenzähne klappen, wenn sie über die Kante geführt werden, in der Mitte zusammen. So können haselnußgroße Stücke aus der Beute gerissen und verschlungen werden. Bedingt durch die sehr gute Orientierung auf chemische Reize können bei entsprechendem Nahrungsangebot (z.B. in Hafenbecken mit Fischereiabfällen) einige Dutzend dieser großen Schnecken auf einem Quadratmeter zusammenkommen.

Wellhornschnecken wurden auf Helgoland und an der Atlantikküste oft verzehrt („Koxen"). Sie sind zudem ein beliebter Köder bei der Schellfisch- und Dorschfischerei mit dem Haken.

Fortpflanzung

Im Spätwinter bis Frühjahr geben die Weibchen Klumpen mit bis zu 2000 Eikapseln ins Wasser ab. Gelegentlich sind sie an Steinen oder Muschelschalen festgeheftet, aber meist liegen sie frei auf dem Grund. Nur etwa 1 % der Kapseln enthalten entwicklungsfähige Embryonen, während die restlichen lediglich als Nähreier dienen. Die äußeren Kapseln werden oft von Räubern aufgebissen und leergefressen; sie wirken dann als Schutzhülle und Auftriebskörper. Nach mehrmonatiger Drift schlüpfen aus den wenigen fruchtbaren Kapseln etwa 3 mm große, fertig ausgebildete Wellhornschnecken. Die faustgroßen Klumpen der Eiballen werden oft im Spülsaum angetrieben (Abb. 24); sie dienten den Fischern früher als „Seeseifenkugeln" zur Reinigung der Hände.

Literatur

DE HAAS, W. & F. KNORR (1990): Was lebt im Meer an Europas Küsten? Rüschlikon – Zürich (Albert Müller).

KÄSTNER, A. (1969): Lehrbuch der Speziellen Zoologie. Jena (Fischer).

Urania-Tierreich (1967): Wirbellose Tiere 1. Leipzig.

Muscheln (Bivalvia, Lamellibranchiata)

Manfred Thies

Von den 20 000 Muschelarten leben nur vier ständig im Wattenmeer. Es sind dies: Miesmuschel (Mytilus edulis), Herzmuschel (Cerastoderma edule), Baltische Plattmuschel (Macoma balthica) und Sandklaffmuschel (Mya arenaria). Die in den dreißiger Jahren noch häufig vorkommende Pfeffermuschel (Scrobicularia plana) ist in den letzten Jahren seltener geworden (LINKE 1939). Die Gemeine Auster (Ostrea edulis) ist im Wattenmeer ausgestorben. Seit einigen Jahren wird jedoch eine Schwertmuschelart (Ensis directus) häufig im Wattenmeer gefunden. Sie ist aus Amerika eingewandert.

Die Individuenzahlen der Wattmuscheln können beachtlich sein. Erwachsene Sandklaffmuscheln erreichen Siedlungsdichten bis zu 500 Tiere pro m^2, und bei Herzmuscheln kann die Siedlungsdichte nach dem Brutfall sogar 20 000 – 30 000 Tiere pro m^2 betragen.

Der wissenschaftliche Name Bivalvia kennzeichnet die Muscheln als zweiklappige Schalentiere. Die beiden Schalen sind weitgehend symmetrisch und längs einer Rückennaht durch ein elastisches Band, das Schloßband (Ligament), miteinander verbunden. Es öffnet die Schalen und ist somit der Gegenspieler zu den Schließmuskeln, die die Schalen schließen. Die Schalenklappen werden von Mantelfalten gebildet, die auch den Eingeweidesack mit seinem Auswuchs, dem muskulösen Fuß, umschließen und eine geräumige Atemhöhle aussparen. In dieser Höhlung hängen netzartig durchbrochene Hautfalten, die Kiemenlamellen. Sie durchziehen bei einigen Arten den gesamten Körper und sind mit einer wimperntragenden Haut bedeckt. Mit Hilfe der Wimpern saugen die Muscheln Wasser über einen weiten Mantelspalt (Miesmuschel) oder ein Atemrohr (Sandklaffmuschel) ein. Das Wasser durchströmt die Kiemen und fließt über eine Ausströmöffnung ab (Abb. 25).

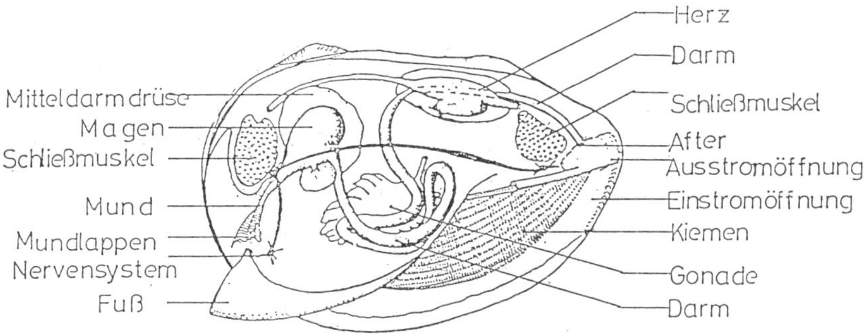

Abb. 25: Bauplan einer Muschel (nach REMANE, STORCH & WELSCH, verändert).

Der Wasserstrom ist allerdings viel größer als er für den Gasaustausch notwendig wäre. Hierin drückt sich ein Zugeständnis an die Funktion der Kiemen bei der Nahrungsaufnahme aus. Das einströmende Wasser führt den Kiemen nicht nur sauerstoffreiches Wasser, sondern auch Nahrungspartikel zu. Diese werden von den Kiemen zurückgehalten und zur Sortierung den Mundlappen zugeführt. Die aus Mikroorganismen und organischen Abfallstoffen (Detritus) bestehende Nahrung erreicht über die Mundlappen die Mundöffnung und gelangt schließlich über eine kurze Speiseröhre in den Magen. An der Verdauung sind ein aus dem Darm in den Magen vorgeschobener Kristallstiel, der aus einer gallertartigen Sekretmasse besteht, und eine in den Magen mündende paarige Mitteldarmdrüse beteiligt. Der Darm zieht mit einer oder wenigen Schlingen, die häufig in den Fuß eintreten, zum After. Eine anatomische Besonderheit ergibt sich aus der Lage des Herzraumes um das Enddarmrohr, so daß bei Muscheln der Darm das Herz zu durchbohren scheint.

Muscheln sind getrenntgeschlechtlich. Eier und Spermien werden von den paarigen reichverzweigten Keimdrüsen in die inneren Kiemengänge entlassen und mit dem Wasserstrom ausgestoßen. Aus den Eiern mariner Muscheln entwickeln sich schwimmfähige Larven. In dieser 1–4 Wochen dauernden Entwicklungsphase wird die Muschel weit verbreitet. Der größte Teil der Muschelbrut geht jedoch zugrunde, nicht selten durch die Filtriertätigkeit erwachsener Tiere der eigenen Art. So ist z.B. ermittelt worden, daß eine einzige Miesmuschel täglich 100 000 Mytiluslarven einstrudelt.

Muscheln bewohnen den Meeresgrund. Die meisten sind eingegraben und halten über Atemrohre, sogenannte Siphone, mit dem sauerstoff- und nahrungsreichen Wasser Kontakt. Den wenigen auf dem Boden lebenden Muscheln fehlen Siphone. Sie ventillieren über einen weiten Mantelspalt, müssen sich deshalb besonders vor Verdriftung und Einschlickung durch besondere Haltemechanismen, wie z.B. Byssusfäden, schützen.

Literatur

CAMPBELL, A.C. (1977): Der Kosmos-Strandführer. Stuttgart (Kosmos).

LINKE, O. (1939): Die Biota des Jadebusenwatts. Helgol. wiss. Meeresunters. 1, 201–348.

REMANE, A., V. STORCH & U. WELSCH (1978): Kurzes Lehrbuch der Zoologie. Stuttgart (Fischer).

ZIEGELMEIER, E. (1962): Die Muscheln (Bivalvia) der deutschen Meeresgebiete. Helgol. wiss. Meeresunters. 6, 1–56.

Eßbare Miesmuschel (Mytilus edulis)

Manfred Thies

Im Althochdeutschen heißt die Miesmuschel Mios- oder Moosmuschel. Dieser seit dem 18. Jahrhundert bezeugte Name könnte auf den Besitz von Byssusfäden, den Bart der Miesmuschel, der an einen moosartigen Auswuchs erinnert, zurückgehen. Die Möglichkeit der Verankerung mit Hilfe dieser Haftfäden hat vermutlich auch zu den Bezeichnungen Pfahl- und Buhnenmuschel geführt.

Beschreibung

Im Gegensatz zu allen anderen Wattmuscheln lebt die Miesmuschel auf dem Wattboden. Sie ist nicht nur durch ihre Lebensweise, sondern auch durch Form und Färbung deutlich von den anderen Muscheln zu unterscheiden. Die Schale ist schief dreieckig, vorne zugespitzt und hinten abgerundet. Die Abweichung vom allgemeinen Bauplan der Muscheln ergibt sich aus der Verlagerung des Wirbels von der Rückenmitte an die vordere Spitze. Ein äußeres und inneres Schloßband verbinden die beiden Schalenklappen bis zur rückwärtigen Schalenkrümmung. Schloßzähne fehlen. Die glattrandigen Schalen sind ohne Skulptur. Nur durch ungleichmäßigen Zuwachs können auf den Schalen Wachstumsabsätze entstehen. Die Schalenklappen sind außen blauschwarz (engl. Bez.: blue mussel) oder gelblich-braun gefärbt und häufig mit dunklen radialen Bändern versehen. Die Innenfläche der Schalen ist blauweiß mit Perlmuttglanz. Miesmuscheln erreichen eine Größe von 5–7 cm.

Verbreitung

Die Miesmuschel lebt an den Küsten des Nordatlantiks vom nördlichen Eismeer bis zum Kap Hatteras (Carolina, USA) im Westen und bis Marokko im Osten. Sie besiedelt ebenfalls das Mittelmeer und in der Nordsee vor allem das Wattenmeer. In der Ostsee ist sie bis in den Bottnischen und Finnischen Meerbusen verbreitet. Miesmuscheln leben bis in Wassertiefen von 20–25 m. In der Gezeitenzone treten Miesmuschelbänke besonders nahe der MTNw-Linie auf. Sie heften sich aber auch an Uferbefestigungen, wie z.B. Pfähle und Steine.

Lebensweise

In Miesmuschelbänken sind unzählige Miesmuscheln miteinander versponnen. Die gegenseitige Vernetzung gibt den einzelnen Individuen Halt auf Schlick- und Sandböden und schützt sie vor Verdriftung und langsamem Versinken.

Die Möglichkeit der Verankerung mit Hilfe von Eiweißfäden, den Byssusfäden, ist bei erwachsenen Tieren anderer Muschelarten selten. Bei vielen Muschelarten tritt im Laufe der Individualentwicklung jedoch ein Byssusorgan auf. Es erscheint gleichzeitig mit dem Fuß am Ende der Larvenphase. Während der Metamorphose stellen Byssusfäden bei vielen Muschelarten eine wirkungsvolle Verankerung dar. Bei Muschelarten, die später eingegraben leben, bildet sich die Byssusdrüse nach dieser Phase zurück. Bei der Miesmuschel bleibt sie jedoch auch im erwachsenen Zustand funktionstüchtig. Zusammen mit dem Fuß dient sie sowohl der Anheftung als auch der Fortbewegung (Abb. 26). Das Byssusorgan setzt sich aus zwei

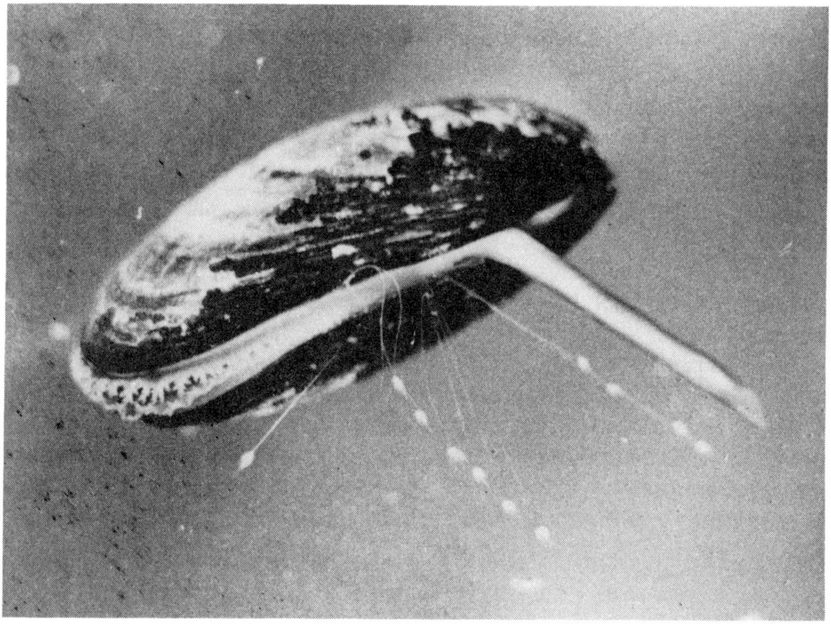

Abb. 26: Eine Miesmuschel heftet ihre Byssusfäden an eine Aquarienscheibe (Foto: Thies).

Drüsen zusammen. Eine Drüse liegt an der Basis des Fußes. Sie bildet den Byssusstamm, an dem die Byssusfäden, die von der Drüsenauskleidung der rinnenartigen Fußvertiefung, der zweiten Drüse, gebildet werden, verankert sind. Das Ende des Byssusfadens wird von der Fußspitze auf harten Unterlagen, in Miesmuschelbänken vornehmlich an Schalen der Artgenossen befestigt.

Öffnen Miesmuscheln ihre Schalenklappen, so dringt Wasser in den Mantelraum ein. Durch eine hintere, ovale Öffnung verläßt der Wasserstrom die Muschel wieder. Dieser Wasserstrom führt der Muschel ständig Sauerstoff und Nahrungspartikel zu und Kohlenstoffdioxid und Ausscheidungsprodukte (Ammoniak) ab (Abb. 27).

Atmung

Die wichtigsten Austauschflächen für Atemgase sind die beiden Kiemen. Sie bestehen aus je zwei Kiemenblättern, die sich wiederum aus einer Reihe von Fäden zusammensetzen. Diese einzelnen Fäden biegen am unteren freien Rand haarnadelartig um, so daß zwischen den abwärtsführenden Ästen ein Raum ausgespart bleibt. In diesen inneren Kiemenraum

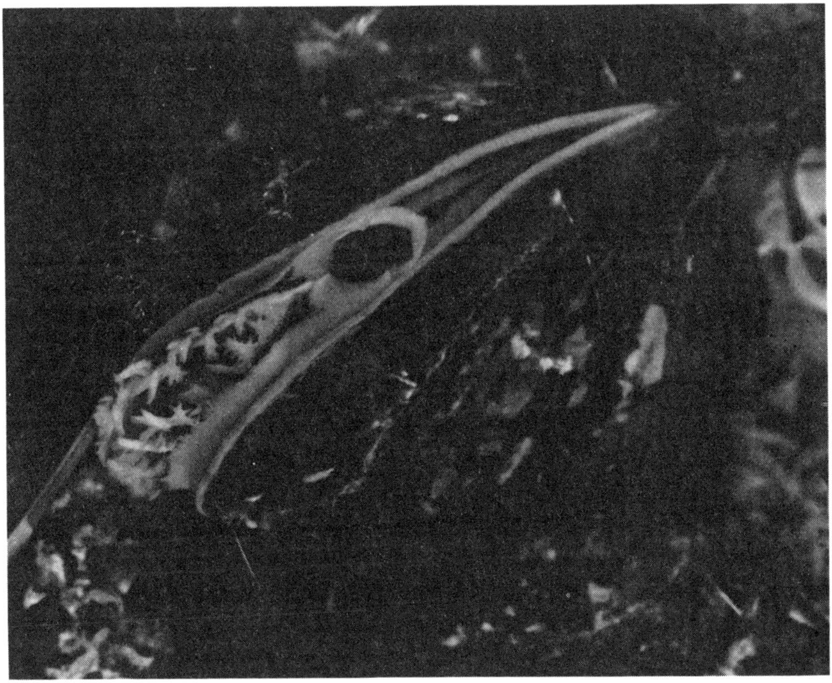

Abb. 27: Ventilierende Miesmuschel (Foto: Thies).

wird das in die Mantelhöhle eindringende Wasser durch besondere Wimpern der Kiemenflächen, die Lateralwimpern, befördert. Der Atemwasserstrom verläßt den inneren Kiemenraum über einen kanalartigen oberen Kiemengang und gelangt über diesen zur Ausströmöffnung. Der Gasaustausch zwischen den Medien Wasser und Blut findet überall dort statt, wo Weichteile mit dem Wasserstrom in Berührung kommen. Besonders begünstigt wird der Gasaustausch jedoch an den Kiemen. Von einer 3 cm langen Miesmuschel wird pro Stunde ca. 1 l Wasser durch die Kiemen geleitet.

Ernährung

Miesmuscheln sind Filtrierer. Über ihre großflächigen Kiemen entnehmen sie dem Atemwasserstrom nicht nur den lebensnotwendigen Sauerstoff, sondern auch Planktonorganismen und Detritus zur Ernährung. Die vom Wasserstrom mitgeführten Partikel werden beim Eintritt des Atemwassers in die Kiemenspalten von Sperrwimpern zurückgehalten und gegen den Wasserstrom auf die Stirnseite der Kiemenfäden befördert. Hier werden sie eingeschleimt und von abwärts schlagenden Wimpern dem unteren Rand der Kiemen zugeführt. Die unteren freien Enden der Kiemen bilden eine furchenartige Vertiefung, eine Transportrinne, über die die Partikel zu den Mundlappen zur weiteren Sortierung gelangen. Von den Mundlappen wird die Nahrung chemisch und mechanisch kontrolliert. Nahrungspartikel werden dem Mund zugeleitet, anorganische Schwebstoffe dagegen über den Mantelrand zu dem hinteren oberen Winkel der Einströmöffnung geflimmert und als Scheinkot (Pseudofaeces) ausgeschieden (Abb. 28). Im trüben Wasser des Wattenmeeres ist der Anteil des Scheinkots besonders hoch. Miesmuschelbänke können durch ihn bis zu 30 cm jährlich aufgeschlickt werden. Die Verdauungsreste selbst werden als Kot über den After entlassen und mit dem Atemwasserstrom über die Ausströmöffnung ausgeschieden.

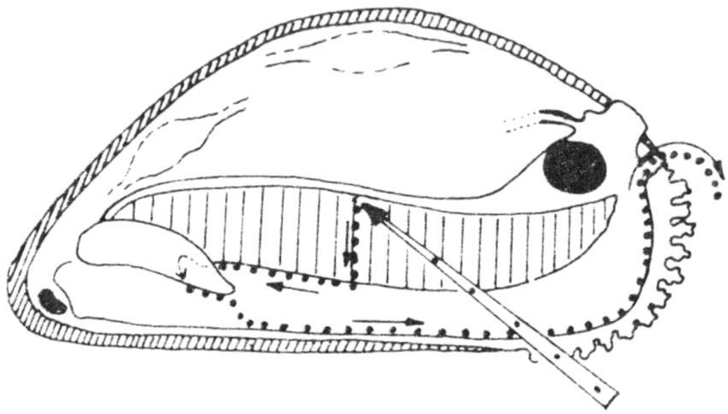

Abb. 28: Scheinkotbildung in der Miesmuschel (aus THIES). Schmutzstoffe werden von den Mundlappen aussortiert und von Wimpernstraßen am Mantelrand hinausbefördert.

Fortpflanzung

Miesmuscheln sind getrenntgeschlechtlich. Die Keimdrüsen verzweigen sich sowohl bei den Weibchen als auch bei den Männchen in verschiedenen Bereichen des Weichkörpers. An reifen Tieren erkennt man, daß Keimdrüsen vor allem in den Mantellappen und im Gewebe oberhalb der Nieren entwickelt sind. Fuß und Kiemen, alle Muskeln und auch der Mantelrand sind dagegen frei von Keimdrüsen.

Die Laichzeit der Miesmuscheln beginnt im Mai. Etwa 5–12 Millionen Eier werden von jedem geschlechtsreifen Weibchen zur Laichzeit ins Wasser abgegeben. In einigen Bereichen des Wattenmeeres befinden sich mehr als 1000 Miesmuscheleier in einem Liter Wattenmeerwasser. Die aus den Eiern schlüpfenden Larven wachsen innerhalb eines Monats von 0,09 mm auf 0,23 mm heran. In dieser Phase verschwinden jedoch 99,9 % aus dem Wasser. Der Verlust hat mehrere Ursachen. Ein Teil geht durch Austausch dieses Wasserkörpers mit der Nordsee verloren, ein weiterer durch die Filtriertätigkeit bodenlebender Organismen und ein Teil schließlich durch die Freßtätigkeit des Zooplanktons.

Nach der Schwimmphase siedeln die Larven vorübergehend auf unterschiedlichem Bodenbewuchs, u.a. auf Algenfäden, Polypenstöcken und Fransenkronen des Bäumchenröhrenwurms. Ihren ersten Siedlungsgrund verlassen sie jedoch häufig und wechseln auf anderes Substrat über. Während dieses ersten Kontakts mit dem Wattboden wird die Nachkommenschaft stark dezimiert. Vermutlich überleben nur 1 % der Larven diesen Lebensabschnitt, in dem auch die Umwandlung zur Jungmuschel erfolgt.

Bereits im frühen Stadium hält sich die Jungmuschel längere Zeit auf jenem Substrat auf, das ihren späteren ökologischen Ansprüchen genügt. Muschelbrut mit einer Länge von 0,2 bis 2 cm findet man deshalb bereits in Nischen der Küstenbefestigungen und vor allem zwischen Alttieren auf Muschelbänken. Im Schnitt benötigen Miesmuscheln drei Jahre, um verzehrfähige Größe zu erlangen. Unter günstigen Bedingungen kann Muschelbrut aber in wenigen Monaten die Größe von Speisemuscheln (5 cm) erreichen. Unter den Speisemuscheln sind somit einige weniger als zwei Jahre, andere hingegen über sechs Jahre alt.

Feinde

Erwachsene Miesmuscheln des Eulitorals werden nur in geringem Maße von Wirbellosen dezimiert. Durch ihre ärgsten Feinde im Sublitoral, die Strandkrabbe und den Seestern, wird sie lediglich nahe der Niedrigwasserlinie erbeutet. Der von Vögeln verursachte Schaden ist dagegen erheblich. Unter den Watvögeln ist es vor allem der Austernfischer, der sich auf den Verzehr von Miesmuscheln eingestellt hat. Er jagt bei Niedrigwasser und öffnet seine Beute mit gezielten Schnabelhieben längs der Bauchnaht. Der ärgste Feind der Miesmuschel ist jedoch die Eiderente. Erwachsene Vögel dieser Entenart ernähren sich zu 30–60 % von der Miesmuschel. Zwar verschmäht die Eiderente bei ihren Tauchgängen auf Miesmuschelbänken nicht große Exemplare, bevorzugt frißt sie jedoch die Größenklasse von 30–40 mm. Die Muschel wird im ganzen verschluckt und von der muskulösen Magenwand zerdrückt.

Wirtschaftliche Bedeutung

Die Nutzung der Miesmuschel für die menschliche Ernährung ist an der deutschen Nord- und Ostseeküste seit langem bekannt. Nach Untersuchungen jungsteinzeitlicher Abfallhaufen an der Kieler Förde, in denen man Schalen der Miesmuschel fand, haben vermutlich schon Jäger und Sammler jener prähistorischen Zeit diese Muschel geerntet. Die ersten

Miesmuschelkulturen sind aus dem 18. Jahrhundert bekannt, sie wurden ebenfalls an den Ostseeförden angelegt. Heute sind aber lediglich die Erträge aus Miesmuschelkulturen und natürlich entstandenen Bänken, sogenannten Wildmuschelbänken, im Bereich des Wattenmeeres von Bedeutung. Die künstlich angelegten Muschelfelder bieten gegenüber Wildmuschelbänken den Vorteil, daß ihre Erträge weniger von den Unwägbarkeiten der Natur beeinflußt und die Ertragsleistungen insgesamt qualitativ und quantitativ besser sind. Bei der Anlage von Muschelkulturen ist man jedoch nicht unabhängig von Wildmuschelbänken. Auf ihnen gewinnt man die Muschelbrut, die man dann auf den Kulturfeldern verteilt.

Die Miesmuschelanlandungen betrugen in der Bundesrepublik Deutschland von 1966–1975 im Durchschnitt 10 800 t. In den Niederlanden betrugen die Anlandungen in den Jahren von 1960–1973 zwischen 31 000 t und 74 000 t. In den Jahren 1982–86 expandierte die Miesmuschelfischerei so stark, daß nun ernste Gefahren zu befürchten sind. Der Miesmuschelmarkt kann jedoch plötzlich zusammenbrechen, wenn sich in Miesmuscheln toxische Stoffe anreichern, die sie für den Verzehr ungeeignet machen. Wie empfindlich der Verbraucher reagiert, wurde im Winter '86/87 deutlich. Im November '86 wurde vor dem Verzehr von Miesmuscheln gewarnt, weil sich in Muscheln Saxitoxin angereichert hatte, ein Stoff, der beim Menschen Magen- und Darmbeschwerden hervorruft. Zwar mußte nur für den Bereich der Jademündung ein Fangverbot erlassen werden, der Miesmuschelmarkt kam jedoch im gesamten Küstenbereich zum Erliegen.

Literatur

DANKERS, N., H. KÜHL & W.J. WOLFF (1981): Invertebrates of the Wadden Sea. Report 4, Wadden Sea Working Group. Rotterdam (Balkema).

FIELD, J.A. (1922): Biology and economic value of the sea mussel Mytilus edulis. Bulletin of the United States Bureau of Fisheries, Vol. 38.

RENNER, M. (1984): Kükenthals Leitfaden für das zoologische Praktikum. Stuttgart (Fischer).

SCHLIEPER, B. (1955): Die Regulation des Herzschlags der Miesmuschel Mytilus edulis L. bei geöffneten und geschlossenen Schalen. Kieler Meeresforsch. 11, 139–148.

THIES, M. (1985): Biologie des Wattenmeeres. Köln (Aulis).

Wattenmeer-International, Heft 1/88.

Eßbare Herzmuschel (Cerastoderma edule, früher: Cardium edule)

Ulrich Fiedler

Beschreibung

Der Name rührt vom herzförmigen Querschnitt beim seitlichen Betrachten her (Abb. 29). Die Schale ist kräftig und auffallend bauchig, zuweilen etwas verlängert und sehr variabel in Form und Größe und erreicht eine Länge von etwa 5 cm bei einer Dicke bis zu 3 cm. Etwa 24 Rippen sind in der Richtung der konzentrischen Streifung mit kleinen Schuppen besetzt, die bei jungen Muscheln deutlich sichtbar sind (siehe auch Ernährung und Wachstum). Der Schalenrand ist durch Rippen gekerbt, durch die die beiden Schalenklappen fest ineinander greifen. Die Farbe ist gelblich bis bräunlich. Das Schloß weist jederseits zwei Hauptzähne auf, sowie in der linken Klappe vorn und hinten je einen Nebenzahn, in der rechten vorn zwei und hinten einen Nebenzahn. Die beiden getrennten Siphone sind kurz (ca. ein Fünftel der Schalenlänge) und an der Basis verwachsen (Abb. 30).

Abb. 29: Herzmuschel, Cerastoderma edule (Zeichnung Bernhardi). Herzförmiger Querschnitt der Schalenklappen, von hinten gesehen.

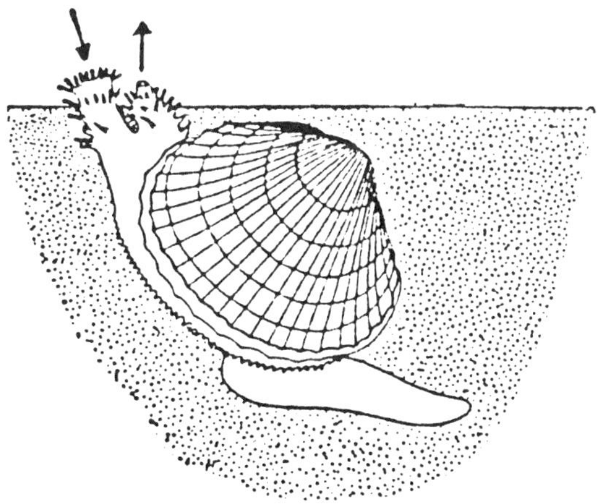

Abb. 30: Herzmuschel, Cerastoderma edule (aus GÖTTING u.a.). Lage im Boden; die Pfeile geben den Atemwasserstrom an.

Abb. 31: Herzmuscheln graben sich in wenigen Minuten ein, wenn sie auf den Wattboden gelegt werden (Foto: Thies).

Verbreitung

Die Eßbare Herzmuschel besiedelt das Wattenmeer und die flachen, sublitoralen Bereiche des Küstenvorfeldes. Im Watt bevorzugen ältere Tiere eher sandige Sedimente des mittleren bis unteren Gezeitenbereiches. Die Verbreitung der Herzmuschel reicht vom Nordatlantik bis zum Mittelmeer. In die Ostsee dringt sie bis nach Finnland bei Salzgehalten von minimal 3–5 ‰ vor, allerdings in stark verringerter Größe und mit dünnen Schalenklappen.

Bewegung, Sinne

Für den Wattwanderer sind die Tiere deutlich unter den Füßen als „Nüßchen" zu spüren. Eine Herzmuschelsiedlung zeigt charakteristische Oberflächenspuren: Wandernde Muscheln hinterlassen flache Furchen, eingegrabene sind an winzigen Löchern, den Sipho-Öffnungen zu erkennen. Am Boden ruhiger, klarer Wattpfützen verrät sich eine Herzmuschelansammlung durch kleine, helle, im unterschiedlichen Lichteinfall funkelnde Punkte. Dies sind die mit auf Beschattung empfindich reagierenden Blasenaugen besetzten Siphoenden. Nach einem Freispülen können sich die Tiere in wenigen Minuten vollständig wieder vergraben (Abb. 31). Dazu tritt aus den wenig geöffneten Schalenklappen an der vorderen, unteren Schalenrundung ein zungenförmiger Fuß hervor, der im Boden Halt sucht und die Schalenklappen durch eine plötzliche Kontraktionsbewegung aufrichtet (Steckstellung). Der Fuß wird erneut ausgestreckt und dabei weiter ins Sediment geschoben. Gleichzeitig öffnen sich die Schalenklappen, und der Mantelraum füllt sich mit Wasser. Bei einer erneuten Kontraktionsbewegung des Fußes ziehen sich auch die Schalenklappen ruckartig zusammen. Dabei wird Wasser aus dem Mantelraum gedrückt und beiderseits vom Fuß Sediment ausgeräumt. In diese Vertiefung wird durch die Fußkontraktion der Muschelkörper hineingezogen. Der Vorgang wiederholt sich, bis die Muschel im Boden verschwunden ist. Die mit einem geknickten Fuß ausgestatteten Tiere können sogar sprungartige Bewegungen ausführen, indem sie ihre Fußspitze hakig einkrümmen, gegen den Boden stemmen und dann plötzlich strecken, wodurch sie bis zu 50 cm weit fortgeschnellt werden. Herzmuscheln unternehmen neben geringen Vertikal-Wanderungen ausgedehnte Horizontal-Wanderungen.

Zu einem hohen Prozentsatz leben in Herzmuscheln (auch in Sandklaffmuscheln) Schnurwürmer (Malacobdella grossa MÜLLER) als Begleiter. Diese sind 3–5 cm lang und 1–1,5 cm breit. Sie bewegen sich ähnlich Blutegeln spannerartig fort und saugen das von der Muschel eingestrudelte Plankton auf.

Atmung und Blutkreislauf

Herzmuscheln leben nur in gut durchlüfteten Sedimenten. Sie meiden die Reduktionszone. Das zeigt, daß die Herzmuschel einen hohen Sauerstoffbedarf hat und nicht zu einem Gärungsstoffwechsel fähig ist. Unter Eisbedeckung sterben sie bald.

Ernährung und Wachstum

Herzmuscheln ernähren sich von Plankton und suspendiertem Detritus, welches sie aus dem Wasser herausfiltern. Beim Trockenfallen angesaugte Luftbläschen zerplatzen beim Austreten und sind als knisterndes Wattengeräusch („Wattensingen") zu hören. Eine zweijährige Herzmuschel filtert etwa 0,5 l Wasser pro Stunde (3–4 cm Durchmesser bei 18 Grad C 2,5 Liter/h). So wandert in nur wenigen Wochen die Menge des gesamten Wasserkörpers des Wattenmeeres durch die dort lebende Herzmuschelpopulation. Das Wachstum ist im oberen und mittleren Gezeitenbereich geringer als im Sublitoral, da Herzmuscheln als „suspension feeder" ihre Filtrationsaktivität nur bei Wasserbedeckung entfalten können.

Die Schale zeigt je nach Größe und Entwicklungsbedingungen eine Reihe konzentrischer Ringe, die oft als Jahresringe für populationsdynamische Untersuchungen herangezogen werden. An Schalen-Dünnschliffen von Tieren aus dem Gezeitebereich können unter dem Mikroskop jeder einzelnen Tide Kalkschalen-Zuwachsstreifen zugeordnet werden. Durch Stürme, verlängerte Trockenliegezeit bei Springtide-Niedrigwasser, verringerte Salzgehalte, reduziertes Nahrungsangebot und vor allem bei niedrigen Temperaturen im Winter werden diese Streifen schmaler und sind im Extremfall nicht mehr zu erkennen. Daraus resultiert ein deutlich abgesetztes, konzentrisch verlaufendes und eingekerbtes Band auf den Schalenklappen. Der Verlauf dieser Struktur stimmt jedoch nicht mit der Lage der Farbbänder auf der Schale überein. In der Regel können diese Zuwachsstreifen zur Altersbestimmung herangezogen werden; Fehlerquellen ergeben sich etwa durch milde Winter (keine deutlichen „Winterringe") oder durch Sturmperioden im Sommer (zusätzliche Ringe).

Herzmuscheln produzieren in ihren Schalen sehr große Kalkmengen; im niederländischen Watt kommen nach Schätzungen jährlich etwa 100 000 t zusammen.

Fortpflanzung und Entwicklung

Herzmuscheln sind getrenntgeschlechtlich. Die Geschlechter sind äußerlich nicht zu unterscheiden. Die Geschlechtsreife tritt im zweiten Sommer auf. Jeweils im Mai produzieren die Weibchen zwischen 5 000 und 50 000 Eier, die im freien Wasser befruchtet werden. Die Länge des durchschnittlich fünf Wochen dauernden Larvenstadiums hängt von der Wassertemperatur ab. Die Veliger-Larven gehen mit einer Größe von 0,3 mm zum Bodenleben über. Die Längsrippen erscheinen erst nach der Metamorphose auf den Schalenklappen. Die Muschelbrut besiedelt bevorzugt den mittleren und unteren Gezeitenbereich. Bis zu 2 mm große Jungtiere können weniger geeignete Areale durch passive Verdriftung verlassen und günstigere aufsuchen. Die Siedlungsdichte von Jungmuscheln kann in optimalen Jahren 20 000 bis 100 000 Tiere/m^2 betragen; nach einem Jahr sind dann, oft durch Wegfraß bedingt, nur noch weniger als 1000 Tiere/m^2 vorhanden.

Die lebenden Herzmuscheln bilden in geeigneten Habitaten Populationen mit gleichförmigem Altersaufbau, was an den deutlich sichtbaren Zuwachsstreifen auf den Schalenklappen gut erkennbar ist. Es treten fast nur Tiere eines Jahrganges auf.

Zwei Hypothesen, die dieses Phänomen erklären, werden diskutiert:

– Gegenseitige Wachstumshemmung in dichten Populationen ist wahrscheinlich; dies ist auch von anderen Muschelarten, z.B. von der Miesmuschel, bekannt. Die kleineren Individuen haben dabei weniger Raum zum Wachstum, und ihnen steht auch weniger nahrungsreiches Wasser zur Verfügung. So überleben im allgemeinen nur die Tiere der älteren Generationen. In dichtbesetzten Herzmuschelbeeten können die Larven sogar bereits am Festsetzen gehindert werden.

– Die Wegfraß-Hypothese geht von der Beobachtung aus, daß eine Herzmuschel-Population, wenn sie den ersten Sommer überlebt, oft über mehrere Jahre in entsprechenden Habitaten vorkommt. Der Feinddruck ist im Jahr des Brutfalles normalerweise besonders stark: Garnelen, Polychaeten, kleine Schollen und junge Strandkrabben fressen unselektiv Kleinzoobenthos. Dabei können einzelne Arten ausgerottet werden, zumal bei einer so geringen Siedlungstiefe, wie die Herzmuschel sie zeigt (Abb. 32). Nach harten Wintern sind diese Konsumenten aber dezimiert, so daß die Brut der Herzmuscheln eine größere Chance hat, das kritische erste Jahr zu überleben. In den Folgejahren spielt dann vor allem der Austernfischer als Konsument eine größere Rolle; er zertrümmert durch gezielte Schnabelhiebe das Hinterende einer Schalenklappe und pickt das Fleisch heraus. Als selektiver, aktiv suchender Konsument nimmt er seine Beute nur solange auf,wie diese in genügender Dichte erreichbar ist; andernfalls weicht er auf andere Beute aus, da der Herzmuschelfang „unrentabel" wird. Nur wenn der Feinddruck im ersten Lebensjahr gering ist, kann eine Herzmuschelgeneration höhere Altersklassen erreichen.

Hohes Alter (es wurden Tiere mit bis zu 16 Jahresringen gefunden), Vorkommen in frostsicheren sublitoralen Bereichen und sehr große Larvenzahl mit relativ langer planktischer Phase bestimmen die Überlebensstra-

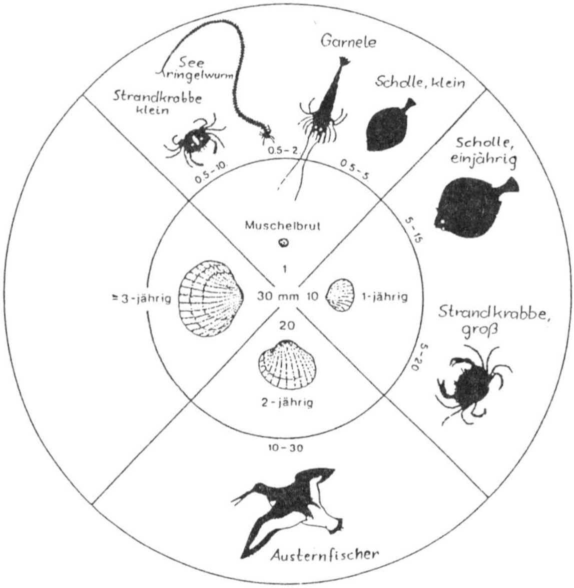

Abb. 32: Feindspektrum heranwachsender Herzmuscheln (aus REISE, verändert).
Innen: Altersgruppen der Herzmuscheln, Innenkreis: Größenklassen, außen: Feindspektren der jeweiligen Größenklassen der Muscheln.

tegie der Herzmuscheln. In jedem Jahr können Veliger-Larven aus entfernteren Populationen die Watten erneut dicht besiedeln. Und alle paar Jahre sind die Bedingungen so günstig, daß auch unter den extremen Verhältnissen des Wattenmeeres eine Generation älter als nur einen Sommer wird. Herzmuscheln zeigen damit eine erfolgreiche Variante der bei Watt-Lebewesen oft anzutreffenden Opportunisten-Strategie auf.

Feinde, Stellung im Nahrungsnetz, wirtschaftliche Bedeutung

Die Herzmuschel ist die einzige heimische Muschelart der Endofauna, die auch als erwachsenes Tier an die oberste Sedimentlage gebunden ist. So ist sie außerordentlich bedroht durch Freßfeinde, Sturmfluten, starken Eisgang und neuerdings durch Herzmuschelfischerei. Wichtige Freßfeinde junger Muscheln sind Strandkrabbe, Wattringelwurm, Garnele, Scholle und Knutt. Die zweijährigen werden vor allem von Austernfischer, Silbermöwe und Eiderente gefressen. Feinde im sublitoralen Bereich sind Seestern und Wellhornschnecke (siehe Abb. 32). Die Herzmuschel gehört zu den wichtigsten Sekundärproduzenten mit einer großen Biomasse und einer hohen Reproduktionsrate.

Der Mensch erntet einige tausend Tonnen Herzmuscheln jährlich. Von der Bevölkerung der nordschottischen Inseln weiß man, daß dort so manches Mal durch den Verzehr von Herzmuscheln große Hungersnöte verhindert wurden. Im Wattenmeer stellt die Herzmuschelfischerei einen ernsten Eingriff in das ökologische Gefüge dar. Beim Fang werden große Flächen mit rechenartigen Fangkörben (Dredgen) bis in 10 cm Tiefe regelrecht umgepflügt. Dies bewirkt eine Zerstörung der Lebensgemeinschaft in diesen nahrungsreichen Wattgebieten für mehrere Monate oder gar Jahre. Da Herzmuscheln keine abgegrenzten Bänke bilden wie z.B. die Miesmuscheln, richten bereits die Suchfahrten nach befischbaren Vorkommen erhebliche Schäden an.

In Niedersachsen werden Herzmuscheln seit 1973 kommerziell genutzt und durchschnittlich etwa 5 000 t pro Jahr angelandet (max. 1983: 12 000 t). In Schleswig-Holstein brachten lediglich die Jahre 1984 und 1987 nennenswerte Ausbeuten (je 3 000 t im Dithmarscher Watt). Seit 1990 ist die Herzmuschelfischerei hier aber verboten. In den Niederlanden und Dänemark ist der Herzmuschelfang relativ unbedeutend.

Weit verbreitet war früher das Brennen von Muschelkalk (meist Herzmuscheln) zum Düngen und für den Mörtel beim Hausbau. In Cornwall wurde nur zum Düngekalkbrennen eine eigene Bahnlinie ins Binnenland angelegt. Außerdem brauchte man große Mengen von Herzmuschelschalen, um bei der Anlage neuer Austernbänke einen geeigneten Untergrund zu schaffen. In den Niederlanden sind viele Radwege mit Herzmuschel-Schill belegt. Gegen Ende des 19. Jahrhunderts waren im südlichen England die Böden der älteren Säle, in denen Sport getrieben wurde, mit Muschelschalen bestreut. Am englischen Hof gab es dafür sogar ein eigenes kleines Hofamt mit dem Titel „Kings cockle-strewer".

Literatur

GÖTTING, K.J., E.F. KILIAN & R. SCHNETTER (1982): Einführung in die Meeresbiologie, Bd. 1. Braunschweig (Vieweg).

KAESTNER, A. (1969): Lehrbuch der speziellen Zoologie, Bd. 1; 1. Teil. Jena.

KÜKENTHAL, W., E. MATTHES & M. RENNER (1971): Leitfaden für das zoologische Praktikum. Stuttgart (Fischer).

MARSHALL, W. (1895): Die Meere und ihre Bewohner. Leipzig.

MEYER, H.U. (1985): Schulbiologische Untersuchungen im Wattenmeer. Kiel (Schmidt & Klaunig).

REMANE, A., V. STORCH & U. WELSCH (1974): Kurzes Lehrbuch der Zoologie. Stuttgart (Fischer).

REISE, K. (1985): Tidal flat ecology. Berlin u.a.O. (Springer).

RICHARDSON, C.A., D.J. CRISP, N.W. RUNHAM & L.D. GRUFFYDD (1980): The use of tidal growth bands in the shell of Cerastoderma edule to measure seasonal growth rates under cold temperate and sub-arctic conditions. J. mar. biol. Ass. UK 60, 977–989.

THIES M. (1985): Biologie des Wattenmeeres. Köln (Aulis).

VERWEY, J. (1981): The cockle Cerastoderma edule. In: DANKERS, N. et al.: Invertebrates of the Wadden Sea. Rotterdam (Balkema).

WATTENMEER INTERNATIONAL: Hefte 2/1985 u. 1/1988.

ZIEGELMEIER, E. (1957): Die Muscheln (Bivalvia) der deutschen Meeresgebiete. Helgol. wiss. Meeresunters. 6, 1–56.

Amerikanische Bohrmuschel (Petricola pholadiformis)

Hans Ulrich Meyer

Die Amerikanische Bohrmuschel wurde um 1890 von der amerikanischen Ostküste mit Austernkulturen nach Südostengland eingeschleppt. Sie breitete sich durch planktische Larven in kurzer Zeit entlang der Nordseeküste und der europäischen Atlantikküste aus. 1906 trat sie bereits bei Büsum auf. Um 1920 war die Art häufig im Sublitoral des nordfriesischen Wattenmeeres anzutreffen, während sie heute sehr selten geworden ist. Regelmäßige Schalenfunde sind demnach meist auf ein früheres Vorkommen zurückzuführen.

Insgesamt kommt die Amerikanische Bohrmuschel in Afrika und Europa von Westafrika (Senegal) über das Mittelmeer bis Südnorwegen vor. In der Ostsee besiedelt sie nur die Kieler Bucht.

Aussehen, Lebensweise

Die Schalenklappen sind bis zu 6,5 cm lang, weißlich und dünnschalig. Die geöffneten, aber zusammenhängenden Schalenklappen werden wegen ihres Aussehens auch „Engelsflügel" genannt. Die etwa 40 Radiärrippen sind im Vorderteil besonders kräftig und raspelartig ausgeprägt; sie besitzen zudem schuppenartige Querleisten. Die rechte Klappe besitzt 2 Hauptzähne, von denen der vordere gespalten ist, die linke besitzt 3 Hauptzähne (Abb. 33).

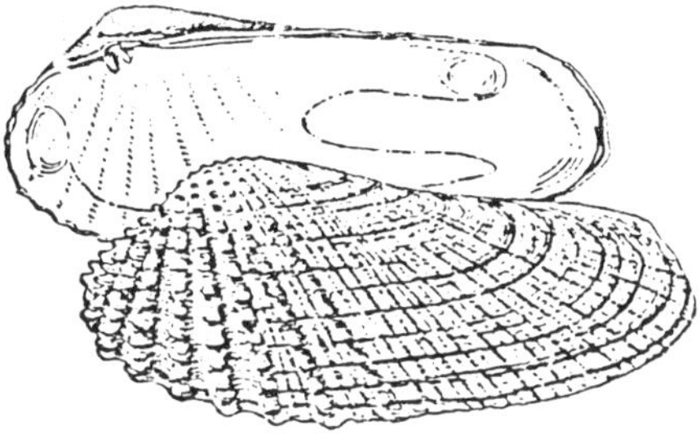

Amerikanische Bohrmuschel,
Petricola pholadiformis (bis 7 cm)

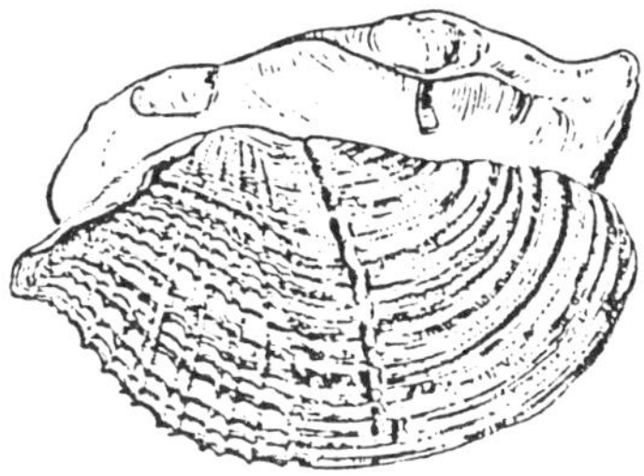

Krause Bohrmuschel,
Zirfaea crispata (bis 8 cm)

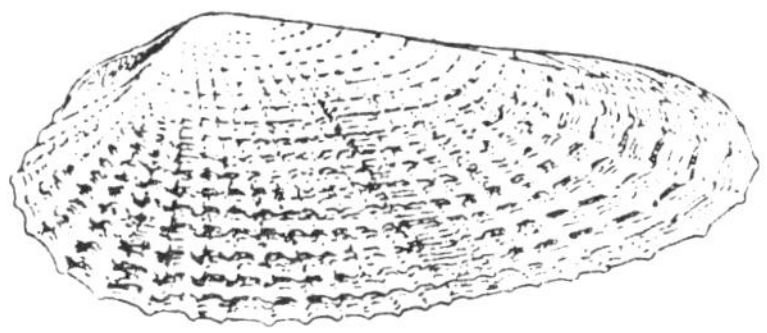

Weiße Bohrmuschel,
Barnea candida (bis 7 cm).

Abb. 33: Schalenklappen einheimischer Bohrmuscheln (aus DE HAAS & KNORR).

Verwechselt werden können die Schalenklappen mit denen der Weißen Bohrmuschel (Barnea candida, Abb: 33), die regelmäßig im Spülsaum zu finden ist. Die Amerikanische Bohrmuschel bohrt sich nur mechanisch in Torf, Ton und festen Kleiboden ein. Die Schalenklappen werden leicht geöffnet und geschlossen, so daß eine raspelnde Bewegung auftritt. Im Vergleich zu den anderen Bohrmuscheln unserer Küsten ist bei Petricola der Bohrvorgang recht unvollkommen: Die Krause Bohrmuschel (Zirfaea crispata, Abb. 33) bohrt durch abwechselnde Kontraktionen der beiden Schließmuskeln mit ihrer rauhen Schale. Gleichzeitig dreht der Fuß ständig die Muschel um die eigene Achse. Der bei Helgoland vorkommende Felsenbohrer (Hiatella arctica) nimmt für das Bohren in kalkhaltigem Gestein zusätzlich Säure zur Hilfe. Der gefürchtete Schiffsbohrwurm (Teredo navalis) zerstört durch seine Bohrtätigkeit Holzbauwerke, wie Molen und Anlegebrücken. Die Schale ist alleine zum Bohrwerkzeug reduziert; der

Mantelrand scheidet eine sekundäre Kalkröhre in den Bohrgängen aus, in denen der wurmartige Weichkörper sitzt. Schließlich kann die Art Zellulose verdauen. Bohrmuscheln bohren sich als Jugendformen in die Substrate ein. Mit dem Schalenwachstum nimmt der Durchmesser der Röhre zu. Sie sind dann meist zeitlebens in dieser gefangen, weil die Öffnung nach außen zu eng ist.

Literatur

DE HAAS, W. & F. KNORR (1990): Was lebt im Meer an Europas Küsten? Rüschlikon – Zürich (Albert Müller).

REISE, K. (1982): Long-term changes in the macrobenthic invertebrate fauna of the Wadden Sea: Are Polychaetes about to take over? Neth. J. Sea Res. 16, 29–36.

TEBBLE, N. (1966): British Bivalve Sea Shells. London (British Museum).

ZIEGELMEIER, E. (1957): Die Muscheln (Bivalvia) der deutschen Meeresgebiete. Helgol. Wiss. Meeresunters. 6, 1–56.

Große Pfeffermuschel (Scrobicularia plana)

Manfred Thies

Die Pfeffermuschel besiedelt die Küsten des Nordatlantiks von Südnorwegen bis Marokko, die Nordsee und den Ärmelkanal. Sie ist auch im Mittelmeer und in der westlichen Ostsee verbreitet.

In der Deutschen Bucht bevorzugt sie Weichböden bis zu einer Wassertiefe von 15 m. Im Wattenmeer tritt sie vor allem in tiefgründigen wassergesättigten Schlicksedimenten auf.

Beschreibung

Pfeffermuscheln erreichen eine Länge von 45–55 mm. Ihre weiß bis dunkelgrauen, schwach gewölbten Schalenklappen sind dünn und zerbrechlich und nur wenig klaffend. Der Wirbel befindet sich fast in der Mitte des ovalen, hinten schräg abgestumpften Gehäuses. Der Mantel ist unten offen und bietet dem kräftigen Fuß eine weite Austrittsöffnung. Die Siphonen sind ungleich lang und völlig getrennt. Mit ihrer Hilfe erreicht das bis 15 cm tief vergrabene Tier die Wattoberfläche. Besonders stark dehnbar ist der Einströmsipho. Er erreicht bei einer 4 cm großen Muschel eine Länge von 25 cm (Abb. 34 und 35).

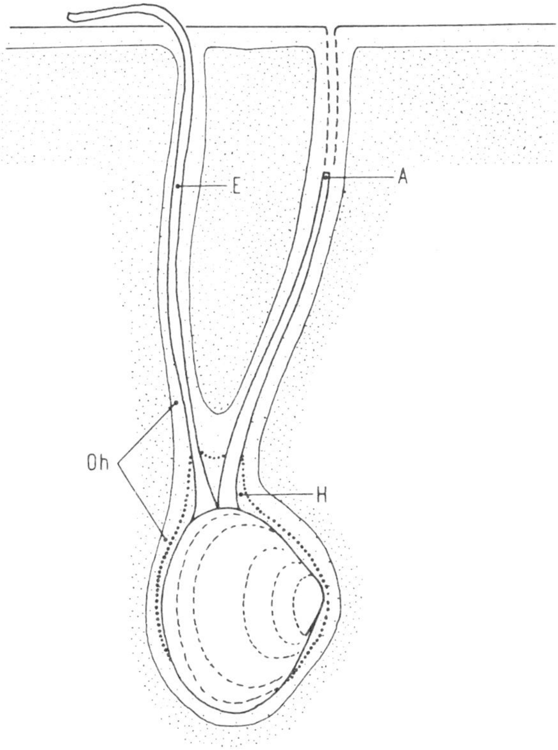

Abb. 34: Große Pfeffermuschel, Scrobicularia plana (Zeichnung: Thies). Der Muschelkörper liegt in einer wassergefüllten Höhlung (H). Mit dem Ein- (E) und Ausstromsipho (A) erreicht die Muschel die Oberfläche des Wattbodens. Ein Oxidationshof (Oh) umgibt die Siphoschächte und den Muschelkörper.

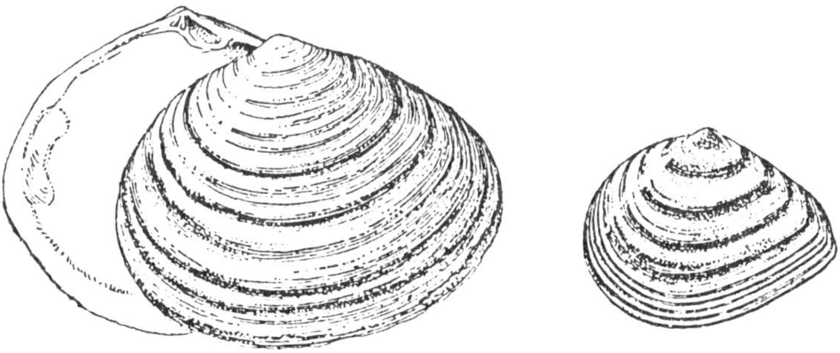

Abb. 35: Schalenklappen der Großen Pfeffermuschel, Scrobicularia plana (links) und der Baltischen Plattmuschel, Macoma balthica (rechts), jeweils natürliche Größe (aus DE HAAS & KNORR).

Ernährung

Die Pfeffermuschel nimmt wie die Vertreter der verwandten Tellmuschelfamilie Bodensedimente als Nahrung auf. Sie ist somit wie die Baltische Plattmuschel ein Pipettierer. Besonders auffällig sind die durch den Einströmsipho an der Wattoberfläche erzeugten Fraßspuren. Münzegroße, kegelförmige Sedimenthäufchen, von einem Ringgraben umgeben, entstehen in wassergesättigtem Schlickwatt, wenn durch den Einströmsipho der dünnflüssige Bodenbrei erst einige Zentimeter von der Mündung des Austrittsschachts entfernt einpipettiert wird. Auf lagestabilen Wattböden werden durch das Nahrungspipettieren dagegen sternförmige Fraßspuren erzeugt. Sie entstehen, wenn sich der Einströmsipho in wechselnde Richtungen über den Boden entlang schiebt und durch kreisende Bewegungen Bodentrübe aufwirbelt und einsaugt.

Das eingesaugte Material wird durch die Kiemen aus dem Atemwasserstrom herausfiltriert und noch vor der Mundöffnung sortiert. Verdauliches gelangt in den Darmtrakt. Der unverdauliche anorganische Beifang wird in der Mantelhöhle zum Ausströmsipho gestrudelt und ausgeschieden.

Literatur

DE HAAS, W. & F. KNORR (1990): Was lebt im Meer an Europas Küsten? Rüschlikon – Zürich (Albert Müller).

HÄNTZSCHEL, W. (1934): Sternspuren, erzeugt von einer Muschel: Scrobicularia plana (Da Costa). Senckenbergiana 16, 325–330.

MEESENBURG, H., S. TOUGAARD & C. KINZE (1976): Die Tierwelt des dänischen Wattenmeeres. Esbjerg (BYGD).

Baltische Plattmuschel (Macoma balthica)

Manfred Thies

Für Macoma balthica sind zwei deutsche Bezeichnungen gebräuchlich: Baltische Plattmuschel und Rote Bohne. Sie nehmen Bezug auf Verbreitung, Form und Farbe dieser Plattmuschel.

Vorkommen

Die Baltische Plattmuschel tritt an den Küsten des Nordatlantiks, der Nordsee und des Eismeeres auf und besiedelt die Ostsee bis an die Küsten Finnlands. Im Wattenmeer findet man sie in fast jedem m^2 Wattboden. Im Küstenvorfeld ist sie noch in Tiefen von 10–15 m anzutreffen. Ihre Verbreitung wird im Wattenmeer nur wenig durch abiotische Faktoren, wie z.B. Sedimentzusammensetzung oder Salzgehalt beeinflußt, dennoch bevorzugt sie das Schlickwatt oder das obere Mischwatt.

Beschreibung

Die gewölbten und bis zu 3 cm langen Schalenklappen sind in Seitenansicht dreieckig bis schief eiförmig, wobei das Vorderende abgerundet und das Hinterende zugespitzt ist (Abb. 35). Die Farbe der Schalen kann sehr variieren. Innen sind sie häufig rot bis gelb, außen dagegen gelb, grün, rot oder braun mit dunkler konzentrischer Bänderung. Der Grabfuß ist zungenförmig und kräftig. Die Siphoschläuche sind getrennt und ungleich lang.

Atmung und Ernährung

Die Baltische Plattmuschel lebt tiefer als ihre mehrfache Körperlänge eingegraben im Wattboden. Mit Hilfe ihrer dehnungsfähigen Siphos erreicht sie jedoch das Flutwasser, so daß sie sich mit Sauerstoff versorgen und auch von der Wattoberfläche ernähren kann.

Im Gegensatz zu den meisten anderen Muschelarten verfügt die Baltische Plattmuschel über zwei Möglichkeiten des Nahrungserwerbs.

Nicht nur durch Einstrudeln suspendierter Partikel mit dem Atemwasser nimmt sie Nahrung auf, sie sucht auch mit dem dehnungsfähigen Einströmsipho den Boden ihrer Umgebung aktiv ab. Die mit dem Einströmsipho einpipettierte Nahrung besteht vor allem aus Kieselalgen und mit Bakterien besetztem Detritus. Da diese Form der Ernährung in durchfeuchteten Böden auch bei Niedrigwasser erfolgen kann, ist die Baltische Plattmuschel in ihrer Verbreitung relativ unabhängig von der Überflutungsdauer.

Plattmuscheln sind in der Lage, einpipettierte grobe Nahrungspartikel im Magen zu bearbeiten. Durch kräftige Magenmuskeln wird die Nahrung zusammen mit einem enzymhaltigen Gallertstiel zerquetscht und dadurch für die Passage in der Mitteldarmdrüse und durch den Darm vorbereitet.

Der Ausstromsipho ist kürzer und entläßt das Atemwasser bereits im Boden. Die horizontal im Wattboden liegende Baltische Plattmuschel ist deshalb von einem Oxidationshof, der sie vor Schwefelwasserstoffschäden bewahrt, umgeben. Da über den Ausstromsipho aber auch Kot und Stoffwechselprodukte in dieses mit Sauerstoff angereicherte Sediment gelangen, können sich in ihm Kleinlebewesen mit vielfältigen Nahrungsbeziehungen entwickeln (REISE 1985).

Fortbewegung und Orientierung

Plattmuscheln besitzen einen kräftigen Grabfuß, mit dem sie sich, ähnlich wie die Herzmuschel, schnell eingraben können. An markanten, bogenförmigen Oberflächenspuren kann man aber auch erkennen, daß sich die Baltische Plattmuschel häufig nah an der Oberfläche bewegt und sich hierbei nach der Sonne orientiert (Abb. 36). Licht-Kompaß-Reaktionen sind auch von der Strandschnecke und der Wattschnecke bekannt. Charakteristisch

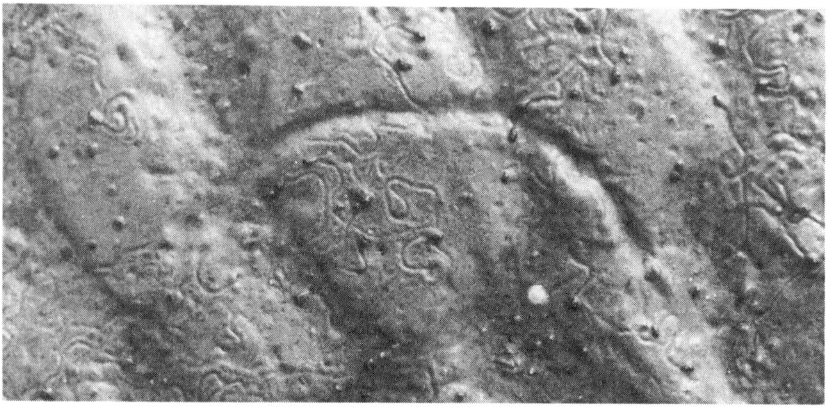

Abb. 36: Oberflächenspur der Baltischen Plattmuschel, daneben Wattschnecken und deren Kriechspuren (Foto: Thies).

für das Orientierungsverhalten dieser Wattbewohner ist, daß sich ihre Reaktionen nach einer gewissen Zeit umkehren. Die von diesen Tieren zurückgelegten Strecken verlaufen somit schleifenförmig, d.h. ihr Orientierungsverhalten führt sie an ihren Ausgangspunkt zurück und sichert ihnen damit den Verbleib im bevorzugten Siedlungsraum. Nach Untersuchungen im niederländischen Wattenmeer (SWENNEN 1969, SWENNEN & CHING 1974) sind jedoch jene Individuen der Baltischen Plattmuschel, die nicht artüblich im Sediment vergraben leben, sondern nahe an der Oberfläche kriechen und hier deutliche Oberflächenspuren hinterlassen, zu einem hohen Anteil vom Saugwurm Parvatrema affinis (Trematode) befallen. Dieser Parasit lebt in Enten und wird mit deren Ausscheidungen von der Muschel, die diesem Parasiten als Zwischenwirt dient, aufgenommen. Bei starkem Befall ruft der Parasit Sauerstoffarmut hervor und verursacht dadurch das abnorme, oberflächennahe Kriechverhalten der Muschel.

Fortpflanzung und Entwicklung

Im Wattenmeer fällt die Laichzeit der Baltischen Plattmuschel in den Mai. Jungmuscheln siedeln bevorzugt im oberen, nahrungsreichen Schlickwatt. Im Sommer beträgt die Individuendichte jüngerer Plattmuscheln nicht selten mehrere tausend Exemplare pro m^2.

Am Ende der ersten Wachstumsperiode haben Jungmuscheln eine Länge von 5 mm erreicht und lassen sich im Laufe des folgenden Winters mit dem Ebbstrom in tiefer gelegene Wattgebiete driften. Unterschiede im Verteilungsmuster junger und mehrjähriger Plattmuscheln sind durch dieses Wanderverhalten zu erklären.

Im Wattenmeer wachsen Baltische Plattmuscheln relativ schnell. Einjährige Muscheln sind 4–10 mm, zweijährige 10–15 mm und fünfjährige maximal 20–25 mm lang. Die Wachstumsperiode ist jedoch relativ kurz. Sie beginnt im März und endet bereits zu Beginn des Sommers. Ende Juni und Anfang Juli erreicht der Weichkörper dementsprechend auch sein Maximalgewicht. Es ist doppelt so hoch wie am Ende des Winters. Die rasche Gewichtszunahme im Frühjahr ist auch auf die Anlage von Reservestoffen wie z.B. Fett, zurückzuführen, die die Muscheln vor allem zur Überdauerung des Winters benötigen.

Feinde

Der Anteil der Baltischen Plattmuschel an der Gesamtbiomasse des Wattbodens beträgt etwa 5 % (MICHAELIS, 1987). Es ist daher nicht verwunderlich, daß diese Muschel von Krebsen, Fischen und Vögeln gezielt erbeutet wird. Junge Schollen, die am Beginn ihres Bodenlebens stehen, weiden vor allem die Siphone ab. Da die Atemrohre aber schnell regeneriert werden, beeinträchtigt ihr Wegfraß den Plattmuschelbestand kaum. Mit Beginn der kalten Jahreszeit wandert die Baltische Plattmuschel nicht nur aus dem Schlickwatt in tiefer gelegene Wattgebiete ab, sondern gräbt sich auch tiefer im Sediment ein. Für Watvögel mit relativ kurzem Schnabel wird sie dann unerreichbar. So können z.B. Knutts im Sommer 90 % dieser Muschel erbeuten, im Winter aber nur noch 5 %. Für einige kurzschnäblige Arten liegt hierin der Grund zum Verlassen des Wattenmeeres.

Literatur

BRAFIELD, A.E. & G.E. NEWELL (1961): The behavior of Macoma balthica (L.). J. mar. biol. Ass. U.K. 41, 81–87.

DANKERS, N., H. KÜHL & W.J. WOLFF (1981): Invertebrates of the Wadden Sea. Report 4, Wadden Sea Working Group. Rotterdam (A.A. Balkema).

MICHAELIS, H. (1987): Strukturveränderungen der Wattfauna am Beispiel des Jadebusens. Umweltvorsorge Nordsee. Hrsg.: Nieders. Umweltministerium. 151–161.

REISE, K. (1985): Tidal flat ecology. Berlin (Springer).

SWENNEN, C. (1969): Crawling-tracks of trematode infacted Macoma balthica. Neth. J. Sea Res. 4, 376–379.

SWENNEN, C. & H. CHING (1974): Observation on the trematode Parvatreme affinis, causative agent of crawling tracks of Macoma balthica. Neth. J. Sea Res. 8, 108–115.

Amerikanische Schwertmuschel (Ensis directus)

Hans Ulrich Meyer

Im Jahr 1979 trat in Bodengreifer-Fängen in der Deutschen Bucht erstmals die Schwertmuschel Ensis directus auf. Sie wurde vermutlich als Veligerlarve im Ballastwasser eines Schiffes aus Nordamerika eingeschleppt. Damit gesellt sich eine weitere Schwert- oder Scheidenmuschelart zu unserer küstennahen Muschelfauna. Bisher traten hier nur die Schwertförmige Scheidenmuschel (Ensis ensis) und die Schotenförmige Messerscheide (Ensis siliqua) häufiger auf. Diese Arten sind in Abb. 37 dargestellt.

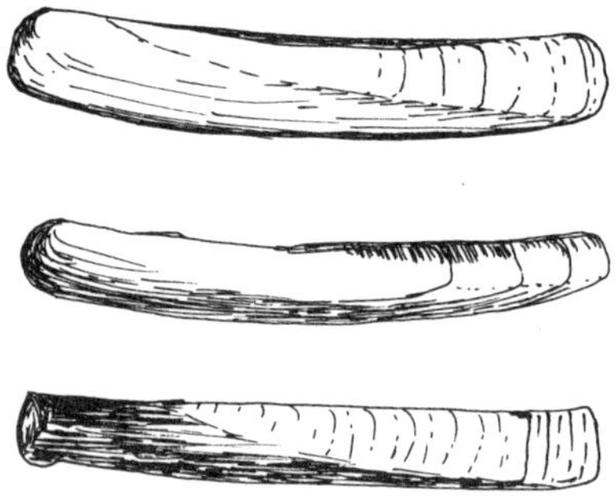

A

B

C

Abb. 37: Schalenklappen von Schwertmuschelarten der Gattung Ensis.
A: Amerikanische Schwertmuschel, Ensis directus (bis 16 cm)
B: Schwertförmige Scheidenmuschel, Ensis ensis (bis 16 cm)
C: Schotenförmige Messerscheide, Ensis siliqua (bis 20 cm)
(Zeichnung Bernhardi).

Beschreibung

Die Schalenklappen werden bis zu 16 cm lang und bis 2,5 cm breit. Folgende Unterschiede bestehen zu den einheimischen Ensis-Arten:

- Größere Breite im Verhältnis zur Länge, leicht gebogene und weniger festschalige Schalenklappen als die anderen Arten,

- hinterer Schließmuskelansatz nur wenige mm von der spitz zulaufenden Mantelbucht entfernt (siehe Pfeil in Abb. 38),
- die Färbung der Schalenklappen ist bräunlich mit relativ einheitlichen rötlich-grauen verwaschenen Querstreifen, auf der Innenseite besonders am Hinterende blaß-bräunlichviolett erscheinend.

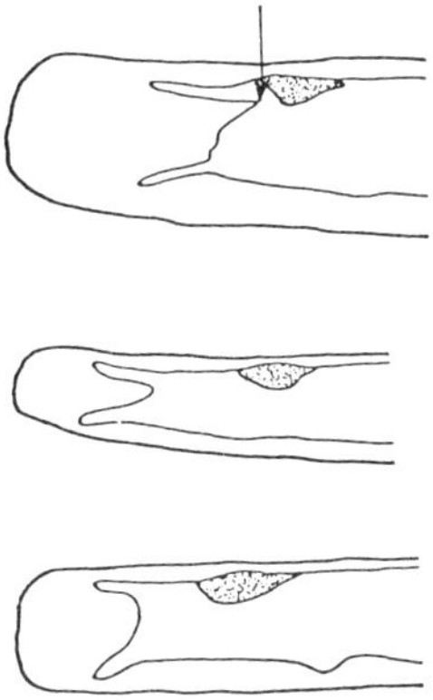

A: Amerikanische Schwertmuschel,

B: Schwertförmige Scheidenmuschel,

C: Schotenförmige Messerscheide.

Abb. 38: Erkennungsmerkmal der Amerikanischen Schwertmuschel (nach V. COSEL u.a.): Der hintere Schließmuskelansatz ist nur wenige mm von der spitz zulaufenden Mantelbucht entfernt, siehe Pfeil.

Verbreitung

Ursprünglich kommt die Art an der nordamerikanischen Ostküste von Labrador bis Nord-Carolina vor. Bevorzugte Habitate sind Schlicksand- und Feinsandgebiete vom unteren Eulitoral bis ins Sublitoral. Besonders in Ästuarbereichen mit stärkeren Strömungen tritt die Art häufig auf.

In der Deutschen Bucht hat sie sich vermutlich seit 1978 etabliert; Siedlungshabitate sind Feinsandbereiche, z.T. auch mit Mittelsand-Anteilen, vom unteren Eulitoral bis in etwa 20 m Tiefe.

Auch bei uns werden nur jene spärlich besiedelten Sedimente bevorzugt, die einer stärkeren Umlagerung durch Strömungen unterliegen. Hier bot sich den Neuankömmlingen wohl eine unbesetzte Nische in einem von Konkurrenten kaum besiedelten Habitat an. Die Art wurde inzwischen an allen Küstenbereichen der inneren Deutschen Bucht sowie in Wattenbereichen von Ostfriesland bis Dänemark nachgewiesen. Sie ist gelegentlich auch in schlickigen Sedimenten, sogar in Miesmuschelbänken, anzutreffen.

Bewegung, Ernährung

Ensis directus ist ein Filtrierer. Der Sipho ist kurz, so daß sich die Muschel normalerweise dicht unter der Sedimentoberfläche aufhält; gelegentlich ragt sie auch über diese hinaus. Bei Störungen gräbt sie sich in Sekundenschnelle bis in eine Tiefe von 20 bis 30 cm ein. Sie verankert sich dann mit dem Fuß so fest im Sediment, daß sie kaum unzerstört herausgezogen werden kann. Im Aquarium ist zu beobachten, daß die Muscheln durch plötzliches Auspressen von Wasser aus der Mantelhöhle über mehrere Dezimeter per Rückstoß schwimmen können. Auch kann durch schlängelnde Bewegung des Fußes eine rasche Schwimmbewegung erzielt werden.

Fortpflanzung und Entwicklung

Die Individuen werden in tieferen Bereichen vermutlich am Ende des ersten Jahres, in Litoralbereichen erst im zweiten Jahr geschlechtsreif. Wie bei allen Muscheln erfolgt die Verbreitung mittels Veliger-Larven über das Plankton, die, betrachtet man die rasche Ausbreitung der Art, in riesigen Mengen freigesetzt werden. Die Hauptlaichzeit fällt in die Monate März/April. Das Längenwachstum der Schalenklappen beträgt in den Sommermonaten 5 mm, im Winter 2 mm pro Monat, sodaß nach einem Jahr 10

Abb. 39: Ansammlungen von Schalenklappen der Amerikanischen Schwertmuschel im Spülsaum (Foto: Meyer).

cm (Wattbereich 8 cm), nach 4 Jahren ca. 15 cm erreicht werden. Durch die deutlich abgesetzten Wachstumsringe lassen sich die Jahrgänge gut unterscheiden.

Ein bisher nicht eindeutig geklärtes Phänomen ist das Massensterben der Art im Winterhalbjahr. An exponierten Stränden finden sich dann große Mengen leerer Schalenklappen, an denen z.T. noch Fleischreste haften (Abb. 39). Einige Autoren führen dies auf eine Erschöpfung nach dem Ablaichen zurück, da eine so große Zahl an Geschlechtszellen produziert wird. Eine andere Deutung berücksichtigt die opportunistische Überlebensstrategie, die sich in massenhafter Besiedlung konkurrenzärmerer suboptimaler Lebensräume äußert, wofür aber eine sehr hohe Sterblichkeit in Kauf genommen werden muß.

Feinde, Stellung in der Nahrungskette

In sublitoralen Bereichen wurden durchschnittlich 440 Tiere/m^2 gefunden (Max. 1500 Tiere/m^2), im Eulitoral des Wattenmeeres traten bisher nur wenige Tiere/m^2 auf. Über Freßfeinde von Ensis directus liegen bisher lediglich Beobachtungen über den Nahrungserwerb des Austernfischers vor. Diese Vögel, die sich sowieso durch eine große Variabilität und Anpassungsfähigkeit auszeichnen, haben sich vereinzelt auf den Fang dieser Muscheln spezialisiert. Anders als beim Herzmuschelfang laufen Austernfischer hier aufgerichtet suchend über die Wattflächen. An der Oberfläche befindliche Ensis-Individuen werden plötzlich ergriffen, bevor sie sich eingraben können. Fang und Fressen gehen schneller als bei Herzmuscheln, dafür dauert die Suche länger. In einigen Wattgebieten deuten große Mengen gleichartig geöffneter Schalenklappen der Amerikanischen Schwertmuschel darauf hin, daß diese Art des Nahrungserwerbes recht erfolgreich ist: Jeweils eine Schalenhälfte ist etwa in der Mitte zertrümmert und auseinandergebrochen.

Literatur

V. COSEL, R., J. DÖRJES & U. MÜHLENHARDT-SIEGEL (1982): Die Amerikanische Schwertmuschel Ensis directus (CONRAD) in der Deutschen Bucht. I. Zoogeographie und Taxonomie im Vergleich mit den einheimischen Schwertmuschel-Arten. Senckenbergia marit. 14, 147–173.

MÜHLENHARDT-SIEGEL, U., J. DÖRJES & R.V. COSEL (1983): Die Amerikanische Schwertmuschel in der Deutschen Bucht. II. Populationsdynamik. Senckenbergia maritima 15, 93–110.

SWENNEN, C., M.F. LEOPOLD & M. STOCK (1985): Notes on growth and behaviour of the American razor clam Ensis directus in the Wadden Sea and the predation on it by birds. Helgol. wiss. Meeresunters. 39, 255–261.

Sandklaffmuschel (Mya arenaria)

Manfred Thies

Diese größte Muschelart des Wattenmeeres kann selbst bei starker Berührung (Reizung) das Atemrohr, den Sipho, nicht völlig in das Schalengehäuse zurückziehen. Auch sind beide Schalenhälften so geformt, daß sie nicht allseitig geschlossen werden können. Das „klaffende" Schalengehäuse gab dieser Muschelart den Namen.

Beschreibung

Sandklaffmuscheln erreichen eine durchschnittliche Schalenlänge von 8–10 cm, doch hat man schon Tiere von 15 cm Länge mit einem Gewicht von 250 g gefunden. Die schmutzig-weißen Schalen lassen viele feine konzentrische Streifen erkennen. Die beiden Schalenklappen sind zwar sehr ähnlich, doch nicht ganz symmetrisch geformt: Bei der linken Schalenklappe springt in der Nähe des Wirbels ein löffelartiger Fortsatz des Schlosses vor, auch ist diese Schalenklappe weniger gewölbt als die rechte.

Die Mantelfalten sind weitgehend zusammengewachsen. Nur an der vorderen Bauchseite ist eine Öffnung für den Fußdurchtritt ausgespart. Am hinteren Körperende sind die Mantelfalten verlängert und zum Sipho ausgewachsen (Abb. 40).

Abb. 40: Sandklaffmuschel, Mya arenaria (bis 15 cm lang; Foto: Fiedler). Am hinteren Körperende sind die Mantelfalten verlängert und zum Sipho ausgewachsen.

Verbreitung

Die Sandklaffmuschel kommt auf der nördlichen Halbkugel auf beiden Seiten des Atlantiks vor. Ihre Verbreitung an der amerikanischen Küste reicht von Labrador bis Florida. Von hier gelangte sie vor 300 Jahren – vermutlich mit Ballastwasser – an die europäische Küste, wo sie heute von Norwegen bis Westfrankreich verbreitet ist. In arktischen Meeren und auch bei Grönland, Island und den Färöer fehlt die Sandklaffmuschel. Gegenwärtig breitet sie sich im Pazifik um Japan und vor Alaska aus. Vermutlich ist sie mit Austern dahin verschleppt worden. In der Nordsee lebt sie am häufigsten in der Gezeitenzone und erreicht hier im Wattenmeer ihr größtes Vorkommen. Sie fehlt auch nicht in der Ostsee, wo man sie noch bis Gotland bei einem Salzgehalt von 15 ‰ findet. Individuen im Bottnischen Meerbusen, wo der Salzgehalt nur noch 5–6 ‰ beträgt, weisen vielfältige Kümmererscheinungen auf, vor allem eine wesentlich geringere Schalendicke.

Lebensweise

Im Wattenmeer bevorzugt die Sandklaffmuschel lagebeständige Schlick- und Schlicksandflächen. Siedlungen mittelgroßer Individuen erreichen Dichten bis zu 150 Individuen pro m^2. Hinweise auf eine Myasiedlung erhält man lediglich durch fingerdicke Löcher im Schlick. Hierbei handelt es sich um die oberen Öffnungen der Siphonalschächte. Die Muscheln selbst siedeln 15–25 cm unter der Sedimentoberfläche. Kontakt mit der Oberfläche halten sie über den dehnungsfähigen Sipho. Die Muschel steckt mit dem Kopfende nach unten gerichtet im Boden. Mit dem kleinen, pfriemförmigen Fuß ist sie nur begrenzt bewegungsfähig. Nur junge Muscheln können sich bei Abtrag der oberen Bodenschichten oder Aufschlickung in der Lotrechten bewegen. Freigespülte mehrjährige Individuen sind selten in der Lage, sich erneut in den schützenden Schlick einzugraben. Erwachsene Muscheln verlassen ihren einmal eingenommenen Siedlungsort von sich aus nicht wieder. Sie sind somit seßhaft und verbringen ihr ganzes Leben (5–10 Jahre) an einem Ort. In der Nähe von Prielen, wo Bodenerosionen von 20–30 cm häufig vorkommen können, findet man nicht selten ganze Felder von freigespülten Sandklaffmuscheln. Die Lebendstellung wird dabei noch vom Schalengehäuse abgestorbener Muscheln, den „Steckmuscheln" demonstriert (Abb. 41).

Atmung und Ernährung

Das Leben tief im Wattboden, wo die Muscheln weder von Frost noch von Freßfeinden bedroht sind, wird durch den Sipho ermöglicht. Die Zufluß- und Abflußleitungen für das Atemwasser sind bei den meisten Meeresmu-

Abb. 41: „Steckmuscheln" demonstrieren die Lebendstellung der Sandklaffmuschel (Foto: Thies).

scheln als getrennte und unabhängig voneinander bewegliche Schläuche angelegt. Bei der Sandklaffmuschel stellen sie eine einzige muskulöse Doppelröhre dar, sie sind somit in ihrer ganzen Länge miteinander verwachsen. Überzogen ist der Sipho mit einer derben, braunen Haut. Die Dehnungs- und Kontraktionsbewegungen des Sipho beruhen auf Leistungen eines einheitlichen Schwellkörpers und eines Muskelschlauches, der über Längs-, Ring- und Radiärmuskeln verfügt. Nur bei Dunkelheit erreicht der mit Lichtsinneszellen besetzte Sipho seine ganze Länge. Die Rückziehmuskeln des Sipho setzen in der Mitte der Schalen an, auf denen sie einen deutlichen Abdruck parallel zur Mantelbucht hinterlassen.

Über die untere, auf der Bauchseite gelegene Atemröhre, den Einströmkanal, wird Oberflächenwasser in die Mantelhöhle geführt. Die primären Gasaustauschorgane sind die Kiemen; daneben ist aber auch der mit Blutgefäßen reichlich versehene Mantel zum Gasaustausch fähig. Den notwendigen Wasserstrom erzeugen Wimpern. Die Sauerstoffausnutzung der Sandklaffmuschel ist gering; sie liegt bei 3–10 % und erreicht damit nur $^{1}/_{10}$ des Wirkungsgrades von anderen marinen Weichtieren, wie z.B. Tintenfischen, bei denen die Kiemen allein dem Gasaustausch und nicht gleichzeitig der Nahrungsfiltration dienen.

Über den wirklichen Sauerstoffverbrauch liegen sehr unterschiedliche Ergebnisse vor. Er schwankt bei Sandklaffmuscheln, die z.B. bei 14° C gehalten wurden, zwischen 14 und 58 µl/gh. Die Ursache hierfür ist durch mehrere physiologische und physikochemische Faktoren begründet, wie z.B. Größe und Aktivität der Muschel sowie Salz- und Sauerstoffgehalt des Wassers.

Die Sandklaffmuschel ist ein Filtrierer. Ihre Nahrung besteht aus Plankton, Detritus, aufgewirbelten Bodenpartikeln und Kieselalgen. Mit dem Atemwasserstrom gelangt die Nahrung in die Mantelhöhle und zur weiteren Sortierung an die Kiemen. Unverwertbare Stoffe werden eingeschleimt und mit dem ausströmenden Wasser durch den Ausströmkanal ausgeschieden. Einige Kieselalgen verlassen unversehrt die Ausströmöffnung; sie siedeln sich nicht selten auf dem Boden um die Schachtöffnung an.

Die eingestrudelten Nahrungspartikel gelangen über spezielle Wimpernstraßen in den Darmtrakt, wo sich ihre Verdauung in einer für Muscheln typischen Mitteldarmdrüse vollzieht. Der gallertartige Kristallstiel, der im Mitteldarm gebildet und unter ständiger Drehung in den Magen geschoben wird, erreicht bei 10–12 cm großen Exemplaren eine Länge von 4–5 cm.

Fortpflanzung und Entwicklung

Sandklaffmuscheln sind getrenntgeschlechtlich. In den Monaten Mai/Juni werden Eier von 70–80 µ Größe abgegeben, deren Reifung in der Mantelhöhle oder im Ausströmkanal der Weibchen stattfindet. Das Verbreitungsstadium ist die 150–225 µ große, freischwimmende Larve, die man von Juni bis Oktober in Planktonproben entdeckt. Haben die Larven eine Größe von 240–300 µ erreicht, setzen sie sich im oberen Sediment fest. Die Umwandlung in die bodenlebende Muschel erfolgt erst, wenn sich die Larven in einem geeigneten, d.h. feinkörnigen, lagestabilen Sediment niedergelassen haben. Im frühen Jugendstadium ist das Byssusorgan dieser Muschelart noch funktionstüchtig, so daß sich die Muschelbrut im oberen Sediment mit Hilfe von sehr dehnungsfähigen Byssusfäden verankern kann.

Auch wenn das Byssusorgan rückgebildet ist, lebt die junge Muschel noch unmittelbar unter der Oberfläche, kann sich aber bereits mehrere Zentimeter tief eingraben. Später korreliert die Größe mit der Siedlungstiefe (Tab. 6).

Die Fähigkeit zum Eingraben verlieren die Sandklaffmuscheln erst im Alter von 2–4 Jahren, wenn sie eine Größe von 5 cm erreicht haben und der relativ kurze Fuß nicht mehr in der Lage ist, den Körper in die fürs Eingraben erforderliche aufrechte Position zu bringen.

Tabelle 6: Beziehungen zwischen Alter, Größe, Siedlungsdichte und Grabtiefe bei der Sandklaffmuschel (nach DANKERS et al 1981).

Alter (Jahre)	Größe (cm)	max. Siedlungsdichte pro m^2	Grabtiefe (cm)
1	0,3 – 1	30.000 – 100.000	0,5 – 2
2 – 4	2 – 5	1.500	10 – 15
5 – 10	6 – 12	150 – 30	20 – 40

Feinde

Mehrjährige Sandklaffmuscheln siedeln so tief, daß sie praktisch keine Freßfeinde haben. Nur wenn sie durch mäandrierende Priele ausgespült werden, sind sie eine leichte Beute für Möwen oder Strandkrabben. Jungmuscheln werden dagegen starkt dezimiert. Ihre geringe Siedlungstiefe macht es vielen Vögeln, Fischen und auch der Strandkrabbe möglich, sie durch geeignete Techniken im Sediment aufzuspüren. Z.B. legen Möwen Trampelkuhlen an, und Strandkrabben stochern mit ihren Schreitbeinen im Sediment und durchsuchen auf diese Weise den Boden bis zu einer Tiefe von 5 cm.

Wirtschaftliche Bedeutung

Trotz ihrer Größe und ihres reichhaltigen Vorkommens – im niederländischen Wattenmeer erreicht Mya arenaria 17 % der Wirbellosen-Biomasse – wird die Sandklaffmuschel fischereiwirtschaftlich nicht genutzt. In den Hungerjahren nach dem 1. und 2. Weltkrieg hat man sie jedoch in beachtlicher Menge ausgegraben. Anlanderekorde mit jeweils 5000 t erzielte man in den Jahren 1947 und 1948. Schon ein Jahr später kamen nur noch 100 t in den Handel.

Literatur

DANKERS, N., H. KÜHL & W.J. WOLFF (1981): Invertebrates of the Wadden Sea. Report 4, Wadden Sea Working Group. Rotterdam, (A.A. Balkema).

KÜHL, H. (1950): Studien über die Sandklaffmuschel Mya arenaria. 1. Die Gewinnung der Klaffmuschel an der deutschen Nordseeküste in den Jahren 1945–1949. Arch. Fischereiwiss. 2, 25–29.

KÜHL, H. (1951): Über die Siedlungsweise von Mya arenaria. Verh. Dtsch. zool. Ges., 1951; 386–391.

LINKE, O. (1939): Die Biota des Jadebusenwattes. Helg. wiss. Meeresunters. 1, 201–348.

THAMDRUP, H.M. (1935): Beiträge zur Ökologie der Wattenfauna auf experimenteller Grundlage. Medd. Komm. Danmarks Fisk. og Havundersögelser (Ser. Fisk.), 10, 181–246.

Vielborster (Polychaeta)

Matthias Kundy

Die Vielborster (Polychaeta) gehören zum Stamm der Ringelwürmer (Annelida). Zu den Ringelwürmern gehören daneben die Wenigborster (Oligochaeta, z.B. Regenwurm) und die Egel (Hirudinea).

Zu den Polychaeten zählen etwa 13.000 Arten, die fast alle im Meer leben. Ihre Länge reicht von unter 1 mm bis zu maximal 3 m (Eunice aphroditois), liegt aber in der Regel zwischen 2 mm und 10 cm.

Der Körper besteht aus Kopflappen (Prostomium), Wurmende (Pygidium) und einer Reihe dazwischenliegender Segmente (Metamere). Je Segment sind ursprünglich eine Reihe von Organen paarig angelegt (Abb. 42):

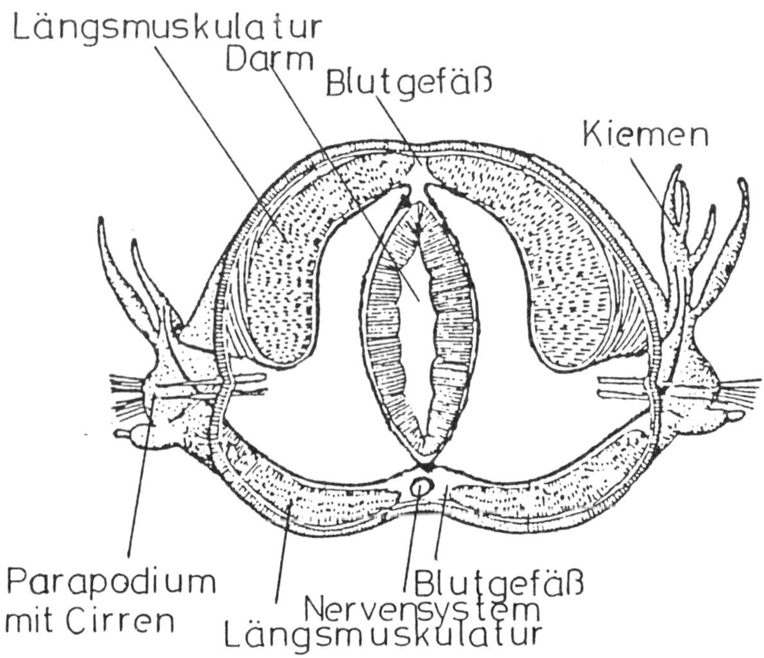

Abb. 42: Schematischer Querschnitt durch einen Borstenwurm (nach KÄSTNER, verändert). B Blutgefäße, D Darm, G Bauchganglien, K Kiemen, L Leibeshöhle (Coelom), LM Längsmuskulatur, P Parapodien mit Cirren, RM Ringmuskulatur.

- Coelomhöhlen: Hierbei handelt es sich um flüssigkeitsgefüllte Hohlräume, die zwischen Hautmuskelschlauch und Darmkanal liegen und die die Leibeshöhle bilden. Sie haben durch den Druck der Körperflüssigkeit die Funktion eines Innenskelettes.
- Metanephridien: Organe zur Ausscheidung von Stoffwechselprodukten und zur Osmoregulation.
- Gonaden: Keimdrüsen.
- Bauchganglien: Anhäufungen von Nervenzellen im bauchseitigen Strickleiternervensystem.

Teilweise lassen sich bei den Polychaeten verschiedenartige Körperregionen (Tagmata) unterscheiden. Das Prostomium trägt oft antennenartige Fortsätze und Augen.

Füßchenartige Organe (Parapodien) mit Borsten an jedem Segment dienen der Fortbewegung und tragen bei manchen Arten Kiemen. Wichtiges Atmungsorgan ist daneben die gesamte Hautoberfläche.

Polychaeten sind meist getrenntgeschlechtlich. Die Entwicklung verläuft gewöhnlich über eine schwimmfähige Trochophora-Larve.

Literatur

KAESTNER, A. (1982): Lehrbuch der speziellen Zoologie. Band I, Teil 3. Jena (Fischer).

Gefleckter Blattwurm (Anaitides maculata)

Manfred Thies

Im zeitigen Frühjahr fallen im sandigen Mischwatt grüne Laichbeeren auf. Sie sind die Fortpflanzungsprodukte des Gefleckten Blattwurms, eines Borstenwurms (Polychaet), der im Sommer tagsüber die Wattoberfläche meidet, nachts aber bei trockenliegendem Watt an der Oberfläche nach Nahrung sucht.

Vorkommen

Die Verbreitung dieses Borstenwurms reicht von der Arktis, dem Nordpazifik und Nordatlantik über Nordsee und westliche Ostsee bis zum Mittelmeer. In der Nordsee besiedelt der Blattwurm das Sublitoral und die Gezeitenzone, wo er sich vor allem im detritusreichen Mischwatt aufhält.

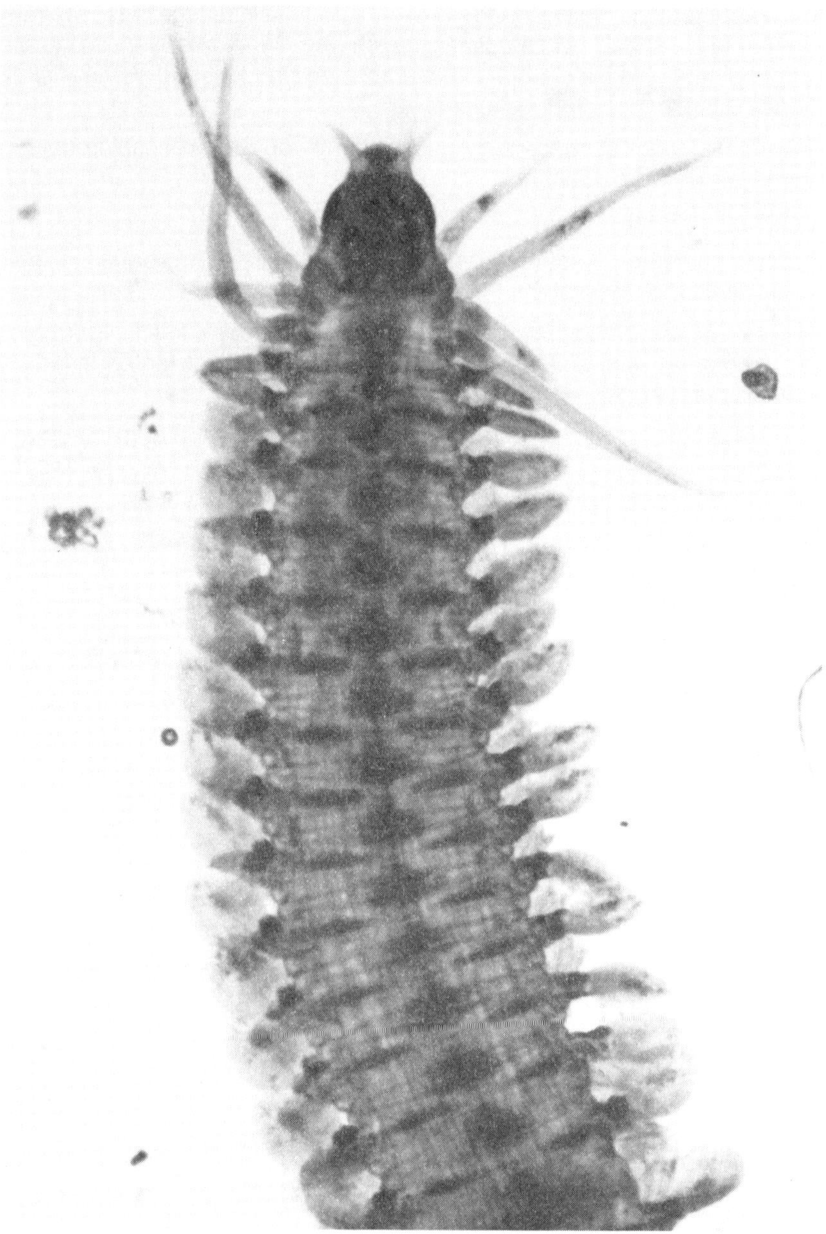

Abb. 43: Vorderer Körperabschnitt des Gefleckten Blattwurmes, Anaitides mucosa (bis 10 cm lang; Foto: Thies).

Beschreibung

Auf dem Wattboden kriechende Blattwürmer heben sich kaum vom Untergrund ab. Die durchscnittlich 7 cm langen und 1 mm dicken, fadenförmigen Tiere sind gelb-grün und durch braune Flecken auf dem Rücken und auf den blattartig erweiterten Stummelfüßen gut getarnt. Unter dem Binokular zählt man bis zu 250 Körpersegmente und am kleinen Kopf 4 Augen, 4 Fühlerpaare und 4 Kopfcirren (Abb. 43).

Nach älteren Literaturangaben ist auch Anaitides mucosa ein häufiger Wattbewohner. Nach neueren Untersuchungen (HÜTTEL 1984) ist die Variationsbreite der zur Differenzierung herangezogenen Merkmale aber so groß, daß eine Unterteilung in zwei Arten nicht gerechtfertigt erscheint.

Nahrungsökologie

Durch Aas, aber auch durch Preßsaft von lebendfrischen Wattieren (z.B. Muscheln, Seepocken) läßt sich der Borstenwurm nach wenigen Minuten aus dem schützenden Boden locken. Der Blattwurm bewegt sich an der Wattoberfläche häufig aus mehreren Metern Entfernung zielgerichtet kriechend auf die Nahrungsquelle zu. Dabei folgt er dem Geruchsgradienten. Beim Aufspüren des Konzentrationsgefälles spielen vermutlich die in den Fühlern liegenden Nervenzellen eine entscheidende Rolle. Die Fühler werden beim Verfolgen der Duftspur seitlich vom Kopf abgespreizt, und der Vorderkörper wird so weit vom Boden abgehoben, daß er seitwärts pendelnde Bewegungen ausführen kann.

Eine Orientierungshilfe bei der Nahrungssuche stellt auch die Schleimspur von Artgenossen dar. Zur Beute führen deshalb nicht selten breite Straßen von Schleimspuren, auf denen viele Tiere neben- und hintereinander kriechen.

An der Beute fressen mehrere Blattwürmer gleichzeitig ohne sich zu stören. Sie sondern bei der Nahrungsaufnahme sehr viel Schleim ab und stoßen unter Kontraktion der ersten Körpersegmente einen unbewaffneten Rüssel (Pharynx) aus. Diesen setzen sie an einer beliebigen Stelle der Beute an und saugen diese durch peristaltische Wellen des Rüssels ein.

Bei einem Freßakt verschlingt ein 20 mg schwerer Blattwurm eine Beute von fast einem Drittel seines Körpergewichts. An der raschen Beseitigung von Aas im Watt hat dieser Borstenwurm hohen Anteil. Nach der Nahrungsaufnahme graben sich Blattwürmer im Umkreis ihrer Beute ein. Ihre oft fleckenhafte Verbreitung ist vermutlich auf dieses Verhalten zurückzuführen.

Im Herbst, wenn die Strandkrabbe, der ärgste Konkurrent von Anaitides, sich ins Sublitoral zurückzieht, und bedeutende Freßfeinde, wie z.B. Einsiedlerkrebs, Garnele und Sandgrundel, ebenfalls das Watt verlassen, wandern viele Blattwürmer zusätzlich in die Gezeitenzone ein. Die Art rückt dann neben den Vögeln zum dominierenden Aasfresser auf (HÜTTEL 1984). Im Winterhalbjahr suchen Blattwürmer auch tagsüber an der Wattoberfläche nach Beute. Bei fehlender Konkurrenz, vermindertem Feinddruck, geringerer Gefährdung durch austrocknende Sonnenstrahlen und reichem Nahrungsangebot können sie in wenigen Monaten zu geschlechtsreifen Tieren heranwachsen.

Fortpflanzung und Entwicklung

Gegen Ende des Winters, noch bevor die Zahl der Konkurrenten und Freßfeinde erneut ansteigt, pflanzt sich der Blattwurm fort. Er erreicht in den Monaten Februar und März das Maximum seiner Masse und Körperlänge. Paarungsbereite Tiere nehmen keine Nahrung mehr auf. Ihr Darm ist verengt, das Muskelgewebe teilweise abgebaut und der Körper mit Geschlechtsprodukten gefüllt.

Die Paarung des Blattwurms findet an der Wattoberfläche in kleinen Wattpfützen statt. Nach Untersuchungen von SACH (1975) leitet das Weibchen das Paarungsspiel zunächst mit einem Männchen ein. Mit dem vom

Abb. 44: Laichbeere des Gefleckten Blattwurmes, bis 2 cm Durchmesser (Foto: Kock).

Weibchen abgegebenen Schleim gelangen Sexuallockstoffe (Pheromone) ins Wasser, die weitere Männchen anlocken. Mehrere Männchen bilden mit dem Weibchen nun ein Tierknäuel. Der vom Weibchen abgegebene Schleim nimmt die Eischnüre und Spermien auf und wächst zu einer 1–2 cm großen Laichbeere heran. Nach 8–10 Minuten haben alle Tiere die grüne, im Boden mit einem Schleimfaden verankerte Laichbeere verlassen (Abb. 44). Im Labor gehaltene Tiere lebten noch mindestens 2 Wochen nach ihrer Fortpflanzung.

Je nach Witterungsbedingungen schlüpfen 2–20 Tage nach der Eiablage die Larven. Sie schwimmen zum Licht und verschwinden deshalb zunächst mit dem Gezeitenstrom aus dem für Planktontiere gefährlichen Wattenmeer. Die Schwimmphase dauert 6–8 Wochen. Ende Mai wandelt sich die Larve in ein 2. Larvenstadium um. In den ersten Juliwochen geht diese Larve unter Umwandlung zum Jungwurm zum Bodenleben über und stellt sich gleichzeitig von Algennahrung auf Fleischnahrung um.

In den letzten Jahrzehnten nahm die Individuenzahl des Gefleckten Blattwurms im Wattenmeer zu. Als Aasfresser profitiert dieser Borstenwurm von der allgemeinen bedrohlichen Entwicklung in der Nordsee und ihren Küstenzonen. Mit dem vermehrten Eintrag von Giften und organischen Sinkstoffen sterben empfindliche Arten ab, verschmutzungstolerante Tiere, wie der Gefleckte Blattwurm und andere Detritus- und Aasfresser, nehmen jedoch zu.

Literatur

HÜTTEL, M. (1984): Zur Ökologie aasfressender Wattbewohner. Untersuchungen an Carcinus maenas und Anaitides maculata. Diplomarbeit, Universität Kiel.

SACH, G. (1975): Zur Fortpflanzung des Polyachaeten Anaitides mucosa. Marine Biology 31, 157–160.

Schillernder Seeringelwurm (Nereis diversicolor)

Hans Ulrich Meyer

Der Schillernde Seeringelwurm kommt an den Küsten des Nordatlantik und seiner Randmeere regelmäßig vor. Mittelmeer, Schwarzes Meer und Kaspisches Meer (dort ausgesetzt) gehören ebenso zu seinem Verbreitungsgebiet wie Nord- und Ostsee; dort dringt die Art bis in den Finnischen und Bottnischen Meerbusen vor. Erwachsene Tiere überleben sogar im Süßwasser der Flußmündungen.

Im Wattenmeer tritt Nereis diversicolor in allen Bereichen auf: Schlick- und Sandwatten, an sekundären Hartsubstraten zwischen der Epifauna oder in Steinritzen und in Muschelbänken, ja sogar in den unteren Salzwiesenbereichen. Während Jungtiere weitverteilt vorkommen, leben größere Exemplare bevorzugt in schlickigen Watten des oberen Gezeitenbereiches. Daher finden sich in Landnähe die größten Siedlungsdichten. Da die Art weitgehend unempfindlich gegenüber organisch belasteten Abwässern ist, tritt sie auch regelmäßig in stark verschmutzten Küstengewässern und in Abflußbereichen von Kläranlagen auf. Die Vertikalverbreitung reicht vom obersten Eulitoral bzw. unteren Supralitoral bis in etwa 30 m Tiefe.

Beschreibung

Nereis diversicolor gehört zur Ordnung der erranten Polychaeten, die überwiegend frei beweglich leben und über die ganze Körperlänge ähnlich gebaute Segmente aufweisen (Abb. 45). Die Tiere werden bis zu 20 cm,

Abb. 45: Schillernder Seeringelwurm, Nereis diversicolor (Foto: Fiedler).

meist aber nur bis 10 cm lang und haben dann bis zu 120 Segmente. Diese tragen jeweils ein Paar gut ausgebildete Scheinfüßchen (Parapodien) mit großen Bauch- und Rückenlappen sowie deutlich sichtbaren Borsten. Kiemenbüschel fehlen bei dieser Art, da die Atmung durch Kapillarnetze

Abb. 46: Kopf des Schillernden Seeringelwurmes mit eingezogenem Rüssel (aus HARTMANN-SCHRÖDER). Charakteristisch sind 4 trapezförmig angeordnete Augen und 8 Cirren.

erfolgt. Das Hinterende trägt zwei fadenförmige Anhänge. Am vordersten Segment („Kopf") sitzen 8 fädige Cirren (Abb. 46). Die kräftigen Kieferzangen sind nur bei ganz ausgestülptem Rüssel sichtbar und tragen je 5 bis 8 Zähne.

Die Färbung ist sehr variabel (siehe Artname „diversicolor"): gelblich-grünlich-orangerot. Deutlich scheint das rote Rückengefäß auf der ganzen Körperlänge durch die Haut. Die reifen Männchen fallen durch eine hell-grasgrüne, die reifen Weibchen durch eine dunkelgrüne Farbe mit rötlichem Pigment auf. Die Variabilität der Färbung beruht auf einem wechselnden Anteil grüner (gallenähnliche Farbstoffe, Biliverdine, Abbauprodukte des Hämoglobin), gelboranger und brauner (Carotinoide) Pigmente. Die Grünfärbung in der Reproduktionsphase beruht auf vermehrtem Hämoglobin-Abbau und einem gleichzeitigen Verschwinden der Carotinoide.

Neben dem Schillernden Seeringelwurm kommt im Schlick des oberen Sublitoral, z.B. in Muschelbänken, gelegentlich der Grüne Seeringelwurm (Nereis virens) vor. Er wird bei Fingerdicke 20, gelegentlich bis zu 90 (!) cm lang. Der Körper trägt um 200 Segmente und ist etwas abgeflacht. Auffallend ist die grüne bis bläulich schillernde Färbung.

Bewegung

Hauptsiedlungsraum ist das Schlickwatt des oberen Eulitoral. Hier findet man die verzweigten Gangsysteme der Seeringelwürmer in großer Zahl. Von einem senkrechten, bis in 30 cm Tiefe reichenden Gang zweigen in 5 bis 25 cm Tiefe mehrere Gänge in unregelmäßiger Folge seitlich ab, die wiederum Ausgänge an die Oberfläche besitzen können. Bei Frost ziehen sich die Würmer sogar bis zu 40 cm in den Boden zurück. Die Gänge sind stark gewunden und durchdringen benachbarte Gangsysteme. Daher ist es fast unmöglich, das Gangsystem eines Wurmes zu erfassen. Auch kann nicht aus der Zahl der oberflächlichen Öffnungen auf die Siedlungsdichte geschlossen werden, da ein Gangsystem mehrere Ausgänge aufweist. Die Gänge besitzen einen Durchmesser von 3 bis 7 mm; ihre Wände sind mit Schleim verfestigt und von einem hellen Eisenhydroxidmantel umgeben, was auf die Zufuhr von sauerstoffreichem Wasser zum Atmen hinweist. Um die Öffnung finden sich oft sternförmige Kriech- und Fraßspuren.

Für Wanderungen und zur Nahrungssuche verläßt der Seeringelwurm sein Gangsystem. Er bewegt sich dann im Gegensatz zum Wattwurm schlängelnd vorwärts, unterstützt durch die einzeln beweglichen, abgespreizten Parapodien. Daher ist die Längsmuskulatur sehr viel stärker als die Ringmuskulatur ausgebildet. Schwimmbewegungen erfolgen ebenfalls schlängelnd. Der Kopf ragt dabei schräg nach oben, der Hinterleib schleift auf dem Boden. Zum Eingraben wird der Rüssel teilweise ausgestülpt; anschließend wird der Körper, unterstützt durch Parapodien-Bewegungen, nachgezogen. Verläßt der Seeringelwurm nur kurzzeitig sein Gangsystem, so kriecht er bei Störungen schnell auf seiner eigenen Schleimspur zur Öffnung zurück.

Seeringelwürmer besitzen 4 trapezförmig angeordnete Blasenaugen am Kopflappen. Außerhalb des Wattbodens verhält sich die Art bei starker Bestrahlung negativ phototaktisch. Chemische Sinne sind vor allem auf den Kopfcirren lokalisiert, kommen aber wohl überall auf der Körperoberfläche vor. Desgleichen sind zu Tastzellen umgeformte Epidermiszellen auf dem ganzen Körper verteilt.

Atmung, Blutkreislauf

Die Gattung Nereis besitzt keine Außenkiemen an den Parapodien. Für den Grünen Seeringelwurm N. virens ist der Atmungsvorgang genauer untersucht; er dürfte dem des Seeringelwurmes entsprechen. Durch eine schlängelnde Bewegung des Wurmes (Irrigation) wird sauerstoffreiches Wasser in das Gangsystem gebracht. Das Hämoglobin kann 11,5 ml Sauerstoff pro 100 ml Blut aufnehmen, was für Wirbellose einen sehr hohen Wert darstellt (bei Wirbeltieren liegen die Werte höher: Mensch 21 ml/100 ml, Pottwal 30 ml/100 ml). Zudem besitzt das Blut eine hohe Sauerstoffaffinität, in kurzer Zeit können 25 bis 75 % des im Wasser gelösten Sauerstoffes aufgenommen werden. Dies geschieht über ein Kapillarnetz in den Parapodien, in das sauerstoffarmes Blut von den Rückengefäßen gepumpt wird (Abb. 47). Das sauerstoffreiche Blut wird nun über das Rückengefäß nach vorne transportiert und in den Segmenten verteilt. Die Bewegung des Hautmuskelschlauches unterstützt die Strömung der Coelomflüssigkeit. Die Irrigationsbewegungen enden, wenn der Sauerstoffpartialdruck des Blutes dem des Atemwassers angeglichen ist. Er setzt nach 20 bis 30 Minuten erneut ein. Bei Nereis virens scheinen kurz nach der Sauerstoffaufnahme die vergrö-

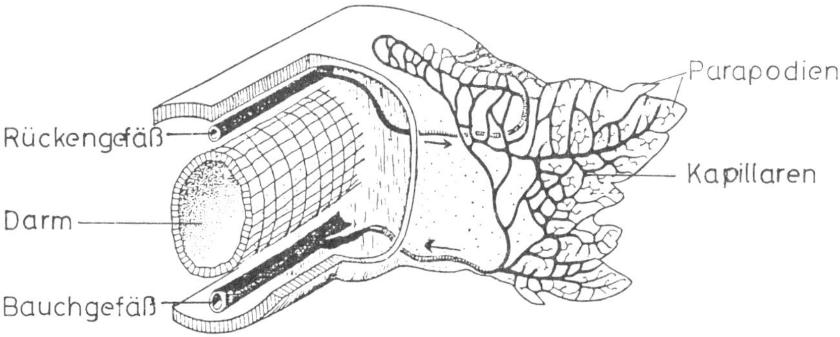

Abb. 47: Kapillarnetz im Parapodium eines Seeringelwurmes zur Verbesserung der Sauerstoffaufnahme (aus KÄSTNER, vereinfacht). BG Bauchgefäß, D Darm, K Kapillaren, RG Rückengefäß, P Parapodium; Pfeile: Fließrichtung des Blutes.

ßerten Rückenlappen der Parapodien deutlich rot; mit der Verringerung des Sauserstoffgehaltes im Blut erblassen sie allmählich.

Ernährung

Der Seeringelwurm ist bevorzugt ein „deposit feeder", kann jedoch als Allesfresser gelten. Fast das gesamte potentiell erreichbare Nahrungsspektrum wird von dieser Art genutzt; begrenzend scheint lediglich die Brockengröße zu sein. So werden aus Freilandbeobachtungen, Magenuntersuchungen und Fütterungsversuchen genannt: Detritus und anorganische Sedimentpartikel, Würmer, Krebse und andere Tiere der Meiofauna (Tiere unter 1 mm Größe), im Versuch alle Sorten von Fleisch, Aas, kleinere Würmer der Makrofauna, Bestandteile der Mikroflora (marine Hefen), Pflanzendetritus und Algenstücke bis 5 mm Größe. Vermutlich nimmt der Seeringelwurm auch direkt gelöste organische Moleküle (Aminosäuren und Zucker) auf. Bei Nereis virens kann diese Nahrungsquelle zeitweise 16 % der Stoffwechselenergie liefern, namentlich während der Jugendstadien.

„Deposit feeding" wird unter Wasserbedeckung ebenso wie zur Trockenliegezeit betrieben. Der Wurm kriecht mit seinem Vorderkörper aus der Gangmündung hervor und frißt das Sediment mitsamt den darin enthaltenen Organismen, wie Diatomeen und Meiofauna im Umkreis von einigen cm. Dabei entstehen sternförmige, aber im Gegensatz zur Pfeffermuschel verzweigte Fraßspuren. Käfigexperimente ergaben, daß hierbei Turbellarien, Nematoden und kleine Muschelbrut bevorzugt werden, während kleine Wattschnecken (Hydrobia sp.) und andere Polychaeten kaum gefressen werden. Allerdings werden junge Arenicola wiederum verstärkt aufgenommen. Der Freßvorgang erfolgt durch Ausstülpen des Rüssels (Abb. 48); hierbei klappen gleichzeitig die kräftigen Kieferzangen aus; sie dienen zum Zerkleinern größerer Brocken. Die Nahrungsteile werden dann verschlungen. Bei Gefahr (Erschütterung, Beschattung) zieht sich der Wurm blitzschnell in seine Röhre zurück.

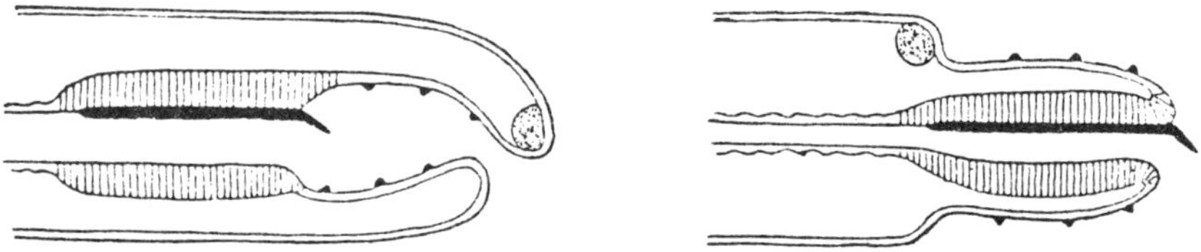

Abb. 48: Rüssel des Seeringelwurmes (schematisch, aus KÄSTNER). Links in Ruhelage, rechts ausgestülpt. Schraffiert: Muskulatur, schwarz: Zähne der Kieferzangen, punktiert: Gehirn.

„Suspension feeding": In der Nähe der Öffnung spannen die Seeringelwürmer in der Röhre ein feines Netz. Zunächst werden Sekretfäden durch Verdickung der 6. bis 11. Segmente, an denen sich Spinndrüsen befinden, an der Wand des Ganges befestigt. Durch allmähliches Rückwärtskriechen wird ein feinmaschiges Netz von etwa 20 mm Länge gesponnen. Dieser Vorgang dauert nur ein bis zwei Minuten. Anschließend wird zwei bis sechs Minuten lang durch Schlängelbewegungen ein Irrigationsstrom erzeugt (siehe auch Atmung), wobei im Wasser schwebende Partikel (Plankton, Seston) im Netz haften bleiben. Schließlich wird durch Aufwärtskriechen das Netz mitsamt den eingefangenen Partikeln unter Zuhilfenahme der Kiefer verschlungen. Es kann sich sofort ein erneuter Netzbau anschließen. Grundsätzlich werden die Netze aber nur gebaut, wenn suspendiertes Material vorhanden ist. Die Vorgänge lassen sich gut in Aquarien mit Glasröhrchen beobachten.

Räuber und Aasfresser: Der Seeringelwurm sucht lebende Kleintiere oder Aas nicht gezielt auf, sondern findet diese Beute eher zufällig im Umkreis der Gangöffnung. Sie werden mit den Kieferzangen festgehalten und in den Gang gezogen; dort werden sie verschlungen. Entsprechendes gilt für kleine Algenstückchen.

Aufgrund dieser vielfältigen Fähigkeiten des Nahrungserwerbes kann sich der Seeringelwurm rasch auf das jeweilige Angebot einstellen. Dies ist ein gutes Beispiel von im Wattenmeer weit verbreiteten opportunistischen Überlebensstrategien; Nahrungsopportunismus sichert eine optimale Nutzung der jeweiligen Ressourcen.

Osmoregulation und Exkretion

Nereis diversicolor ist eine euryhaline Art, die in weiten Salzgehaltsbereichen existieren kann: Nachgewiesen wurde ein Überleben sowohl vorübergehend in bis zu 139 ‰ Salzgehalt als auch in reinem Süßwasser. Reproduktion ist noch bei wenigen Promille Salzgehalt möglich (Finnischer Meerbusen). Allerdings sind Larven- und Jugendstadien generell empfindlicher und dringen nicht unter 5 ‰ vor.

Bei vollmarinen Salzgehalten besteht eine passive osmotische Angleichung, so daß Außenmedium und Körperflüssigkeit die gleiche Konzentration besitzen. Daher ergibt sich bei Überführung eines Wurmes von Wasser mit normalem auf deutlich verringerten Salzgehalt zunächst eine Volumenzunahme: Durch Aufnahme von Wasser wird die Konzentration der Körperflüssigkeit verringert und dem Außenmedium angepaßt. Erst nach einigen Stunden verringert sich dann das Volumen der Tiere wieder durch aktive, energieverzehrende Ausscheidung. Tiere, die an Brackwasser unter 5 ‰ adaptiert sind, besitzen eine hypertonische Osmoregulation. Dabei fällt die osmotisch wirksame Konzentration der Körperflüssigkeit nicht unter Werte, die etwa 7 ‰ Salzgehalt entsprechen. Somit liegt die Konzentration der Körperflüssigkeit bei geringen Salzgehalten deutlich über der des umgebenden Wassers. Dies setzt eine Fähigkeit zur aktiven Veränderung der Permeabilität der Außenhaut voraus. Beim Seeringelwurm ist dies ebenso wie bei vielen anderen marinen Wirbellosen nachgewiesen; so werden gezielt Natrium- und Chloridionen vor anderen Ionen aufgenommen. Durch die aktive Regelung des Innenmediums wird die aufgenommene Menge Sauerstoff vergrößert, was die Stoffwechselintensität erhöht. Die Fähigkeit zur aktiven Osmoregulation ist temperaturabhängig. Bei Temperaturen um den Gefrierpunkt wirken sehr niedrige Salzgehalte tödlich. Bei niedrigen Salzgehalten wird durch die segmental angeordneten Nehphridien (Ausscheidungstrichter, die in die Segmente der Leibeshöhle reichen) ein hypotonischer Urin ausgeschieden. Dadurch wird eine minimale Ionenkonzentration im Innenmedium aufrechterhalten.

Fortpflanzung

Seeringelwürmer sind getrenntgeschlechtlich. Die Geschlechter können während der Fortpflanzungszeit gut an der unterschiedlichen Grünfärbung (s.Beschreibung) unterschieden werden. Sie bilden im Gegensatz zu einigen nahe verwandten Arten keine Heteronereis-Form aus (das nur mit Geschlechtszellen gefüllte Hinterende der Tiere schnürt sich dann ab, bildet Parapodien und Vorderteil um und schwimmt selbständig frei im Wasser). Nur 10 bis 40 % der Tiere sind Männchen.

Die Fortpflanzungszeit beginnt im Wattenmeer bei Wassertemperaturen um 5 Grad im Februar/März und zieht sich bis in den Sommer hin. Da nur 10 bis 40 % der Tiere Männchen sind, müssen die Weibchen die Männchen meist aktiv aufsuchen. Beide umschlingen sich zu Knäulen und scheiden Eizellen bzw. Sperma ab, wobei das Ausstoßen der Samenzellen erst durch das Vorhandensein der Eizellen induziert wird. Meist erfolgt die Eiablage in den Wohngängen, gelegentlich auch auf dem Sediment. Die Weibchen sterben bald nachdem sie gelaicht haben, die Männchen und die nicht zur Fortpflanzung gelangten Weibchen wachsen noch über den Sommer, überleben aber den nächsten Winter nicht mehr.

Die Trochophora-Larve hat nur einen schwach ausgeprägten Wimpernkranz und ist 0,25 mm groß; sie geht nicht ins Plankton, sondern wird auf dem Boden verdriftet. Nach der Metamorphose besiedeln die anfänglich 0,5 cm langen Jungwürmer alle Wattgebiete; bevorzugt treten sie in unteren Gezeitenbereichen nahe der NW-Linie auf. Sie wechseln während des Heranwachsens bis zum Herbst mehrfach den Aufenthaltsort. Daher sind regelmäßig Kleinwürmer bis zu 1,5 cm Länge im bodennahen Plankton anzutreffen. Die Überwinterung erfolgt überwiegend in den landnahen, hochgelegenen Schlickwatten. Im kommenden Frühjahr erfolgt die Reproduktion, so daß die Tiere gut ein Jahr alt werden.

Feinde, Stellung in der Nahrungskette

Die Siedlungsdichte des Seeringelwurmes beträgt je nach Sediment und Gezeitenbereich einige hundert bis wenige tausend Tiere pro Quadratmeter. Diese Zahlen schwanken über die Jahre im allgemeinen nicht so stark wie die anderer Wirbelloser. Die Art ist mit durchschnittlich 5 % (1,4 g aschefreies Trockengewicht pro Quadratmeter) an der gesamten Biomasse des Makrobenthos des Wattenmeeres beteiligt. Aufgrund der hohen Reproduktionsrate und des schnellen Wachstums beträgt die Produktion 2,8 g afTG pro m^2 und Jahr, was 5 bis 10 % der Makrobenthosproduktion ausmacht. Daher nimmt der Seeringelwurm eine wichtige Stellung in den Nahrungsbeziehungen des Wattenmeeres ein.

Hauptfreßfeinde sind bei Niedrigwasser Vögel (vor allem langschnäbelige Limikolen und der Alpenstrandläufer), bei Hochwasser Strandkrabben und Fische. Besonders für die O- und I-Gruppen der Plattfische (Scholle, Flunder, Seezunge) stellt der Seeringelwurm eine wichtige Nahrungsquelle dar. Eine direkte Nutzung durch den Menschen besteht nicht, wenn man einmal von gelegentlicher Verwendung als Angelköder absieht.

Literatur

DALES, R.P. & G.Y. KENNEDY (1954): On the diverse colours of Nereis diversicolor. J. mar. biol. Ass. U.K. 33, 699-708.

DANKERS, N., H. KÜHL & W.J. WOLFF (1981): Invertebrates of the Wadden Sea. Report 4 / Wadden Sea Working Group. Rotterdam (Balkema).

GOERKE, H. (1966): Nahrungsfiltration von Nereis diversicolor O.F. MUELLER (Nereidae Polychaeta). Veröff. Inst. Meeresforsch. Bremerhaven 10, 49–58.

GOERKE, H. (1971): Die Ernährungsweise der Nereis-Arten (Polychaeta, Nereidae) der deutschen Küsten. Veröff. Inst. Meeresforsch. Bremerhaven 13, 1–50.

HARTMANN-SCHRÖDER, G. (1971): Polychaeta. In: DAHL, Die Tierwelt Deutschlands. Stuttgart (Fischer).

KÄSTNER, A. (1969): Lehrbuch der speziellen Zoologie. Jena (Fischer).

MEYER, H.U. (1985): Schulbiologische Untersuchungen im Wattenmeer. IPTS-Beiträge für Unterricht und Lehrerfortbildung Nr. 21. Kiel.

REISE, K. (1985): Tidal flat ecology. Berlin u.a.O. (Springer).

VERNBERG, W.B. & F.J. VERNBERG (1972): Environmental Physiology of Marine Animals. Berlin u.a.O. (Springer).

Opalwurm (Nephthys hombergii)

Hans Ulrich Meyer

Der Opalwurm besitzt 60 bis 200 Segmente und wird bis 10 (selten bis 20) cm lang. Der Querschnitt des Tieres ist fast rechteckig. Das vorderste Segment ist pentagonal geformt und doppelt so lang wie breit; es trägt zwei kurze cirren- bis kegelförmige Antennen (Abb. 49). An den im Vergleich zum Seeringelwurm kleinen Scheinfüßchen (Parapodien) der Segmente sitzen jeweils zwei lappenförmige Anhänge, von denen der bauchseitige deutlich größer ist. Der Opalwurm ist rosa- bis fleischfarben und perlmuttartig schillernd (opaleszierend, Name!); die Kiemen an den Scheinfüßchen sind rot. Wesentliche Unterschiede zum Seeringelwurm sind Körperfarbe, kurze Kopfanhänge, kleinere Parapodien und die „hektische" Bewegungsweise außerhalb des Sedimentes.

Der Opalwurm kommt auf der gesamten östlichen Seite des Atlantik zwischen Barents-See und Südafrika, also auch in der Nordsee, vor. In der Ostsee dringt er bis in die Lübecker Bucht vor. Die vertikale Verbreitung reicht vom Eulitoral bis in etwa 400 m Tiefe. Im Watt besiedelt er Gezeitenbereiche mit längerer Wasserbedeckungszeit.

Die Art ist in mittel- bis feinsandigen Sedimenten sowie in Schlick und in Seegraswiesen anzutreffen. Die Tiere wühlen in 5 bis 20 cm Tiefe lockere,

Abb. 49: Opalwurm, Nephthys hombergii (bis 10, selten bis 20 cm lang) (Foto: Archiv NPA/Schwarzbach).

wenig haltbare und sehr weitläufige Gangsysteme, kriechen aber zeitweise auch an der Oberfläche. Sie können mit schnellen, charakteristisch schlängelnden Bewegungen gut schwimmen. Besonders in einer Schale fallen die vergleichsweise „hektischen" Bewegungen bei gleichzeitigem Vorschnellen des Rüssels auf.

Nephthys ernährt sich räuberisch von anderen kleinen Würmern, von Kleinkrebsen und von jungen Schnecken und Muscheln, die mit den kräftigen Kieferzangen erbeutet werden. Trotz der relativ geringen Siedlungsdichte (um 20 Ex./m^2) ist er ein bedeutender Räuber der Wirbellosenfauna. Auch Aas, Diatomeen, Detritus und Sand werden aufgenommen.

Die Fortpflanzung findet hauptsächlich im Mai/Juni statt. Die Tiere sind getrenntgeschlechtlich und laichen schwimmend im freien Wasser ab. Die planktischen Trochophora-Larven zeigen drei grüne Pigment-Ringe am Hinterende. Mit etwa 8 Segmenten gehen die Larven wieder zum Bodenleben über.

Literatur

HARTMANN-SCHRÖDER, G. (1971): Polychaeta. In DAHL, Die Tierwelt Deutschlands. Stuttgart (Fischer).

REISE, K. (1985): Tidal flat ecology. Berlin u.a.O. (Springer).

Kiemenringelwurm (Scoloplos armiger)

Hans Ulrich Meyer

Dieser Borstenwurm tritt in geeigneten Lebensräumen stetig auf, wird jedoch wegen seiner geringen Größe und dem Fehlen von Siedlungsspuren an der Oberfläche oft übersehen.

Der Kiemenringelwurm ist fadenförmig dünn und wird bis etwa 10 cm, meist nur um 5 cm lang. Die Farbe geht von orange am Vorderende über in rot am Hinterende; in Siebproben können leicht abreißende Hinterenden mit dem dunkelroten, fadenförmigen Heteromastus-Wurm verwechselt werden. In einer Schale mit Wasser „knäult" sich Scoloplos zusammen (Abb. 50). Der Körper besteht aus etwa 200 Segmenten. Die vorderen 20 sind abgeflacht und tragen kleine Borsten. Etwa vom 10. Segment an sitzen seitlich deutlich sichtbare, längere Kiemen, die mit den Borsten zum Körperende hin auf der Rückenseite liegen (daher auch der deutsche Name). Am Hinterende sitzen zwei lange Fäden.

Abb. 50: Kiemenringelwurm, Scoloplos armiger (bis 10 cm lang, aus REISE).

Scoloplos ist Ubiquist. Die vertikale Verbreitung reicht vom Eulitoral bis in die Tiefsee. Die Art ist nicht so tolerant gegenüber Salzgehaltsschwankungen wie viele andere Borstenwürmer des Wattenmeeres. Deshalb werden wassergesättigte Böden des unteren Eulitoral mit kürzerer Trockenliegezeit bevorzugt besiedelt. In der offenen Nordsee kommt Scoloplos in sandigen wie schlickigen Sedimenten gleichermaßen vor, teilweise sogar in der Reduktionszone. Im Watt liegt die Hauptverbreitung in wenig schlickigen Böden mit stärkerer Umlagerung und guter Sauerstoffversorgung. Die Siedlungsdichten schwanken sehr stark; in optimalen Habitaten liegen sie bei einigen 1 000 Ind./m^2.

Der Kiemenringelwurm baut in den oberen 10 bis 15 cm des Sedimentes Gänge, die mit einer feinen Schleimhülle umkleidet sind. Meist sind diese aber wenig stabil. Die Art ist ein nicht-sortierender „deposit-feeder"; Hauptnahrung sind die abbauenden Bakterien des Sedimentes.

Die Fortpflanzungszeit liegt in den Monaten März bis Mai. Die Weibchen geben je nach Alter 90 bis über 5 000 Eier in einen bis 2 cm großen, birnenförmigen Kokon; ein Weibchen produziert mehrere solcher braunroter gallertiger Laichballen. Die Larven entwickeln ihren Wimperngürtel im Kokon und verlassen diesen abhängig von der Wassertemperatur nach 10 bis 26 Tagen. Eine Planktonphase fehlt; die schlüpfenden Jungtiere sind etwa 1 mm lang, besitzen 9 Segmente und zwei rote Augen. Fünf Tage später, mit 12 Segmenten, beginnen sie selbständig im Boden zu fressen.

Scoloplos unterliegt einem starken Freßdruck; neben Fischen spielen vor allem der räuberisch lebende Opalwurm und kleinere Strandkrabben eine Rolle als Konsument.

Literatur

HARTMANN-SCHRÖDER, G. (1971): Polychaeta. In DAHL, Die Tierwelt Deutschlands. Stuttgart (Fischer).

REISE, K. (1985): Tidal flat ecology. Berlin u.a.O. (Springer).

Pygospio-Wurm (Pygospio elegans)

Hans Ulrich Meyer

Pygospio ist ein Vertreter der Spioniden, einer Polychaetenfamilie, von der etwa ein Dutzend Arten im Wattenmeer anzutreffen sind. Pygospio elegans ist die häufigste dieser Arten und tritt in geeigneten Habitaten in sehr hohen Siedlungsdichten auf. Er fällt aufgrund seiner geringen Größe allerdings kaum auf. Die „rasenartigen", eng stehenden kleinen Röhren werden an Prallhängen von Prielen oft freigespült. Daher stammt auch der gelegentlich verwendete deutsche Name „Rasenringelwurm" (Abb. 51).

Pygospio ist bis zu 15 mm lang und besitzt etwa 60 Segmente. Charakteristisch für die Familie der Spioniden sind zwei Kopftentakel, die annähernd halb so lang wie der Körper sind. Borsten und Kiemen sind unscheinbar; am Hinterende sitzen vier kleine zapfenförmige Anhänge (Abb. 52).

Pygospio ist im Nordatlantik weit verbreitet und kommt in Südafrika vor. In die Ostsee und in Flußmündungen dringt die Art bis zu Süßwasserbedingungen entsprechenden Salzgehalten von 3 ‰ ein. Die Art stellt keine besonderen Ansprüche an das Substrat; sie besiedelt sandige und schlickige Watten gleichermaßen und ist sogar auf Faulschlamm anzutreffen. Allerdings werden feinere, lagestabile Sedimente mit höherem Detritus- und Diatomeen-Anteil bevorzugt. Dann siedeln gelegentlich über 100 000 Tiere pro m^2. Die Siedlungsdichte schwankt allerdings sehr stark.

Pygospio bewohnt senkrecht im Boden stehende, etwa 1 mm dicke und bis zu 60 mm lange schlauchartige Röhren, die aus mittels Sekret zusammengeklebten Sandkörnern bestehen. Sie haben eine große Festigkeit, so daß

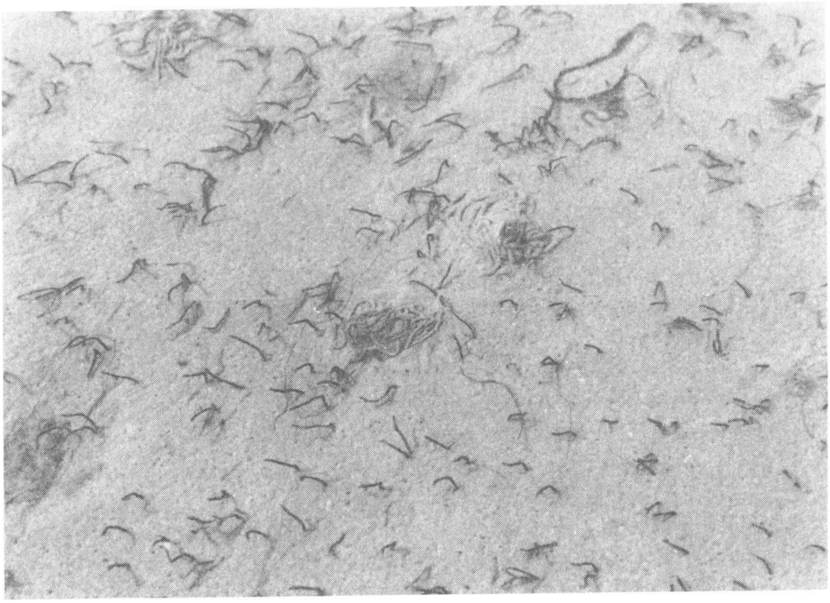

Abb. 51: Freigespülte Röhren des Pygospiowurmes. Die rasenartig dichte Besiedlung ist in Erosionsbereichen, wie Prielkanten, gut zu erkennen (Foto: Kock).

sie beim Freispülen erhalten bleiben. Die Röhren sind gegabelt; ein Wurm besitzt daher mehrere Ausgänge. In dichten Beständen wird das Sediment durch die Röhren stabilisiert, was wiederum das Vorkommen vieler kleiner Bodentierarten fördert. Andererseits behindern solche Arten, die das Sediment durch Bewegungen oder Freßtätigkeit umlagern, wie die Herzmuschel oder der Wattwurm, das Vorkommen von Pygospio.

Pygospio ist überwiegend „deposit-feeder". Der Wurm kommt mit seinem Vorderkörper aus der Röhre und tastet die Sedimentoberfläche in seiner Umgebung mit den langen Tentakeln ab. Diatomeen, Detritus und Algenreste werden auf einer Wimperrinne der Tentakel zur Mundöffnung geführt. Zusätzlich kann er das Plankton im herbeigestrudelten Atemwasser filtrieren. Pygospio steht mit seiner Ernährungsweise in Konkurrenz zur Plattmu-

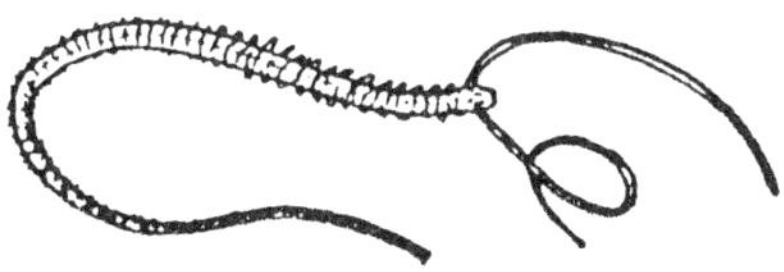

Abb. 52: Pygospiowurm, Pygospio elegans (bis 1,5 cm lang, aus REISE).

schel (Macoma balthica), die ihre Nahrung durch Pipettieren von der Substratoberfläche gewinnt. Die Anwesenheit dieser Muschel hemmt deshalb das Vorkommen von Pygospio.

Die Fortpflanzung erfolgt von Februar bis September mit einem Maximum in den Sommermonaten. Die Weibchen legen in ihren Gängen eine zusammenhängende Kette von bis zu 16 Eikapseln mit je etwa 80 Eiern ab. Nach dem Schlüpfen gehen die Larven zunächst ins Plankton über und setzen sich dann mit 17 bis 20 Segmenten und 1,6 mm Länge wieder am Boden fest. Die Lebensdauer von Pygospio beträgt ein Jahr. Aus Laborbeobachtungen sind auch Populationen bekannt, die sich durch Zerfall des Körpers in mehrere Einzeltiere vermehren.

Pygospio hat aufgrund seiner geringen Größe keinen großen Anteil an der Gesamtbiomasse des Wattbodens. Wegen seiner sehr hohen Bestandsdichte, der hohen Reproduktionsrate und der weiten planktischen Verbreitung kann er jedoch sehr schnell große Flächen besiedeln. Diese Eigenschaften zeichnen die Art als typischen Vertreter einer opportunistischen Überlebensstrategie aus, die unter den oft extremen Lebensbedingungen des Wattenmeeres häufig anzutreffen ist. Pygospio dürfte eine Rolle als Nahrung junger Schollen (O-Gruppe), junger Strandkrabben und Nordseegarnelen spielen.

Literatur

HARTMANN-SCHRÖDER, G. (1972): Polychaeta. In: DAHL, Die Tierwelt Deutschlands. Stuttgart (Fischer).

REISE, K. (1985): Tidal flat ecology. Berlin u.a.O. (Springer).

Kotpillenwurm (Heteromastus filiformis)

Hans Ulrich Meyer

Heteromastus ist sehr lang (bis 10cm) und sehr dünn (bis 1 mm). Die Tiere zerreißen leicht; daher erhält man sie kaum unversehrt aus Grab- oder Siebproben (Abb. 53). Außerhalb des Sedimentes ringeln sie sich knäulig zusammen. Heteromastus besitzt über 150 Segmente mit nur mikroskopisch erkennbaren Borsten. Der Vorderkörper ist rot, zum Hinterende geht die Färbung in gelbliche bis grün-bräunliche Töne über.

Heteromastus kommt im Nordatlantik und Nordpazifik vom Eulitoral bis zur Tiefsee vor. Er dringt weit in die brackigen Flußmündungen und in die Ostsee bei einem minimalen Salzgehalt von 8 ‰ vor. Die Art verträgt starke Verschmutzung. Im Watt besiedelt Heteromastus das gesamte Eulitoral, ist aber fast ausschließlich in schlickigen Sedimenten anzutreffen. Höchste

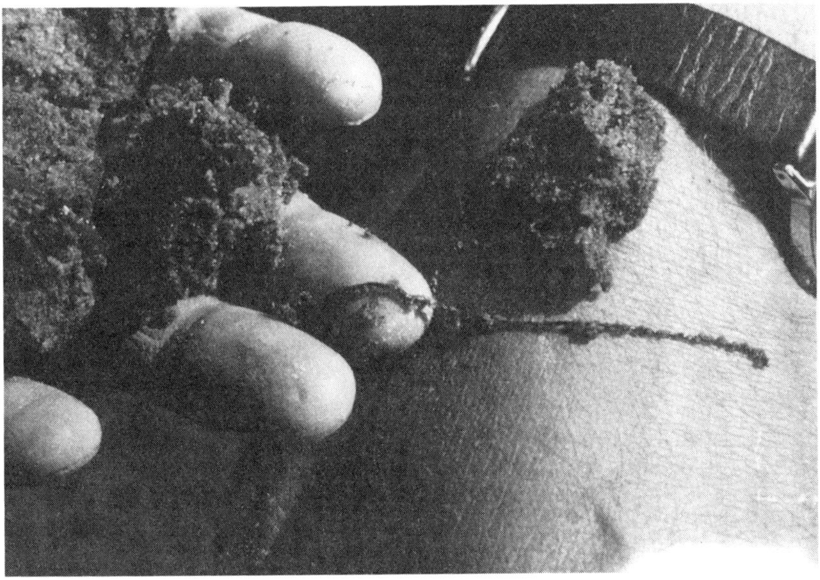

Abb. 53: Kotpillenwurm; die fadenförmigen bis 10 cm langen Tiere zerreißen leicht beim Ausgraben (Foto: Kock).

Siedlungsdichten finden sich in zugeschlickten Prielen und im Schlick von Miesmuschelbänken mit bis zu 7 000 Ind./m^2.

Heteromastus legt feine Gänge im Sediment an, die durch ihre Schleimhülle eine gewisse Festigkeit besitzen. Das Hinterende des Wurmes mit den Kiemen bleibt relativ dicht unter der Sedimentoberfläche in einer senkrecht angelegten Atemhöhle. Bei Flut wird es hinausgeschoben. Der Wurm erzeugt also keinen Atemwasserstrom, daher besitzen die Gänge auch keine helle Oxidationshülle. Von der 10 bis 20 cm tiefen Atemhöhle, die auch zur Kotabgabe dient, zweigen unregelmäßig und unbeständig waagerechte Freßgänge ab. Heteromastus ist ein „deposit feeder", der unselektiv Sediment der Reduktionszone aufnimmt und die Mikroorganismen verdaut. Die unverdaulichen Partikel durchwandern in Form dunkler Pillen, äußerlich mit der Lupe deutlich erkennbar, den Darm. Sie werden in Form von schwarzen Pillenschnüren (Name!) abgegeben. Diese wenige mm großen schwarzen Häufchen treten in schlickigen Watten in großer Dichte an der Oberfläche auf (Abb. 54).

Heteromastus besitzt als Bewohner der Reduktionszone Hämoglobin mit einer besonders großen Sauerstoffaffinität. Das Atempigment ist vermutlich in der Lage, Schwefelwasserstoff zu oxidieren und damit zu entgiften.

Abb. 54: Kothäufchen des Kotpillenwurmes; die dunkle Farbe zeigt an, daß die Tiere in der sauerstoffarmen Reduktionszone leben (Foto: Kock).

Heteromastus ist wie die meisten Borstenwürmer getrenntgeschlechtlich. Die Weibchen geben im Februar/März, in erbsengroßen, gestielten, gelblichen Laichballen an ihrer Gangöffnung mehrere hundert Eier ab. Die Kokons sind oft mit Substratpartikeln besetzt. Nach zwei bis drei Tagen schlüpfen die Trochophora-Larven. Sie sind 0,15 mm groß, transparent und tragen grasgrüne Chromatophoren sowie zwei rote Augen. Mit einer Größe von 0,5 mm gehen die Larven nach der Metamorphose zum Bodenleben über. Die Jungtiere haben zuerst nur 12 Segmente.

Käfigversuche, bei denen Freßfeinde ausgeschlossen wurden, ergaben im Gegensatz zu anderen Tierarten des Wattbodens keine Steigerung der Siedlungsdichte. Da Heteromastus tief im Boden lebt, verändert sich sein Bestand durch Freßfeinde kaum. Lediglich der räuberisch im Boden lebende Opalwurm frißt Heteromastus. Bei Wasserbedeckung werden gelegentlich die Hinterenden des Wurmes von Fischen oder Krebsen abgebissen, regenerieren sich dann aber wieder.

Literatur

HARTMANN-SCHRÖDER, G. (1972): Polychaeta. In: DAHL, Die Tierwelt Deutschlands. Stuttgart (Fischer).

REISE, K. (1985): Tidal flat ecology. Berlin u.a.O. (Springer).

Wattwurm (Arenicola marina)

Matthias Kundy

Weitere gebräuchliche deutsche Namen für den Wattwurm sind Pierwurm, Sandpier und Köderwurm. Die Bezeichnung „Köderwurm" beruht auf der häufigen Nutzung der Tiere als Angelköder. Ursprung für den wissenschaftlichen Gattungsnamen dürften die lateinischen Worte „arena" (Strand) und „colere" (graben, bebauen) sein. Zusammen mit dem Artnamen „marina" wird also zum Ausdruck gebracht, daß es sich um einen Wurm handelt, der den Meeresstrand umgräbt.

Beschreibung

Der Wattwurm wird 0,5 bis 1 cm dick und erreicht eine Länge von 10 bis 20 cm (Abb. 55). Es kommen jedoch auch Exemplare von bis zu 40 cm vor.

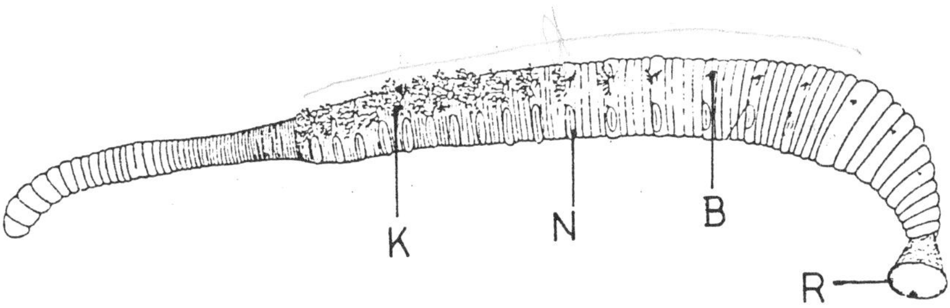

Abb. 55: Wattwurm, Arenicola marina (bis 20, selten 40 cm lang). B Borsten, K Kiemen, N Öffnungen der Nephridien (Ausscheidungsorgane), R ausgestülpter Rüssel (nach KRÜGER).

Die für Ringelwürmer typische Segmentierung ist außen durch eine sekundäre Ringelung überlagert; jedes Segment trägt außen ca. 5 Ringe. Im Gegensatz zu den meisten Borstenwürmern sind beim Wattwurm füßchenartige Parapodien nicht sichtbar. Die Würmer sind hellbraun bis rötlichbraun und werden im Alter durch Ablagerung von Melanin und dunklen Hämoglobinabbauprodukten oft schwarz.

Der Körper läßt sich in drei Abschnitte unterteilen: Das Vorderteil besitzt am Kopfende einen ausstülpbaren Rüssel. Mundwerkzeuge und Tentakeln sind nicht vorhanden. Es folgen sieben Segmente, die mit Ausnahme des ersten, Borsten tragen. Vom 8. bis zum 20. Segment reicht der Mittelteil. Hier trägt der Wurm neben den Borsten je Segment dorsal ein Paar fein verzweigte Kiemenbüschel. Das deutlich dünnere Schwanzende trägt weder Borsten noch Kiemen und besteht aus ca. 100 Segmenten.

Verbreitung

Die erwachsenen Wattwürmer bevorzugen das Sand- und Mischwatt des Eulitorals, kommen in geringer Zahl aber auch im Sublitoral vor. Für das Wattenmeer wurde eine durchschnittliche Siedlungsdichte von 15 bis 25 Individuen/m^2 ermittelt. Der Wattwanderer erkennt diese großflächigen, gleichförmigen Siedlungen anhand der Kothäufchen und Trichter (Abb. 56). Junge Tiere besiedeln in großen Zahlen die hohen, strandnahen Watten und erreichen hier Dichten von mehreren 100 Ind./m^2. In Klei- oder Torfsedimenten fehlen Wattwürmer. Arenicola marina ist verbreitet in Arktis, Nordpazifik, Nordatlantik, Nordsee und westlicher Ostsee.

Abb. 56: Kothäufchen und Einsturztrichter bestimmen über riesige Flächen die von Arenicola besiedelten Wattflächen (Foto: Jessel).

Bewegung, Sinne

Arenicola marina ist einer der auffälligsten Bewohner des Wattenmeeres. An der Wattoberfläche weisen die charakteristischen Sandschnüre (Kot) und kleinen Einsturztrichter auf die Anwesenheit und Aktivität hin. Bis zu 40 cm tief in den Wattboden gegrabene J-förmige Gänge dienen den Tieren als Wohnbauten (Abb. 57). Die Fortbewegung und das Graben des Wohnbaus geschehen durch abwechselnde Streck- und Kontraktionsbewegungen der Längs-und Ringmuskulatur und durch Verlagerung des Sandes. Der Sand wird durch Ausstülpen des Rüssels zur Seite geschoben. Der

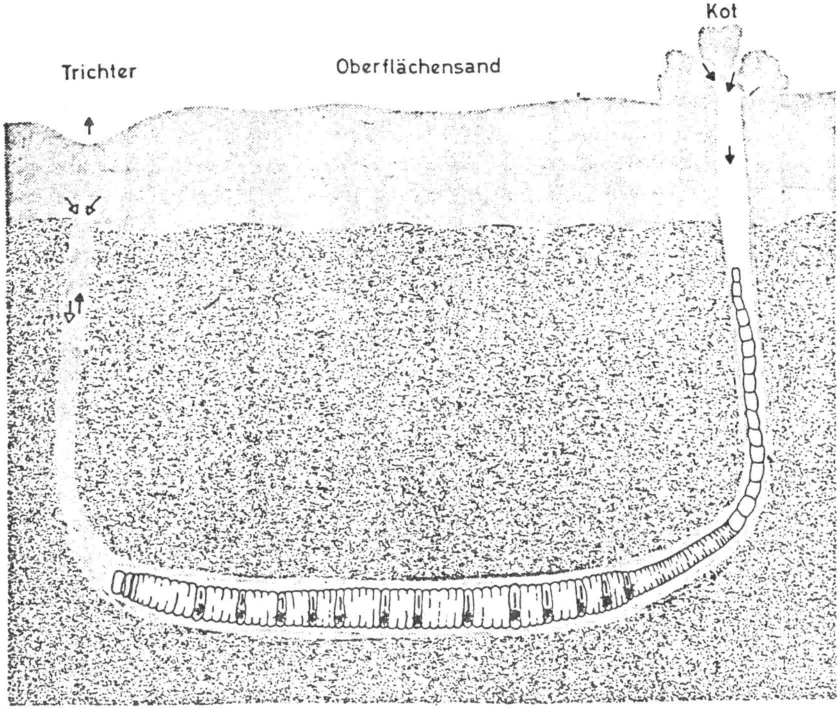

Abb. 57: Wohnbau des Wattwurmes. Helle Pfeile: Wanderung des Sandes, dunkle Pfeile: Strömungsrichtung des Atemwassers (aus KRÜGER).

fertige Wohnbau besteht aus einem J-förmigen Gang, der durch Schleimabsonderung mit einer Membran ausgekleidet ist, und aus dem mit Sand gefüllten Freßschacht. Die Wattwürmer tauschen gelegentlich Freß- und Schwanzschacht, verlassen aber nur selten ihre Behausung freiwillig. Sie tun es bei widrigen Lebensbedingungen oder auch bei Verbiß durch den Grünen Seeringelwurm, der gerne den Wohngang von Arenicola besetzt. Arenicola kann auch schlängelnde Schwimmbewegungen ausführen. Er schwimmt mit dem Schwanzende voran, eventuell wegen der dortigen Konzentration an Sinneszellen.

Zur geotaktischen Orientierung bei seiner Grabtätigkeit dienen dem Wurm zwei Statozysten. Dies sind kleine Bläschen am Vorderende, in deren Inneren sich kleine Sandkörnchen befinden. Im Prostomium liegen weiterhin kleine Linsenaugen, die allerdings nur bei den Larven deutlich sichtbar sind.

Atmung und Blutkreislauf

Das Blutgefäßsystem ist geschlossen und besteht aus einem Rücken- und einem Bauchgefäß, die im Bereich des Enddarms durch Gefäßbogen in Verbindung stehen. Weitere kleine Gefäße dienen der Versorgung des Hautmuskelschlauchs und anderer Organe. Als Herz fungieren kontraktile Abschnitte des Rückengefäßes und zwei Gefäße, die den Darm im Magenbereich seitlich umschlingen (Lateralherzen).

Arenicola besitzt als Blutfarbstoff Hämoglobin, das allerdings nicht an Blutkörperchen gebunden ist, sondern gelöst in der Blutflüssigkeit vorliegt. Das Hämoglobin zeigt eine sehr starke Sauerstoffbindungsfähigkeit, die mehr als zehnmal so hoch zu sein scheint als die des menschlichen Hämoglobins. Dies wird als Anpassung an Sauerstoffmangelsituationen, die im Wattboden zeitweise auftreten können, interpretiert. Das Hämoglobin trägt außerdem durch Oxidation von Schwefelwasserstoff dazu bei, daß dieses Gas auf Wattwürmer keine giftige Wirkung ausüben kann. Durch die Reaktion des Hämoglobins mit Schwefelwasserstoff entsteht eine Substanz, die als „braunes Pigment" bezeichnet wird. Dieses Reaktionsprodukt findet sich im Blut des Wattwurms. Es wurde festgestellt, daß das „braune Pigment" die weitere Oxidation von Schwefelwasserstoff katalysiert.

Der Wattwurm atmet über die Haut und die Kiemen. Dazu pumpen die Würmer durch peristaltische Körperbewegungen einen Wasserstrom (Irrigationsstrom) durch eine Öffnung unter dem Kothaufen in den Schwanzschacht hinein, an den Kiemen vorbei und durch den Freßschacht wieder hinaus. Auf diese Weise wird auch das den Wohnbau umgebende Sediment mit Sauerstoff versorgt, wodurch dieses deutlich heller ist (Oxidationshof) als das durch Eisensulfide schwarz gefärbte übrige Sediment. In Experimenten unter Sauerstoffausschluß wurde nachgewiesen, daß Arenicola zur Anaerobiose fähig ist (bis zu 9 Tage). Als Reaktion auf Sauerstoffarmut wurden auch Fluchtwanderungen beobachtet.

Ernährung und Verdauung

Arenicola gehört ernährungstypisch zu den Substratfressern. Im horizontalen Teil seines Wohnbaus liegend, frißt er mit Hilfe seines Rüssels das von oben nachsackende Sediment. Auf diese Weise entsteht an der Bodenoberfläche ein kleiner Einsturztrichter. Die Nahrung besteht überwiegend aus im Sand enthaltenen Mikroalgen, Bodenbakterien und Detritus. Um den Sand und die unverdaulichen Reste der Nahrung wieder auszuscheiden, muß der Wattwurm zur Kotabgabe mit dem Schwanzende rückwärts bis an die Bodenoberfläche kommen. Im Sommer wird auf diese Weise durchschnittlich alle 45 Minuten der typische Kothaufen in Form von Sandschnüren („Sandspaghetti") an der Wattoberfläche abgelegt.

Exkretion und Osmoregulation

Als Exkretionsorgane dienen im 3. bis 8. borstentragenden Segment 6 Paar Metanephridien, die durch Wimpertrichter mit dem Coelom in Verbindung stehen und über einen Nephridialkanal im jeweils nachfolgenden Segment nach außen münden. Arenicola zeigt keine Osmoregulation, die Ionenkonzentration in den Körperflüssigkeiten entspricht der im äußeren Medium. Dennoch scheint der Wurm gegenüber unterschiedlichen Salzgehalten relativ tolerant zu sein. Eine gewisse osmotische Anpassung an Veränderungen im Salzgehalt des Außenmediums scheint durch zelluläre Regulation (Gehalt an Aminosäuren) möglich. Die Art kommt bis minimal 12 ‰ Salzgehalt vor.

Fortpflanzung und Entwicklung

Die Wattwürmer sind getrenntgeschlechtlich; die Geschlechter sind äußerlich nicht unterscheidbar. Gonaden sind bei adulten Tieren im 5. bis 9. borstentragenden Segment entwickelt. Die Ausleitung der Geschlechtspro-

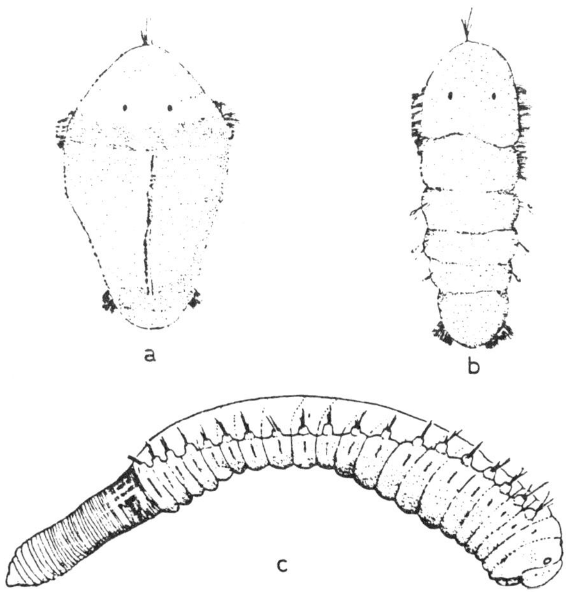

Abb. 58: Larvenstadien des Wattwurmes.

a) frisch geschlüpfte Larve, 0,25 mm b) Larve mit drei Borstenpaaren, 0,33 mm c) älteres Larvenstadium, das sich vom fertigen Wurm nur durch das Fehlen von Kiemen unterscheidet, 2,8 mm; die Larve lebt in einer hier nicht gezeichneten Schleimröhre (aus KRÜGER).

dukte erfolgt über die Nephridien. Zur Laichzeit im Herbst geben die Männchen ihr Sperma in das freie Wasser ab. Durch die Pumpaktivitäten der Weibchen gelangen die Samenzellen in deren Wohnbauten, wo die bereits abgelegten Eier befruchtet werden. Die Synchronisation der Abgabe der Geschlechtsprodukte verläuft nach unbekanntem Muster. Bei vielen Polychaeten ist ein endogener Rhythmus kombiniert mit einem Auslösemechanismus durch die Mondphase. Bei Arenicola scheint auch die Temperatur eine Rolle zu spielen.

Während der Entwicklungszeit von Eiern und Larven im eigenen Wohnbau stellt das Weibchen für ca. 3 Wochen die Nahrungsaufnahme ein, erhält die Pumpbewegungen zur Versorgung mit frischem Wasser jedoch aufrecht. Dadurch wird auch Kannibalismus vermieden.

Nach kurzer Zeit, spätestens wenn 3 borstentragende Segmente ausgebildet sind, verlassen die etwa 1 mm großen Trochophora-Larven (Abb. 58) den Wohnbau. Sie können nur selten beobachtet werden. Sie schwimmen zur Oberfläche und werden von den Gezeitenströmungen in geschützte

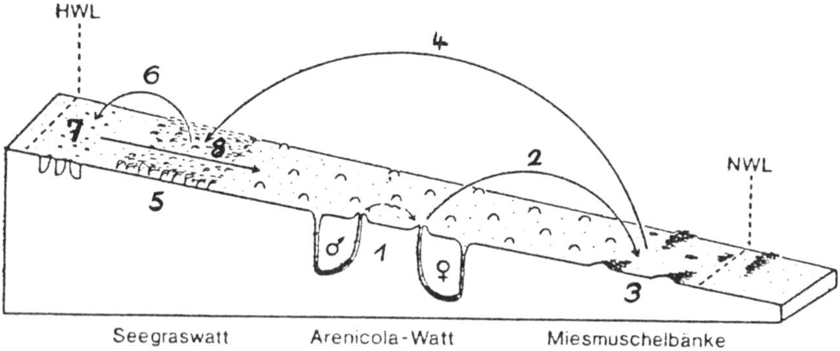

Abb. 59: Wechsel des Siedlungshabitats des Wattwurmes im Verlauf seiner Entwicklung (nach FARKE & BERGHUIS).

1. Larvalphase im Bau der Weibchen (Sept.–Dez.),
2. Abwanderung der Jungwürmer (0.5 bis 1.5 mm lang),
3. Winterrefugium (Dez.–März) zwischen Miesmuschelbänken (1 bis 6 mm),
4. Besiedlung des oberen Gezeitenbereiches,
5. Frühjahrsrefugium (Mai–Juni) im Seegraswatt (2 bis 20 mm),
6. Konzentration auf einen schmalen Streifen nahe der Hochwasserlinie,
7. Sommerrefugium (Juli – Okt.) und erste Anlage von U-förmigen Wohnbauten (10 bis 60 mm),
8. kontinuierliches Abwandern aus dem oberen Gezeitenbereich in das eigentliche Arenicola-Watt.

Gebiete abseits der elterlichen Siedlungen verdriftet. Hier leben die Larven in einer Schleimhülle und verbringen den Winter, indem sie sich an Hartsubstrat, beispielsweise eine Miesmuschel, anheften oder sich in die obersten Bodenschichten eingraben. Im Frühjahr, mit einer Länge von nun mindestens 6 mm beginnt erneut eine Periode der passiven Wanderung – vorwiegend nachts im Plankton. Manche dieser Postlarven lassen sich in den Siedlungen der erwachsenen Tiere nieder. Große Mengen lassen sich aber in die hochgelegenen Schlickwatten verdriften und beginnen hier zur endobiontischen Lebensweise überzugehen (Abb. 59). Diese sogenannten „nursery flats" oder „Brutwatten" beherbergen bis zu 1000 Ind./m^2 und sind für die Aufstockung der Wattwurmpopulation unerläßlich. Im Herbst, also nach einem Lebensjahr (10 bis 60 mm Länge), verlassen viele junge Wattwürmer die Brutwatten und wandern aktiv in die tiefer gelegenen offenen Sandwatten, um sich dort neben den anderen adulten Würmern oder in neuen, unbesiedelten Gebieten niederzulassen. Ob dies schwimmend oder im Sediment grabend geschieht, ist nicht bekannt. Die Geschlechtsreife erreicht Arenicola nach zwei Jahren, die Lebenserwartung beträgt vermutlich maximal drei bis fünf Jahre.

Stellung im Nahrungsnetz, ökologische Bedeutung

Der Wattwurm ist ein wichtiges Glied im Nahrungsnetz des Wattenmeeres. Er ist Beute für Krebse, Fische und Vögel. Besonders die Kotabgabe ist für ihn ein gefährlicher Vorgang. Dabei können die Freßfeinde zumindest Teile des Schwanzendes erbeuten. Arenicola kann zu seinem Schutz bei Berührung durch Räuber einen Teil des Schwanzendes an einer „Sollbruchstelle" abwerfen (Autotomie) und verschwindet dann sofort wieder in den sicheren, tieferen Bereich des Wohnbaus. Etwa die letzten drei Segmente des Schwanzendes sind deshalb langgestreckt. Bei Verlust werden sie nicht regeneriert, sondern die jeweils nachfolgenden Segmente verlängern sich entsprechend. Gewichtsmäßig wird pro Jahr ein komplettes Schwanzende ersetzt. Gut 30 mal kann sich ein Tier im Laufe seines Lebens verbeißen lassen, bevor der ursprünglich ca. 100 Segmente lange Hinterleib vollständig verloren ist. Insbesondere junge Plattfische, die im Watt ihre Kinderstube haben, profitieren von dieser regenerativen Nahrungsquelle. Nach Magenuntersuchungen bei ein- bis zweijährigen Schollen besteht deren Nahrung zu über 40 % aus Wattwurmschwanzstücken.

Der Grüne Seeringelwurm ist in schlickigen Mischwatten gelegentlich eine starke Konkurrenz oder sogar ein Freßfeind. Er dringt in die Röhren des Wattwurmes ein und behindert Irrigations- und Pumpbewegungen sowie die Kotabgabe. Gelegentlich beißt der Seeringelwurm auch Hinterenden von Arenicola ab, worauf dieser seine Röhre verläßt. Von großer Bedeutung für die Versorgung des Wattbodens mit Sauerstoff und damit für die ganze endobiontische Lebensgemeinschaft ist die Grabtätigkeit der Wattwürmer. Dieser Vorgang der Sedimentumlagerung wird auch als Bioturbation bezeichnet. Es wurde errechnet, daß Arenicola-Siedlungen 4000 t Sand pro Hektar und Jahr bewegen können, das entspricht einer gleichmäßigen Schicht von 32 cm Sand.

Für viele kleine Tierarten spielt der Wohngang des Wattwurms eine wichtige Rolle, indem er ihnen Lebens- und Nahrungsraum bietet.

Die in den letzten Jahren stark ausgebildeten Grünalgenteppiche im Wattenmeer bilden sich oft in vom Wattwurm besiedelten Bereichen aus. Sie verankern sich in dem Einsturztrichter des Arenicola-Baues. Dauert die Bedeckung mit Grünalgen länger an, so leidet die darunter lebende Bodenfauna wegen des auftretenden Sauerstoff- und Nahrungsmangels stark.

Literatur

FARKE, H. & E.M. BERGHUIS (1979): Spawning, larval development and migration behaviour of Arenicola marina in the laboratory. Neth. J. Sea Res. 13, (3/4): 512–528.

FARKE, H. & E.M. BERGHUIS (1979): Spawning, larval development and migration of Arenicola marina under field conditions in the western Wadden Sea. Neth. J. Sea Res. 13, (3/4): 529–535.

FARKE, H., P.A.W. DE WILDE & E.M. BERGHUIS (1979): Distribution of juvenile and adult Arenicola marina on a tidal flat and the importance of nearshore areas for recruitment. Neth. J. Sea Res. 13, (3/4): 354–361.

GRUNER, H.E. (Hrsg.) (1982): Lehrbuch der speziellen Zoologie 1, Teil 3. Jena (Fischer).

HARTMANN-SCHRÖDER, G. (1971): Annelida, Borstenwürmer, Polychaeta. In: F. DAHL (1971): Die Tierwelt Deutschlands und der angrenzenden Meeresteile. Jena (Fischer).

KRÜGER, F. (1971): Bau und Leben des Wattwurms Arenicola marina. Helgol. Meeresunters. 22, (2): 149–200.

REISE, K. (1981): Ökologische Experimente zur Dynamik und Vielfalt der Bodenfauna in den Nordseewatten. Verh. Dtsch. Zool. Ges. 1981, 1–15.

REISE, K. (1983): Sewage, green algal mats anchored by lugworms and the effects on Turbellaria and small Polychaeta. Helgol. Meeresunters. 36, 151–162.

DE WILDE, P.A.W. & H. FARKE (1983): The lugworm Arenicola marina. – In: W.J. WOLFF, (ed.): Ecology of the Wadden Sea. Vol 1 (4): 111–113, A.A. Balkema, Rotterdam.

WITTE, F. & P.A.W. DE WILDE (1979): On the ecological relation between Nereis diversicolor and juvenile Arenicola marina. Neth. J. Sea Res. 13, 394–405.

Köcherwurm (Pectinaria koreni)

Boje Maaßen

Der Köcherwurm siedelt mit Vorliebe in der Nähe der MTNw-Linie in schlickhaltigem, feinen Sand. Auf einem Quadratmeter können bis 200 Individuen siedeln. Allerdings findet man Kolonien nicht sehr häufig. Die Röhren der Köcherwürmer sind regelmäßig im Spülsaum zu finden. Sein Verbreitungsgebiet liegt im Atlantik, Nordsee bis zu den Belten. In den letzten Jahren haben die Bestände deutlich abgenommen.

Der Köcherwurm baut wie der Bäumchenröhrenwurm eine Sekretröhre, die aber folgende Unterschiede aufweist: Sie besteht aus gleichgroßen Sandkörnern, so daß eine homogene Oberflächenstruktur entsteht. Im Gegensatz zum Bäumchenröhrenwurm ist der Köcherwurm ein „ordentlicher" Arbeiter, man kann ihn auch als ästhetischen Baumeister im Wattenmeer schlechthin betrachten. Die sich zur Wattoberfläche hin verjüngende 8 cm lange Röhre steckt schräg im Boden, sie ist an beiden Enden offen, wobei das obere Ende nicht aus dem Wattboden herausragt (Abb. 60). Der Köcherwurm selbst ist 2 – 5 cm lang, besitzt einen konischen Körper, der am Vorderende einen Durchmesser von 0,5 bis 0,9 cm hat. Pectinaria steckt

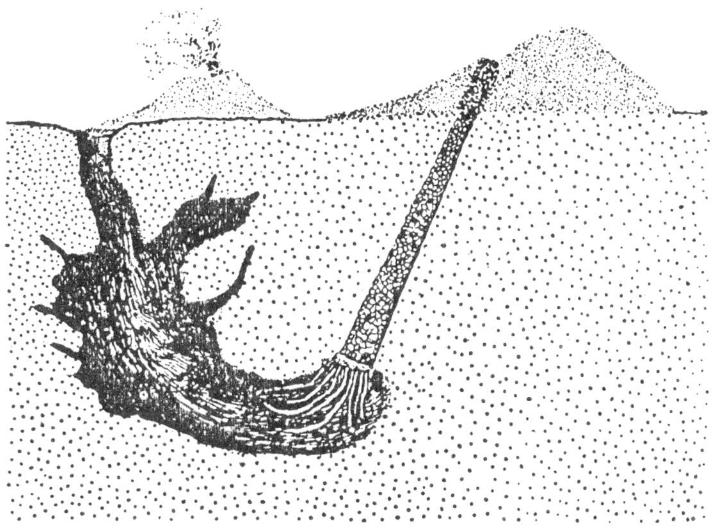

Abb. 60: Köcherwurm, Pectinaria koreni (bis 5 cm lang). Lebendstellung in Sediment (aus KÄSTNER).

mit dem Kopf nach unten in seiner Wohnröhre. Am Vorderende sitzen in paariger Querreihe je 15–20 goldglänzende Schaufelborsten und Tentakel.

Mit seinen Schaufelborsten lockert Pectinaria den Sand vor seinem Kopf auf. Er schiebt dann seine Tentakel über 7 cm weit zwischen die Sandkörner, entnimmt die dort befindlichen Kleinstlebewesen und organische Sinkstoffe und befördert sie – wie der Bäumchenröhrenwurm – in Tentakelrinnen zum Mund. Ähnlich wie bei dem Sandpierwurm (Arenicola) entsteht ein Einsturzschacht und ein „Abfallhaufen", der aber nicht aus Kot, sondern aus durchgearbeitetem Sand besteht. Dieser Sand wird mit Hilfe eines von der starken Rückenmuskulatur erzeugten Wasserstromes durch die Röhre aus der Hinteröffnung herausgepreßt („wie Rauch aus einem Schornstein"). Die täglich durchgearbeitete Bodenmasse beträgt das 5- bis 6fache seines Körpergewichtes. Der Röhrenbau verläuft ähnlich wie beim Bäumchenröhrenwurm. Der Köcherwurm verläßt seine Röhre nur unter extremen Bedingungen.

Literatur

JANKE, K. & B.P. KREMER (1988): Düne, Strand und Wattenmeer. Kosmos (Stuttgart).

KAESTNER, A. (1965): Lehrbuch der speziellen Zoologie, Bd. I, Wirbellose, 1. Teil. Jena (Fischer).

KOCK, K. (1988): Das Watt. Lebensraum auf den zweiten Blick. Rendsburg.

Bäumchenröhrenwurm (Lanice conchilega)

Boje Maaßen

Der Bäumchenröhrenwurm siedelt bevorzugt im Watt in der Nähe der MTNw-Linie und an Prielen, wobei er schlickig-sandigen Boden bevorzugt. Hier bildet er häufig Kolonien, die eine Dichte von einigen 100 Individuen pro Quadratmeter (andere Quellen geben sogar 1500 Individuen an) erreichen können. Man spricht dann von einem „Lanice-Rasen" (Abb. 61). Vereinzelt und in kleinen Gruppen ist die Art noch in Wassertiefen von 50 m anzutreffen. Auch in Ästuarien großer Ströme treten sie auf. Das Verbreitungsgebiet umfaßt die Nord- und westliche Ostsee, Ärmelkanal und Atlantik.

Der Bäumchenröhrenwurm ist eines der interessantesten Tiere im Watt, da er ein Baumeister von großer Geschicklichkeit ist. Er baut sich, u.U. mehr-

Abb. 61: Rasenartige Besiedlung des Wattbodens mit Bäumchenröhrenwürmern. Die Bäumchenkronen können in einer Dichte von mehreren hundert pro m^2 stehen (Foto: Kock).

mals, eine eigene Wohnröhre. Dieses „Haus" besteht aus einer engen, seinen Leib umschließenden Röhre und einer Bäumchenkrone, die die Form eines baumartig verzweigten Gerüstes hat. Die oft über 25 cm lange Röhre steckt senkrecht im Boden und ragt mit ihrer Bäumchenkrone 2 – 4 cm heraus. Für den aufmerksamen Beobachter ist also nur der obere Teil der Röhre mit der Bäumchenkrone zu sehen (Abb. 62). Der Wurm selbst ist wesentlich kürzer als die Röhre, nämlich 5 – 8 cm lang. Die Tentakeln können eine Länge von 12 cm erreichen. Sein Körper gliedert sich in 150 bis 300 Segmente. Die Farbe des Körpers und der Kiefer ist rot, der Darm schimmert grün durch. Lanice ist in seiner Röhre sehr mobil. Wenn man ihn ausgräbt, befindet er sich meistens im unteren Teil der Röhre. Wird die Röhre gegen das Licht gehalten, ist der Wurm leicht als dunkler Schatten erkennbar.

Der Bau der Röhre und der Bäumchenkrone vollziehen sich in einem äußerst komplizierten und kunstvollen Vorgang. Baumaterial sind Sandkörner, Steinchen und kleine Muschel- und Schneckenschalenstücke (conchilega = Schalensammler). Das passende Material wird von den Tentakeln aus der unmittelbaren Umgebung aufgesammelt. Die Tentakel haben eine mit Wimpern ausgestattete Längsrinne, durch die – wie auf einem Förder-

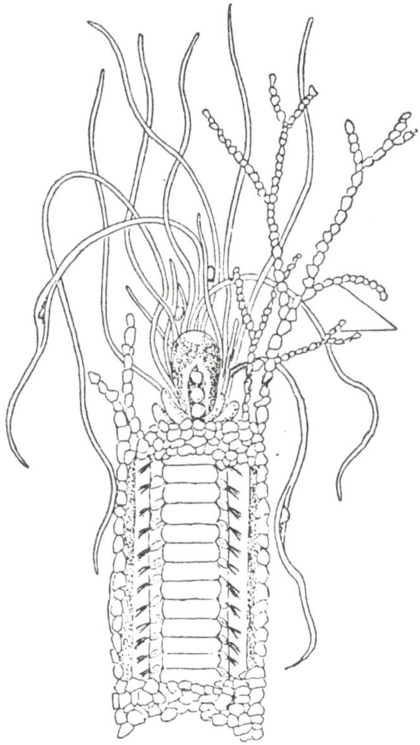

Abb. 62: Bäumchenröhrenwurm, Lanice conchilega. Der obere Teil der Röhre ist geöffnet, man erkennt den Wurm mit Borsten und Tentakeln; die Bäumchenkrone besteht aus verklebten Sandkörnern (aus KÄSTNER).

band – das Material zum Kopf des Wurms befördert wird. Hier wird das Material gesammelt und mit dem Sekret aus einer Kittdrüse umgeben. Mit Hilfe der Mundlappen werden die „Bausteine" an den erforderlichen Stellen befestigt. Lanice kann binnen weniger Stunden die Bäumchenkrone einziehen, falls sich die Strömungsrichtung ändert; es erfolgt dann ein Neubau.

Obwohl sessil, vermag er sich durch Eigenaktivitäten auf Veränderungen des Watts einzustellen. Wenn er beispielsweise von Sand überdeckt wird, verlängert er seine Röhre und erneuert gegebenenfalls seine Krone, so daß durch wechselnde Sedimentationsbedingungen Röhren mit mehreren übereinanderliegenden Kronen zu finden sind.

Die auf der Röhre sitzende Bäumchenkrone ist eine äußerst wichtige Hilfsvorrichtung beim Vorgang des Nahrungserwerbs. Die Krone steht gewöhnlich quer zur jeweiligen Strömungsrichtung und funktioniert wie ein Fangnetz. Sie gibt den Tentakeln Halt; an ihrer klebrigen Oberfläche bleiben die im Wasser schwimmenden Kleinstorganismen oder treibenden organischen Partikel hängen und werden entlang der Wimpernrinne dem Mund zugeführt.

Im Larvenstadium lebt Lanice planktisch, wobei er bereits in dieser Lebensphase von einer selbstgefertigten durchscheinenden Hülle umgeben ist. Nach Eiswintern sind die Lanice-Bestände im Eulitoral vernichtet und müssen sich durch Larvensiedlung neu rekrutieren.

Literatur

JANKE, K. & B.P. KREMER (1988): Düne, Strand und Wattenmeer. Stuttgart (Kosmos).

KAESTNER, A. (1965): Lehrbuch der speziellen Zoologie. Bd. I: Wirbellose, 1. Teil. Jena (Fischer).

KOCK, K. (1985): Das Watt. Lebensraum auf den zweiten Blick. Rendsburg.

THIES, M. (1985): Biologie des Wattenmeeres. Köln (Aulis).

Film vom Institut für wissenschaftlichen Film, Göttingen: W 1139: Der Bäumchenröhrenwurm Lanice conchilega.

Krebse (Crustacea)

Klaus Kock

Die Krebse gehören zum Stamm der Gliederfüßer (Arthropoda) und bilden den Unterstamm der Diantennata (2 Antennenpaare) mit der einzigen Klasse der Krebse (Crustacea).

Der Körper ist im Grundbauplan in 3 Abschnitte gegliedert (siehe Abb. 63):

Kopf mit 5 Extremitätenpaaren (2 Antennenpaare, 1 Mandibelpaar, 2 Maxillenpaare)

Thorax (Brust) mit unterschiedlicher Extremitätenanzahl. Die ersten Beinpaare können als Kieferfüße (Maxillipeden) die Mundwerkzeuge ergänzen, Schreitbeine heißen Peraeopoden, sie tragen z.T. Scheren.

Abdomen (Hinterleib), das entweder beinlos ist oder deutlich andersgebaute Beinpaare (Pleopoden, letztes Beinpaar Uropoden) als der Thorax besitzt. Der Schwanzanhang (Telson) trägt keine Extremitäten. Er kann als Schwanzfächer ausgebildet sein.

Kopf und einige Thoraxsegmente sind häufig zu einem Cephalothorax verschmolzen, der von einer verstärkten Hautfalte der Kopfhinterseite (Carapax) bedeckt ist.

Die Krebse sind eine sehr vielgestaltige Gruppe, so daß dieser Grundbauplan je nach Lebensweise oft stark abgewandelt ist. Besonders auffällige Veränderungen zeigen die sessilen (Seepocken) und parasitischen Formen (Sacculina).

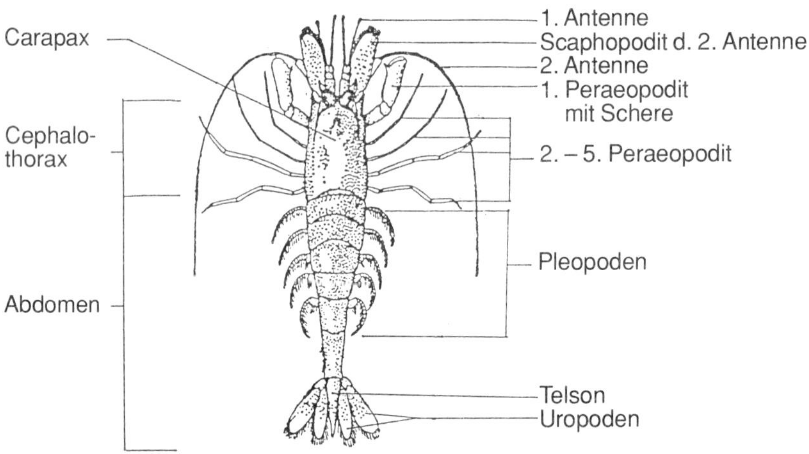

Abb. 63: Körpergliederung eines Zehnfüßigen Krebses am Beispiel der Nordseegarnele, Crangon crangon (nach YONGE).

Die gegliederten Beine können als Lauf- oder Schwimmbeine, als Scheren, Pinzetten, Kieferfüße oder als Reusen ausgebildet sein. Der Chitinpanzer ist vor allem bei den benthischen Formen durch Kalkeinlagerungen verstärkt (Name: Crustacea vom lat. crusta = die Schale). Beim Wachstum muß der gesamte Panzer (incl. Haut der Extremitäten, Kiemen, Augen sowie von Chitinspangen im Körperinnern) immer wieder gehäutet werden, dazu sind besondere „Nähte" vorhanden. Anschließend ist der Panzer noch einige Tage weich und kann durch Wasseraufnahme des Körpers „geweitet" werden. In dieser Phase sind Krebse besonders gefährdet.

Höhere Krebse besitzen oft recht leistungsfähige Komplexaugen mit bis zu einigen tausend Einzelaugen. Daneben sind Tasthaare vorhanden. Geschmacks- (vor allem auf Mundwerkzeugen und Endgliedern der Laufbeine) und Geruchssinn wurden nachgewiesen. Ein statisches Organ tritt nur bei höheren Krebsen auf.

Meist wird durch Kiemen geatmet, die Fortsätze der Extremitätengrundglieder darstellen. Bei den Landasseln sind Pleopoden zu Atmungsorganen umgewandelt. Das Herz pumpt das Blut durch eine Arterie zum Kopf, (vor allem bei größeren Krebsformen sind auch noch weitere Arterien vorhanden). Ansonsten ist das Blutgefäßsystem offen, das Blut sammelt sich in Blutlakunen, fließt zu den Kiemen und von hier durch die Ostien wieder ins Herz.

Die Ernährungsweisen der Krebse reichen von Filtrierern, „deposit-feeders" bis zu Aasfressern und Beutegreifern. Die Brustbeinpaare dienen oft der Nahrungssuche (Reusen, Scheren). Der Vorderdarm kann als Kaumagen ausgebildet sein. In den Mitteldarm mündet die Mitteldarmdrüse mit Leberfunktion.

Der Exkretion dienen entweder Maxillen- oder Antennendrüsen, die von Metanephridien abzuleiten sind.

Krebse sind meist getrenntgeschlechtlich. Von planktischen Eiern über Brutfürsorge bis zur Lebendgeburt sind unterschiedlichste Entwicklungsweisen realisiert. Typische Larvenform ist die Naupliuslarve und bei den höheren Krebsen (Malacostraca) die Zoealarve.

Krebse sind die dominierende Gliedertiergruppe im Meer und Süßwasser. Sie stellen den wesentlichen Anteil des Zooplanktons, im Meer vor allem durch die Ruderfußkrebse. Die meisten im Wattenmeer auftretenden Krebsarten gehören zur Gruppe der höheren Krebse (Malacostraca), wie etwa Strandkrabbe, Garnele, Einsiedlerkrebs und Schlickkrebs.

Literatur:

Yonge, C.M. (1979): The Sea-Shore. Glasgow (Collins).

Seepocken (Balanomorpha)

Manfred Thies

Seepocken sind festsitzende, niedere Krebse aus der Gruppe der Rankenfußkrebse (Cirripedier). Sie besiedeln in der Gezeitenzone alle harten Gegenstände, überziehen somit Steine, Poller und Dalben ebenso wie Tiere mit harter Schale. Strandkrabben, Miesmuscheln und Strandschnecken sind häufig so sehr von Seepocken befallen, daß sie in ihrer Lebenstätigkeit stark beeinträchtigt sind.

Beschreibung

Noch zu Beginn des vorigen Jahrhunderts hielt man Seepocken für Muscheln. Da sie in ihrer Entwicklung aber zwei für Krebse typische Larvenphasen, die Nauplius- und Cyprislarve, durchlaufen, konnten sie dem Stamm der Krebse zugeordnet werden. Das festgekittete Gehäuse der erwachsenen Tiere ist stumpf-kegelförmig (Abb. 64). Ein Ring aus Kalkplat-

Abb. 64: Seepockenbesiedlung auf einem Pfahl (Foto: Thies).

ten und ein mehrteiliger, das Gehäuse verschließender Deckel schützt den Weichkörper vor mechanischer Zerstörung und vor Freßfeinden. Die Ausformung der Kalkplatten und des Deckels ist artspezifisch und wird zur Bestimmung herangezogen (Abb. 65).

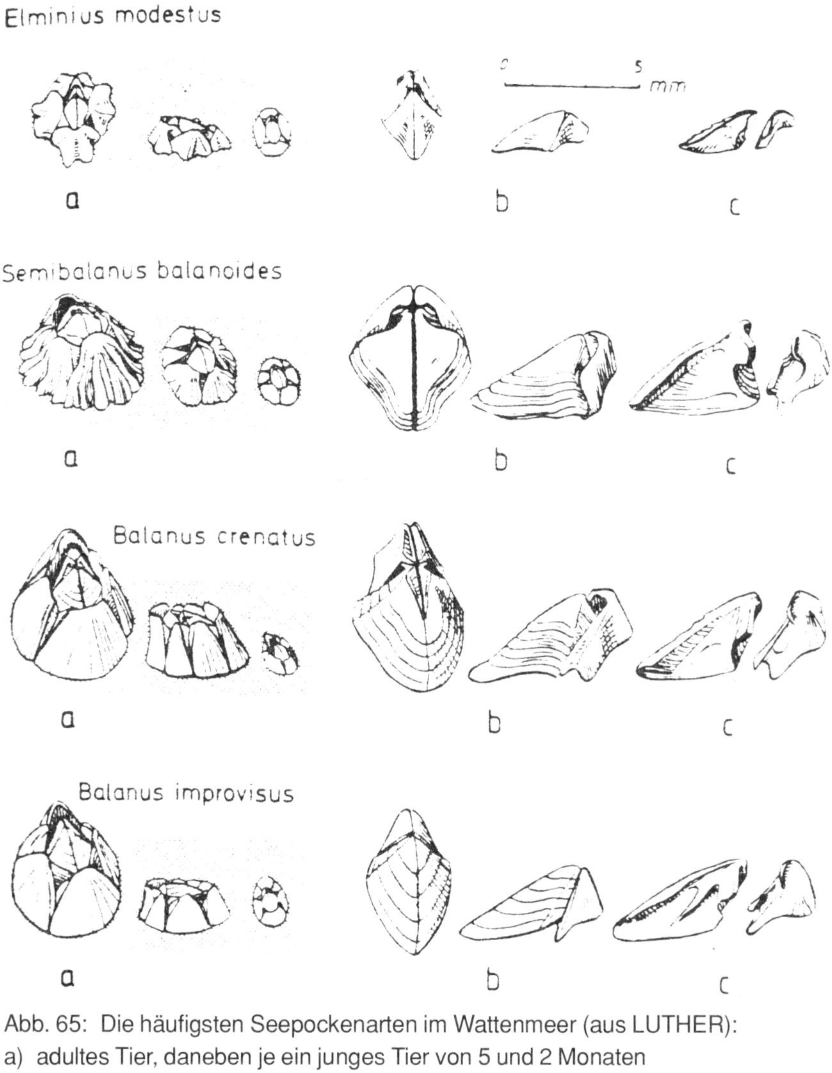

Abb. 65: Die häufigsten Seepockenarten im Wattenmeer (aus LUTHER):
a) adultes Tier, daneben je ein junges Tier von 5 und 2 Monaten
b) Operculum, Ansicht von oben und von der Seite
c) Scutum und Tergum, Innenseiten.

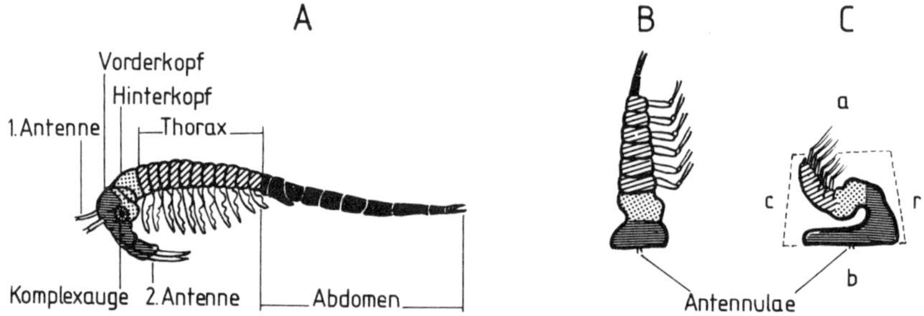

Abb. 66: Schema der Reduzierung einzelner Körperabschnitte bei Seepocken (aus LUTHER):

A: frei schwimmender, ursprünglich gebauter Krebs;

B. hypothetisches Übergangsstadium;

C: eine in die Kegelform ihres Gehäuses eingepaßte Seepocke.

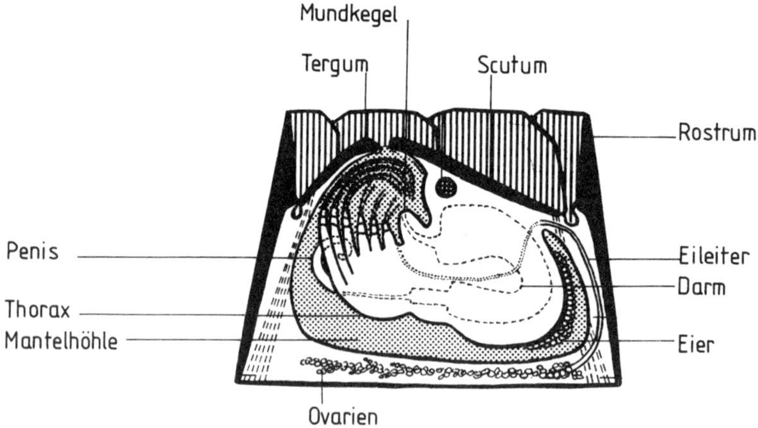

Abb. 67: Bau einer Seepocke im Längsschnitt (nach LUTHER). Schnittflächen der Skelettplatten – schwarz. Innenseite des Gehäuses – schraffiert; Mantelhöhle – punktiert; Organe im nicht geschnittenen Hinterkopf und Rumpf – gestrichelt.

Auch in der inneren Organisation ist der Bauplan der Krebse nur schwer zu erkennen. Denkt man sich den Körper eines freischwimmenden Krebses jedoch s-förmig verformt und auf den Kopf gestellt, so lassen sich einzelne Körperabschnitte miteinander vergleichen (Abb. 66).

Für den Aufbau des Gehäuses und seine Innenauskleidung fällt dem Kopfabschnitt besondere Bedeutung zu. Aus dem vorderen Kopfabschnitt geht die dem Substrat aufliegende Platte hervor. Aus dem hinteren Kopfabschnitt entwickelt sich die häutige Innenauskleidung, der Mantel des Gehäuses, dessen äußere Gewebeschicht die Kalkplatten abscheidet. Das Öffnen und Schließen des Gehäuses wird durch einen Deckel, das Operculum, ermöglicht. Dieser besteht aus zwei Teilen: dem Tergum, das zwischen seinen beiden Platten einen Spalt zum Austritt der Rankenfüße (Cirren) frei läßt, und dem Scutum, an dessen beiden Platten der Weichkörper aufgehängt ist (Abb. 67).

Ernährung und Atmung

Die Beinpaare der Seepocken haben bei festgehefteten Tieren ihre Funktion als Fortbewegungsorgan eingebüßt. Sie stehen im Dienst des Nahrungserwerbs und des Gasaustausches und sind diesen Aufgaben entsprechend zu vielgliedrigen Rankenfüßen umgestaltet. Die Rankenfüße weisen in Form und Funktion Unterschiede auf. Die drei hinteren Beinpaare (4.–6. Extremitätenpaar) sind sehr lang. Sie werden mit jeder Schlagbewegung zu einer kegelförmigen Fangreuse ausgerollt, an dessen Spitze sich der Mund und die im Gehäuse verbliebenen drei ersten Beinpaare (1.–3. Extremitätenpaar) befinden. Der Borstenbesatz des 4. bis 6. Extremitätenpaares ist so dicht, daß die äußere Fangreuse eine Maschenweite von nur 0.033 mm aufweist. Mit jeder Fangbewegung werden deshalb nicht nur Partikel aus dem Wasser ausgesiebt, sondern es wird zusätzlich ein Wasserstrom gegen die Reusenspitze gedrückt, wo sich der Mund und die beiden inneren Beinpaare befinden. Der Borstenbesatz der inneren Beinpaare ist noch engmaschiger. Er filtert Partikel mit einem Durchmesser von nur 0,001 mm heraus.

Wie bei vielen Planktonfressern so dienen auch bei Seepocken die Fangbewegungen sowohl dem Nahrungserwerb als auch dem Austausch des Atemwassers. Mit jedem Schlag der Rankenfüße wird der Wasserkörper im Schalengehäuse, wo der Gasaustausch an der unverkalkten, inneren Oberfläche des Mantels und des Körpers stattfindet, erneuert. Faltige Auftreibungen der Mantelauskleidung auf beiden Seiten des Weichkörpers sind nach Angaben von CRISP und SOUTHWARD (1961) als Kiemen anzusehen, die sich durch ihre Oberflächenvergrößerung besonders zum Gasaustausch eignen. Bei Trockenfall stellen Seepocken zwar ihre Fangbewegungen, jedoch nicht den Gasaustausch ein. Einen kleinen Wasservorrat behalten sie nach Überflutung zurück und erneuern hierin den Sauerstoffvorrat, indem sie den Deckelspalt durch eine kleine Öffnung (Mikropyle) ringförmig geöffnet halten. Diese „physiologische Kieme" schließen sie erst dann, wenn bei intensiver Sonneneinstrahlung oder austrocknendem Wind der Wasserverlust zu stark ansteigt. Es konnte jedoch beobachtet werden, daß der Deckelspalt auch unter extremen Bedingungen von Zeit zu Zeit geöffnet wird.

Dem Blutgefäßsystem der Seepocken fehlen sowohl Herzen als auch echte Arterien. Die Blutzirkulation in den Hohlräumen des Körpers wird durch die allgemeine Körpermuskulatur hervorgerufen. Sie ist besonders groß bei den rhythmischen Fangbewegungen: Zum Entrollen des Fangfächers wird der Blutdruck erhöht und dadurch Blut in die Rankenfüße gepreßt. In der anschließenden Schlagphase holt die Beinmuskulatur den Fangfächer ein und treibt dabei das Blut aus den Hohlräumen der Rankenfüße und des Mantels zurück.

Obwohl dem Blut als Medium des Stofftransports nur geringe Bedeutung zukommt, können auch an ruhenden Tieren durch den nur wenig geöffneten Mantelspalt rhythmische Bewegungen beobachtet werden. Durch diese Bewegungen wird sowohl das in der Mantelhöhle eingeschlossene Atemwasser erneuert als auch die für den Gasaustausch unerläßliche Zirkulation des Blutes aufrechterhalten.

Fortpflanzung und Entwicklung

Im Gegensatz zu den meisten Krebsen sind Seepocken Zwitter. Vermutlich stellt dies eine sekundäre, während der Entwicklung zur Seßhaftigkeit erworbene Eigenschaft dar. Die innere Begattung der Krebse haben Seepocken jedoch beibehalten. Als Zwitter führen sie eine gegenseitige Kopulation durch. Dabei wird ein rutenförmiger Penis aus der Mantelöffnung hervorgestreckt und in den Mantelspalt eines benachbarten Artgenossen eingeführt.

Die männlichen Keimdrüsen befinden sich im Weichkörper zwischen den übrigen Organen. Die weiblichen Geschlechtsorgane, die Ovarien, liegen dagegen in der Mantelabdeckung der Basalplatte, die eine Umwandlung des Vorderkopfes darstellt. Die Eier gelangen über paarige Eileiter, die an der Basis des 1. Brustbeinpaares münden, in die Mantelhöhle. In deren Schutz werden die besamten Eizellen vom Atemwasserstrom versorgt und entwickeln sich hier bis zum Schlüpfen des frei beweglichen ersten Larvenstadiums, des Nauplius. Dieses Larvenstadium fällt durch einen dreieckigen Rückenschild, den Carapax, auf. Hierbei handelt es sich um eine mit dem Rücken verschmolzene Hautfalte des Kopfes, die napfartig die drei folgenden Körpersegmente überdeckt. Diese Segmente tragen je ein mit langen Borsten ausgestattetes Beinpaar. Die Extremitäten dienen der Fortbewegung und der Nahrungsaufnahme (Abb. 68).

Nach der 6. Häutung hat sich aus dem Nauplius eine Cyprislarve entwikkelt. Hierbei handelt es sich um einen stark veränderten Larventyp: Der Rückenschild ist am Rücken gefaltet und der Rumpf um sechs Brustseg-

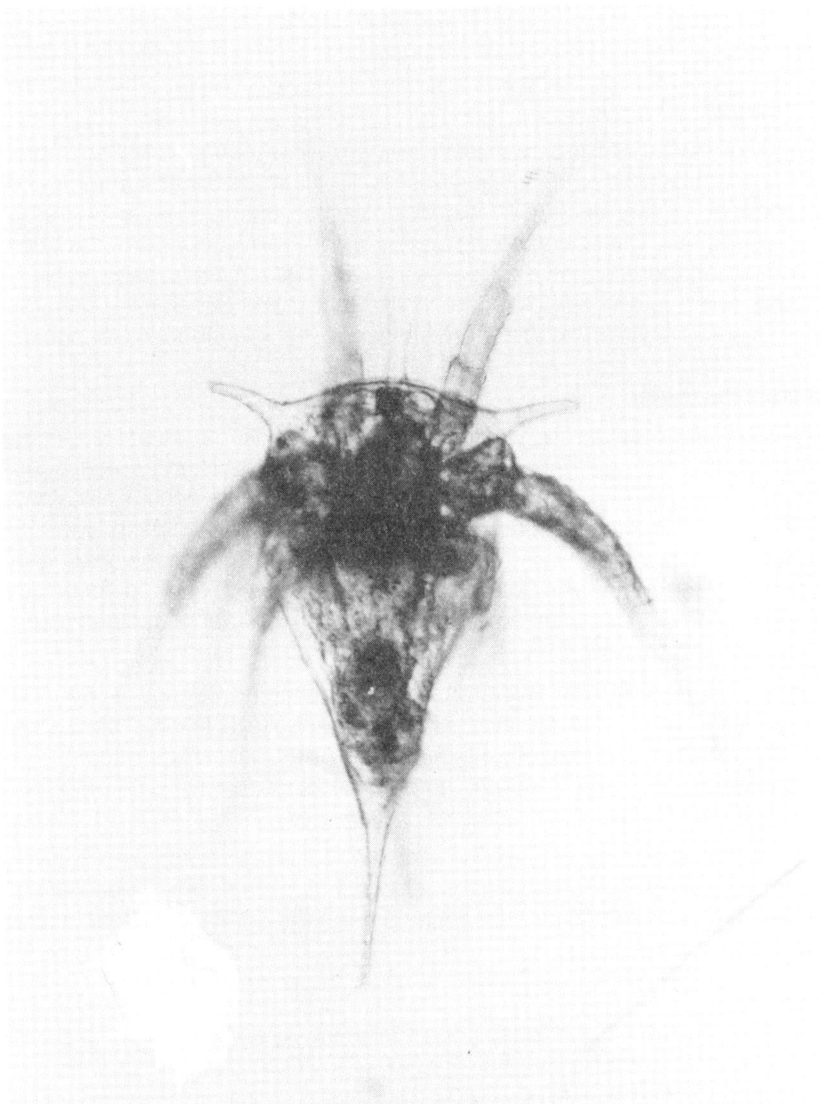

Abb. 68: Naupliusstadium der Gekerbten Seepocke, Balanus crenatus (etwa 0,3 mm, Foto: Thies).

mente erweitert. Die nun von einer zweiklappigen Schale umhüllte Larve bewegt sich mit den sechs Brustbeinpaaren ruckartig vorwärts. Die Cyprislarve nimmt keine Nahrung auf. Sie zehrt von einem in Form von Ölkugeln angelegten Vorrat des Nauplius.

Der Gestaltwandel der Larven ist von einem veränderten Verhalten begleitet. Die Cyprislarve spürt ein geeignetes Siedlungssubstrat auf und heftet sich mit den saugnapfartigen Bildungen der 1. Antennen unter Sekretabscheidung fest. Die Anwesenheit bereits siedelnder Seepocken erhöht die Festheftungsbereitschaft der Cyprislarve. Dies ist auf die Abgabe artspezifischer Eiweißstoffe zurückzuführen. Im Schutz der Schalenklappen vollzieht sich die Umwandlung zur erwachsenen, sessil lebenden Seepocke.

Siedlungszonen

Die im Wattenmeer häufig vorkommenden Seepockenarten besiedeln die verschiedenen Bereiche der Gezeitenzone und des Sublitorals unterschiedlich stark. Bei der Auswahl des Siedlungsgrundes berücksichtigt die Cyprislarve sowohl biotische Faktoren als auch abiotische Einflüsse, wie z.B. Wasserbedecktzeiten und Temperatur- und Salzgehaltsschwankungen. Aus dem Vorkommen von Seepockenkolonien in verschiedenen Zonen des Wattenmeeres kann man somit auf Präferenzen der einzelnen Arten schließen.

Die häufigsten Arten der Gezeitenzone, die Gemeine Seepocke (Semibalanus balanoides) und die Australische Seepocke (Elminius modestus) siedeln im oberen Gezeitenbereich. Diese Arten bevorzugen somit lichtdurchflutete und stark durchlüftete Brandungszonen. Sie entgehen dadurch dem Konkurrenzdruck sublitoraler Arten.

Die beiden anderen Gezeitenformen, die Gekerbte Seepocke (Balanus crenatus) und Balanus improvisus, sind auf längere Wasserbedeckungszeiten angewiesen und siedeln deshalb vermehrt im unteren Gezeitenbereich.

Literatur

CRISP, D.J. & A.J. SOUTHWARD (1961). Different types of cirral activity of barnacles. – Phil. Trans.roy.Soc. B., 243 (705) 271–308

GUTMANN, W.F. (1960): Funktionelle Morphologie von Balanus balanoides. Abh. Senckenberg, naturf. Ges. 500. 1–43.

KAESTNER, A. (1967): Lehrbuch der speziellen Zoologie. Stuttgart (Fischer).

LUTHER, G. (1987): Seepocken der deutschen Küstengewässer. Helgol. Meeresunters. 41,1–43.

SCHÄFER, W. (1952). Biologische Bedeutung der Ortswahl bei Balaniden-Larven. Senckenbergina 33, 235–246.

Asseln (Isopoda)

Hans Ulrich Meyer

Asseln gehören zur Unterklasse der höheren Krebse. Sie besitzen aber im Gegensatz zu den meisten Gruppen dieser taxonomischen Einheit keinen Kopfrumpfpanzer (Carapax), sondern abgeflachte, einzeln abgesetzte und bewegliche Segmente. Der Kopf ist mit dem ersten Brustsegment verschmolzen und trägt 2 Antennenpaare sowie die Mundwerkzeuge. Daran schließen sich sieben Brustsegmente (Thoraxsegmente) an, die jeweils Schreitbeinpaare tragen. Die sechs blattförmigen Beinpaare des Hinterleibes (Pleopoden des Abdomen) fächeln den innen an ihnen sitzenden Kiemen Wasser zu; sie dienen gleichzeitig zum Schwimmen. Der Schwanzfächer Telson) besteht aus einer verwachsenen Platte.

Die Asseln sind meist getrenntgeschlechtlich; die Weibchen tragen die befruchteten Eier in einer Bruttasche an der Bauchseite, die aus Fortsätzen der Schreitbeinpaare gebildet wird. Die Jungtiere sind den Alten beim Schlüpfen sehr ähnlich, es tritt keine Planktonphase auf.

Die meisten Asseln sind Meerestiere; viele Arten dringen dabei weit in die oberen Bereiche des Litorals vor. Daneben gibt es eine Reihe von Süßwasserbewohnern und eine ganze Unterordnung, die in allen Lebenphasen unabhängig vom Wasser an Land lebt. Diese letztgenannte Gruppe hat unter anderem tracheenartige Atmungsorgane ähnlich denen der Insekten ausgebildet.

Im Wattenmeer findet man einige Arten, die aber alle an das Vorkommen von Algen, Seegras oder sekundären Hartsubstraten gebunden sind: die Klippenassel Ligia oceanica, die Meerassel Idothea sp. und die kleinere Art Jaera albifrons (Abb. 69).

Meerassel (Idotea sp.)

Hans Ulrich Meyer

Aus der Gattung der Meerasseln treten in der Deutschen Bucht sechs schwer unterscheidbare Arten auf. Die häufigste Art ist Idotea baltica (Abb. 69). Die Männchen werden bis zu 30 mm, die Weibchen 15 mm groß; Der Körper ist etwa 3 mal so lang wie breit. Das Telson ist langgestreckt und am Hinterrand bei erwachsenen Tieren zu drei Zacken ausgezogen. Die Färbung ist sehr variabel und an die Farbe des Untergrundes angepaßt; sie reicht von braun-grün bis rötlich, zum Teil mit auffallenden Fleckungen.

Die Art ist euryhalin; in der Ostsee dringt sie bis in den finnischen Meerbusen bei minimal 3.5 ‰ Salzgehalt vor. Ihre Nahrung besteht vor allem aus

Abb. 69: Asseln des Küstensaumes (kombiniert aus GRUNER und JANKE):
Links: Meerassel, Idotea sp. (ca 20 mm lang)
Mitte: Flache Meerassel, Jaera albifrons (bis 5 mm lang)
Rechts: Meeres-Klippenassel, Ligia oceanica (bis 28 mm lang).

Algen (es kann in 1/2 Stunde bis zu 1/5 des eigenen Körpergewichts aufgenommen werden), aber sie frißt auch Kleintiere und Aas. Artgenossen werden bis zur Hälfte der eigenen Größe angegriffen und mitsamt Chitinpanzer vertilgt.

Flache Meerassel (Jaera albifrons; Artgruppe)

Hans Ulrich Meyer

Individuen dieser Art sind durch ihre geringere Größe (Männchen bis 3 mm, Weibchen bis 5 mm) und ihre breit-ovale Körperform deutlich von Idotea zu unterscheiden (siehe Abb. 69). Ihre Färbung variiert stark: Die braune bis schwarze Grundfarbe ist durch kleinere Flecken unregelmäßig unterbrochen, wobei oft auch ganze Segmente aufgehellt sind. Der Stirnrand ist meist hell (Name: albifrons!). Die Augen sind groß und liegen deutlich an der Oberseite des Kopfes.

Die Art ist in hohem Maße eurytherm und euryhalin. Sie lebt im Bereich von Hartsubstraten vom Eulitoral bis in 20 m Tiefe. Bevorzugte Nahrung sind Pflanzenteile und Mikroflora, aber es werden auch Aas und Kleintiere gefressen; gelegentlich werden die eigenen Artgenossen kurz nach der Häutung verzehrt, weil deren Panzer dann noch weich ist.

Die Schreit-Bewegungen von Jaera sind sehr langsam; Schwimmen kann nur selten beobachtet werden. Bei Trockenfallen schützen sich die Asseln durch festes Anpressen an die Unterlage, so daß der Kiemenapparat unter den Hinterleibsringen feucht bleibt.

Meeres-Klippenassel (Ligia oceanica)

Hans Ulrich Meyer

Die Männchen dieser Art sind bis zu 28 mm, die Weibchen bis zu 20 mm lang. Die Tiere haben eine ähnlich rundliche Form wie Jaera albifrons.

Klippenasseln leben im Bereich der Hochwasserlinie. Tagsüber verbergen sie sich unter Steinen oder Angespül, nachts gehen sie auf Nahrungssuche. Sie leben von epiphytischen Algen und von tierischen und pflanzlichen Resten im Angespül.

Bei Gefahr rettet sich Ligia häufig ins Wasser, wo sie – als Landform – erstaunlich lange aushalten kann. Nach Möglichkeit sucht sie aber ein Versteck auf. Im Wasser befindliche Tiere finden durch negative Geotaxis und positive Phototaxis an Land zurück. Landeinwärts transportierte Tiere reagieren geotaktisch positiv und werden vermutlich durch die Luftfeuchtigkeit zu ihrem bevorzugten Lebensraum geleitet.

Klippenasseln werden etwa drei Jahre alt; die Weibchen tragen 80 Eier im Brutbeutel.

Literatur:

GRUNER, H.E. (1965): Crustacea. V. Isopoda, 1. Lieferung. In: DAHL, Tierwelt Deutschlands.

JANKE, K. (1986): Die Makrofauna und ihre Verteilung im Nordost-Felswatt von Helgoland. Helgol. Meeresunters. 40, 1–55.

Flohkrebse (Amphipoda)

Hans Ulrich Meyer

Die Flohkrebse verdanken ihren Namen der flohartigen seitlich abgeplatteten Form. Der Körper gliedert sich in den Kopfabschnitt, 10 ähnlich gebaute Segmente des Brustabschnittes (Thorax) und des Hinterleibes (Abdomen) sowie 3 kleinere Segmente des hinteren Abdomens. Der Schwanzfächer ist zweilappig und mit Stacheln besetzt.

Die häufigste Art im Gezeitenbereich ist der Flohkrebs Gammatrus locusta; an der Obergrenze des Eulitoral bis ins Supralitoral findet man auch die

Arten Orchestria gammarellus und Talitrus saltator. Daneben treten einige weitere Arten bei uns auf (z.B. Gammarus salinus, Gammarus oceanicus, Chaetogammarus salinus).

Flohkrebs (Gammarus locusta)

Hans Ulrich Meyer

Der Flohkrebs ist ein typischer Bewohner der Seegras- und Algenregion, also des Phytals der Gezeitenzone. Dort trifft man ihn oft unter Steinen an. Im Wattenmeer tritt er dementsprechend nicht so häufig auf. Er ist Pflanzen- und Detritusfresser. (Abb. 70).

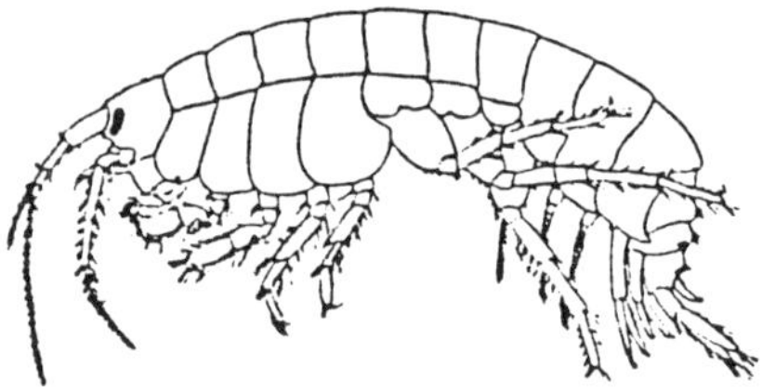

Abb. 70: Flohkrebs, Gammarus locusta (bis 20 mm lang) (aus SCHELLENBERG).

Das Weibchen wird bis 15 mm, das Männchen bis 20 mm groß. Der Körper ist seitlich abgeplattet und leicht gekrümmt. Die Färbung reicht von dunkeloliv bis weinrot und ist sehr variabel. Der Kopf trägt zwei Paare kurzer Antennen und ein Paar Kieferfüße. Die folgenden 7 Brustsegmente sind mit Beinpaaren sehr unterschiedlicher Form und Funktion versehen: Die ersten beiden Paare sind kurz und mit Greifhaken zum Nahrungserwerb ausgestattet. Das 3. und 4. Beinpaar ist seitlich abgewinkelt und zieht den Körper bei der charakteristischen seitlichen Kriechbewegung voran. Die nach hinten gerichteten Beinpaare 5 bis 7 unterstützen diese Bewegung durch Schieben. Die Kiemen liegen an der Innenseite der Beinpaare des Thorax. An den drei großen Abdominalsegmenten sitzen kleinere, abgeflachte und mit Borsten versehene Beinpaare; sie dienen als Schwimmfüße. Die stabförmigen Beinpaare der hinteren drei kleinen Abdominalsegmente ermöglichen die für Flohkrebse typische Springfähigkeit.

Gammarus ist maximal einjährig. In einem Jahr können drei bis vier Weibchengenerationen zur Fortpflanzung gelangen. Sie tragen von Januar bis Oktober bis zu 7 Bruten in den Bruttaschen an ihrer Bauchseite aus. In der kälteren Jahreszeit dauert die Tragzeit bis zu einen Monat, bei höherer Wassertemperatur nur 10 bis 12 Tage. Dieser Fortpflanzungsmodus führt bei günstigen Lebensbedingungen zu explosionsartigen Massenvermehrungen, so daß im Frühsommer im Flachwasser große Mengen dieser Tiere beobachtet werden können.

Die Jungtiere verlassen voll ausgebildet den Brutraum und gehen direkt zum Bodenleben über. Sie sind nach ein bis zwei Monaten und etwa 12 Häutungen selber geschlechtsreif. Noch während einer Tragzeit nimmt das Männchen seine charakteristische Reiterstellung ein. Dabei klammert es sich für mehrere Tage auf dem Rücken des Weibchens fest. Nachdem die vorangegangene Jungengeneration geschlüpft ist; häutet sich das Weibchen, und das Männchen gibt Spermaflüssigkeit in den Brutraum. Jetzt entläßt das Weibchen seine Eier, und das Männchen löst die Reiterstellung.

Literatur

SCHELLENBERG, A. (1942): Krebstiere. IV Amphipoda. In: DAHL, Die Tierwelt Deutschlands.

Strandfloh (Talitrus saltator)

Manfred Thies

Der Strandfloh bewohnt die obere Flutlinie des Sandstrandes. Hier findet der sandfarbene, bis 1,5 cm große Krebs tagsüber Schutz in feuchtem Sand und unter aufgespülten Tangen.

In der Dämmerung verläßt der Strandfloh seine schützende Behausung und bewegt sich laufend und springend im Flutsaum. Dabei werden die unterschiedlichen Beinpaare geschickt zum Ziehen, Schieben und Abstützen eingesetzt. Die Artbezeichnung *saltator* ist vermutlich auf seine Fähigkeit zurückzuführen, bei Gefahr Sprünge bis zu 30 cm Weite ausführen zu können. Die Beine haben hierbei nur eine Stützfunktion, indem sie ein Umkippen des Rumpfes verhindern. Die für den Sprung benötigte Schnellkraft wird durch Rückwärtsklappen des hinteren Körperabschnitts erzeugt.

Da der Strandfloh nicht gut schwimmen kann, ihm weiter oberhalb der Flutlinie aber die benötigte Bodenfeuchte fehlt, ist er auf das schmale Band des Flutsaums angewiesen, wo er auch unter den angespülten Tierleichen genügend Nahrung findet. Ein gutes optisches Orientierungsvermögen läßt diesen Krebs den Flutsaum nach Verfrachtung stets wiederfinden. Der Krebs kann hierfür offensichtlich das Sonnen- und Mondlicht ausnutzen.

Die kalte Jahreszeit verbringt der Strandfloh jedoch oberhalb des Flutsaums. Bis zu 50 cm gräbt er sich in den Boden ein und überdauert in dieser frostsicheren Tiefe den Winter. Die Weibchen erreichen ein Alter von anderthalb Jahren. Sie werden unmittelbar nach der Häutung begattet. Bis zu 17 Eier beherbergen die Weibchen im Brutsack (Marsupium).

Schlickkrebs (Corophium volutator)

Manfred Thies

Theodor Storm beschreibt in dem Gedicht „Meeresstrand" das Wattgeräusch mit den Worten: „Ich höre des gärenden Schlammes geheimnisvollen Ton". Die Ursache dieses geheimnisvollen Tons konnte WOHLENBERG (1934) aufdecken. Er fand, daß hierfür vor allem der nur 1 cm lange Schlickkrebs verantwortlich ist. Das „Klick"-Geräusch entsteht, wenn der Krebs seine Wohnröhre verläßt, an der Oberfläche seine 2. Antennen spreizt und dabei das zwischen diesen eingeschlossene Wasserhäutchen auseinanderzieht und zum Platzen bringt.

Vorkommen

Der an den Küsten des Nord-Atlantiks, der Nord- und Ostsee sowie des Mittelmeeres auftretende Krebs bevorzugt im Wattenmeer das Schlick- und obere Mischwatt. Sein Vorkommen ist hier trotz beachtlicher Siedlungsdichten (bis 40 000 Indiv. pro m^2) jedoch nicht stets garantiert, da die Lebensbedingungen sehr stark wechseln. Der nahverwandte Schlickkrebs Corophium arenarium dringt in noch höher gelegene Wattgebiete ein. C. arenarium ist ein häufiger Bewohner von Flugsandwatten, die sich vor allem auf Außensänden, wie z.B. Japsand bilden. Hier lebt C. arenarium in Vergesellschaftung mit dem Borstenwurm Pygospio und legt 7–10 cm lange, senkrecht in das Sediment hineinführende Gänge an.

Beschreibung

Der Körper des Schlickkrebses ist im Gegensatz zu vielen Flohkrebsen nicht seitlich zusammengedrückt, sondern abgeflacht. Der Cephalothorax besteht aus dem Kopf und dem 1. Brustsegment und trägt neben dem kurzen, tasterartigen 1. Antennenpaar beim Männchen ein kräftiges 2. Antennenpaar. Beim Weibchen ist das 2. Antennenpaar wesentlich schwächer ausgebildet. Weibchen sind deshalb auch nur 6 mm lang, Männchen dagegen 9 mm (Abb. 71).

Lebensweise

In geeigneten Sedimenten legen Schlickkrebse haarnadelförmige Röhren bis zu einer Tiefe von 4 bis 5 cm an (Abb. 72). Im Winter können diese bis

Abb. 71: Schlickkrebs, Männchen, ca. 1 cm lang (Foto: Thies).

Abb. 72: Die Wohngänge des Schlickkrebses sind U-förmig und 4 bis 8 cm tief (Foto: Thies).

zu 8 cm tief in den Boden hineinreichen. An der Wattoberfläche haben die beiden Röhrenschenkel einen Abstand von 0,5 bis 1,5 cm, sie sind somit eine Körperlänge voneinander entfernt. Auch im Boden wird dieser Abstand zwischen den Röhrenschenkeln beibehalten. Die Wahrung des Abstands hängt mit der Bauweise der Wohnröhre zusammen. Der Schlickkrebs legt zunächst eine taschenförmige Mulde im Boden an, fügt dann Sedimentpartikel, die mit Schleim versehen sind, auf die Ränder der Muldenenden und formt hier schließlich zwei Röhren. Die Röhren bleiben über den Muldenboden miteinander verbunden. Die somit vom Anbeginn ihrer Entstehung U-förmig angelegte Wohnröhre ermöglicht dem Schlickkrebs einen Atemwasserstrom aufrecht zu erhalten und dessen sedimentausräumende Wirkung für die Vertiefung der Röhrenschenkel zu nutzen. Die Wohnröhre bietet dem Krebs vor allem Schutz vor Freßfeinden, Austrocknung, Erfrieren und Verdriften.

Atmung und Ernährung

Der durch die Wohnröhre gelenkte Atemwasserstrom führt dazu, daß auch im umgebenden Sediment Oxidationsprozesse überwiegen und damit die Wohnröhre von einem hellen Saum umgeben ist. Bei dichter Besiedlung hebt sich die gesamte, von Corophium-Röhren durchsetzte Sedimentlage farblich gegen die darunterliegende Bodenschicht ab.

Der Atemwasserstrom erhält seinen Antrieb durch heftiges Schlagen der hinteren Gliedmaßen. Der Gasaustausch selbst findet dort an blattartigen Erweiterungen statt. Nahrung kann vom Schlickkrebs auf zweierlei Weise aufgenommen werden, entweder durch Filtrieren des Atemwasserstroms oder durch Aufsammeln von Nahrungspartikeln vom Boden. Beim Filtrieren des durch die Wohnröhre gelenkten Atemwasserstroms kommt den 1. und 2. Kieferfüßen besondere Bedeutung zu. Ihre Endglieder sind mit langen Borsten besetzt. Die von den 2. Kieferfüßen aus dem Atemwasserstrom zurückgehaltenen Schwebstoffe werden von den 1. Kieferfüßen ausgekämmt und hier durch Bewegungen dieser beiden Kieferfüße gegeneinander aussortiert.

Beim Aufsammeln von Nahrung auf dem Wattboden verläßt der Krebs zumindest mit dem vorderen Körperabschnitt die schützende Wohnröhre. Mit den langen kräftigen 2. Antennen harkt er Sinkstoffe in den Eingang der Wohnröhre und sortiert sie hier, vermutlich ebenfalls unter Ausnutzung des o.a. Filtermechanismus, mit den Kieferfüßen aus (Abb. 73). Auf dem Wattboden entstehen bei dieser Art des Nahrungserwerbs sternartige Kratzspuren von ca. 1–2 cm Durchmesser.

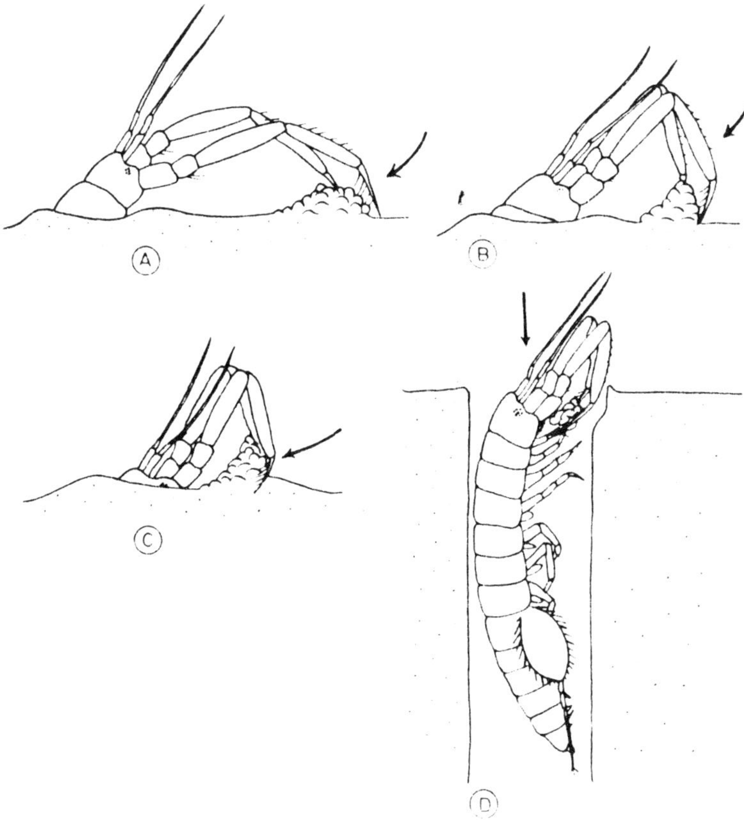

Abb. 73: Mit den langen 2. Antennen harkt der Schlickkrebs Sinkstoffe in seine Wohnröhre (aus NEWELL).

Fortpflanzung und Entwicklung

Schlickkrebse sind getrenntgeschlechtlich. Von Mai bis Oktober werden 3–4 Generationen erzeugt. In kälteren Gebieten, wie z.B. an der Ostküste Kanadas, folgt der Sommergeneration jedoch nur eine Wintergeneration. Die Weibchen legen ca. 50 Eier. Diese reifen in einem zwischen den Beinen gelegenen Brutsack heran. Hier werden sie solange zurückgehalten, bis sich die Jungkrebse nach dem Schlüpfen auch erstmals gehäutet haben. Darmuntersuchungen an diesen Jungtieren haben ergeben, daß sie sich bereits im Brutsack ernähren.

Der Schlickkrebs besitzt kein planktisches Stadium. Jungkrebse, die den Brutsack verlassen haben, bleiben solange in der Wohnröhre der Mutter, bis sie sich über einen Seitengang selbst eine Wohnröhre zulegen. Diese Jungtiere ähneln schon im Schlüpfstadium den erwachsenen Krebsen, auch wenn die Körperproportionen sich von diesen noch unterscheiden. Im Herbst und Winter sterben fast alle die Individuen ab, die bereits im Sommer geschlechtsreif waren, so daß lediglich die beiden letzten Bruten, die im Herbst und Winter nur langsam heranreifen, das Brutgeschäft im nächsten Frühjahr fortsetzen.

Feinde

Obwohl der Schlickkrebs nur 20–25 mg wiegt, ist er aufgrund seines reichlichen Vorkommens für die Stoffumwandlung im Wattenmeer von großer Bedeutung. Er wird von Fischen und Watvögeln erbeutet. Selbst einige Würmer stellen ihm nach. Die meisten Schlickkrebse fallen jedoch Garnelen zum Opfer. Für heranwachsende Garnelen sind sie sogar die Hauptnahrung.

Literatur

GERDES, G. W.E. KRUMBEIN & H.-E. REINECK (1987): Mellum-Portrait einer Insel. Frankfurt (W. Kramer).

HART, T.J. (1930): Preliminary Notes on the Bionomics of the Amphipod Corophium volutator (Pallas). J.mar.biol. Ass. U.K. 16, 761–789.

NEWELL, R.C. (1970): Biology of Intertidal Animals. London. Paul Elek, Logos Press.

PEER, D.L., L.E. LINKLETTER & P.W. HICHLIN (1986): Life History and Reproductive Biology of Corophium volutator (Crustacea: Amphipoda) and the Influence of Shorebird Predation on Population Structure in Chiquecto Bay, Bay of Fundy, Canada. Neth. J. Sea Res. 20 (4), 359–373.

REINECK, H.-E., (1978): Das Watt. Ablagerungs- und Lebensraum. Frankfurt (W. Kramer).

WOHLENBERG, E. (1931). Die grüne Insel in der Eidermündung. Arch. dt. Seewarte 50.

Nordseegarnele (Crangon crangon)

Klaus Kock

Neben dem Namen Nordseegarnele sind in Schleswig-Holstein die Namen Porren (Nordfriesland) und Kraut (Dithmarschen) im Plattdeutschen gebräuchlich. In Niedersachsen heißen die Garnelen auch Granat. Die Verwendung des gebräuchlichen Begriffes Nordseekrabbe ist etwas proble-

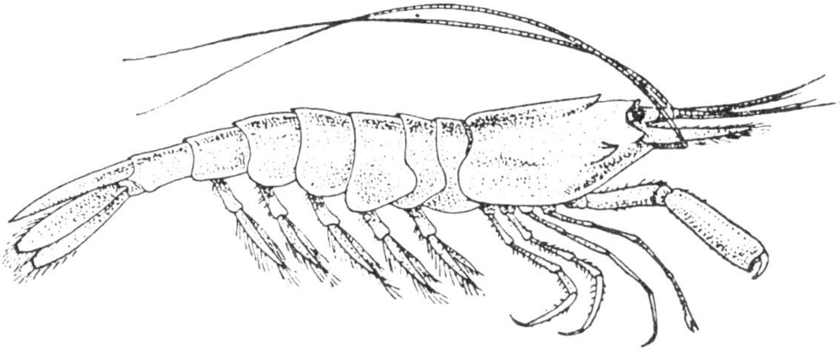

Abb. 74: Nordseegarnele, Crangon crangon, bis 8 cm lang (aus DE HAAS & KNORR).

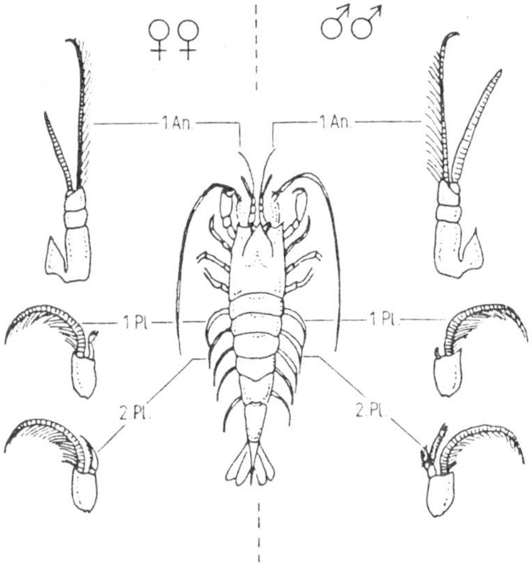

Abb. 75: Geschlechtsunterschiede zwischen weiblichen (links) und männlichen (rechts) Nordseegarnelen (aus THIES).

matisch, da der deutsche Begriff Krabbe die Gruppe der Kurzschwanzkrebse (Brachyura) meint, also z.B. die Strandkrabbe und die Schwimmkrabbe.

Beschreibung

Die Nordseegarnele wird im allgemeinen 40–60 mm lang, allerdings bestehen deutliche Geschlechtsunterschiede. Die Männchen werden meist nur 50 mm, maximal 65 mm lang, Weibchen dagegen erreichen 60 – 70 mm, maximal 90 mm Länge. Entsprechend findet man bei den Speisegarnelen im wesentlichen Weibchen (bei Garnelen über 55 mm praktisch ausschließlich). Die äußeren Geschlechtsunterschiede werden allerdings erst bei 30 mm Länge sichtbar und lassen sich auch dann nur mit einer guten Lupe oder dem Binokular feststellen (s. Abb. 75). Die natürliche Lebensdauer der Weibchen beträgt 3 bis maximal 5 Jahre, während die Männchen zu Beginn des 3. Lebensjahres sterben.

Kopf und Brust (Cephalothorax) der Tiere sind von einem Carapax bedeckt, der vorn nur einen kurzen Fortsatz (Rostrum) trägt, welcher von den Augen überragt wird. Der Carapax besitzt einen Mitteldorn und 2 Seitendornen (Abb. 74). Die 1. Antennen sind relativ kurz und besitzen 2 Geißeln, die 2. Antennen sind fast körperlang. Sie tragen am Grund einen blattförmigen nach vorn gerichteten Fortsatz (Scaphocerit). Crangon gehört zu den Zehnfüßigen Krebsen (Decapoda), besitzt also 5 Beinpaare (Peraeopoden) am Thorax, deren erstes kräftig entwickelt ist und Scheren mit einklappbarem Endglied trägt. Das dünne 2. Beinpaar trägt winzige pinzettenartige Scheren. Das 3.–5. Beinpaar dient zum Laufen. Die 5 Spaltbeinpaare des Abdomens (Pleopoden) sind dicht mit Borsten besetzt und dienen als Schwimmbeine. Das Beinpaar des letzten Hinterleibssegments (Uropoden) ist blattförmig und bildet zusammen mit dem Telson den fünflappigen Schwanzfächer.

Verbreitung

Die Nordseegarnele kommt in der Nordsee und in der Ostsee bis Finnland vor. Sie tritt im Mittelmeer und an der Atlantikküste von Nordafrika bis zum Weißen Meer auf. Auch wenn Nordseegarnelen in 150 m Wassertiefe gefunden wurden, so ist ihr bevorzugter Lebensraum doch die Flachwasserzone mit sandigem oder schlickigem Bodengrund. Die höchsten Dichten werden in produktiven Ästuargebieten mit Gezeiteneinfluß erreicht, wobei die Garnelen auch ins Brackwasser vordringen.

Lebensweise

Die Nordseegarnele unternimmt im Wattenmeer regelmäßige jährliche Wanderungen, die vermutlich i.w. von den Änderungen der Wassertemperaturen gesteuert werden. Im März/April, wenn sich das Wasser des Wattenmeeres schneller erwärmt als das der Nordsee, wandern die Tiere aus dem Küstenvorfeld ins Wattenmeer ein. Im Oktober/November setzt dann bei sinkenden Wassertemperaturen die Rückwanderung ein.

Im Wattenmeer gibt es deutliche räumliche Trennungen der Größenklassen (Abb. 76). Nach der Metamorphose und dem Übergang zum Bodenle-

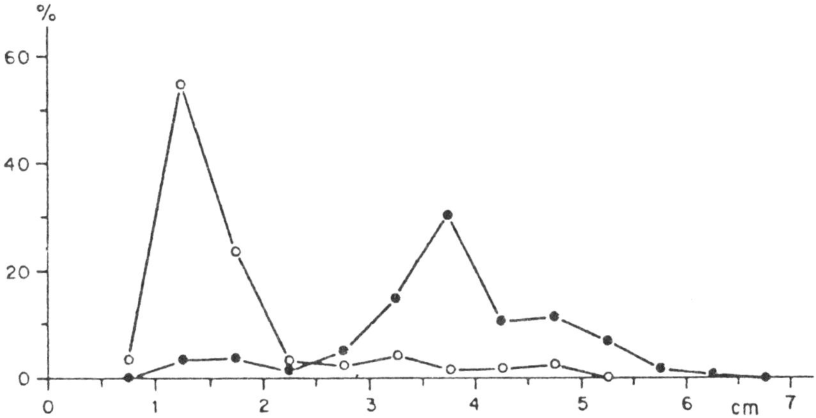

Abb. 76: Unterschiedliche Größe der Nordseegarnelen in Wattströmen (Punkte) und auf Wattflächen (Kreise); Prozentanteile der einzelnen Längenklassen (aus JANSSEN & KUIPERS).

ben (Größe ca. 5 mm) halten sich die jungen Garnelen auf den hohen Wattflächen auf und verlassen diese auch während des Niedrigwassers kaum. Sie graben sich bis auf die Augen und Antennen in die oberste Sedimentschicht ein oder halten sich, allerdings auch meist eingegraben, in kleinen Pfützen auf. Bei hohen Temperaturen sind sie allerdings auch während des Niedrigwassers aktiv.

Ab 2–3 cm Länge suchen die Garnelen dann tiefergelegene Wattflächen und die Priele auf. Die über 4 cm langen Garnelen bleiben i.w. auch bei Hochwasser in den Prielen und Rinnen. Dies wurde bei Untersuchungen im niederländischen Wattenmeer deutlich. Zwischen Hoch- und Niedrigwasser traten keine wesentlichen Unterschiede in Besiedlungsdichte und Größenverteilung in Prielen und auf Wattflächen auf. Gezeitenwanderungen finden also kaum statt. Es gibt allerdings Hinweise, daß es bei höherem Tidenhub als im niederländischen Wattenmeer, also z.B. in Nordfriesland, wohl schon durch die stärkeren Strömungen durchaus zu gezeitenabhängigen Wanderungen der großen Garnelen kommt. Das Verbleiben der jungen Garnelen auf den Wattflächen bei Niedrigwasser wird als Schutz vor aquatischen Freßfeinden (Fische, aber auch größere Garnelen) gedeutet.

Garnelen sind nachtaktiv, tagsüber graben sie sich meist in die oberste Bodenschicht ein. Allerdings zeigte sich bei den jungen Garnelen in Wattpfützen, daß sie bei Temperaturen über 25° C auch tagsüber aktiv wurden und Nahrung suchten. Auf zu hohe Temperaturen reagieren diese Tiere allerdings mit dem Versuch, in tiefergelegene Wattgebiete zu fliehen.

Junge Garnelen können höhere Temperaturen ertragen als erwachsene. Während bei erwachsenen Tieren ab 25 °C die Mortalität rasch ansteigt, tritt dies bei jungen Tieren unter 2,5 cm erst bei 30 – 32 °C auf.

Die Toleranz gegenüber Salzgehaltsschwankungen variiert ebenfalls mit dem Alter, generell ist sie bei jungen Tieren größer als bei erwachsenen. Sie ist zusätzlich von der Wassertemperatur abhängig. Bei 5–10 °C zeigen die Garnelen die größte Toleranz gegenüber Salinitätsschwankungen.

Das Salzgehaltsoptimum liegt bei 4 °C bei 33 ‰, bei 20 °C bei 29 ‰, bei einjährigen Garnelen sogar bei 15–20 ‰. Dies erklärt das Eindringen junger Nordseegarnelen in Brackwasserbereiche im Sommer, in denen die Nahrungskonkurrenz durch ältere Garnelen aber auch die Zahl der Freßfeinde geringer sind. In der Ostsee kommen die Garnelen noch bei Salzgehalten um 3 ‰ vor. Crangon ist also eine euryhaline und eurytherme Art, allerdings liegt das Optimum, v.a. der adulten Tiere, bei niedrigen Temperaturen und hohen Salzgehalten.

Nordseegarnelen können sich an die Färbung des Untergrundes anpassen. Tagsüber sind sie meist durchscheinend, während sie nachts dunkel gefärbt sind. Dies wird durch mehrzellige Chromatophoren im Unterhautbindegewebe erreicht, die Melanin (schwarz), Carotinoide (gelb und rot) und Guanin (weiß) enthalten. Der Farbwechsel läuft in 15–30 Minuten ab und beruht auf der Änderung der Farbstoffverteilung in den einzelnen Farbzellen.

Fortbewegung, Sinne

Die „normale" Fortbewegung der Garnelen ist das Schreiten über den Grund mit dem 2.–5. Beinpaar. Hierbei wird der Raum vor dem Tier ständig mit den langen 1. Antennen abgetastet. Beim schnellen Laufen werden die Schreitbeine durch Rudern der Schwimmbeine unterstützt. Doch schwimmen Garnelen auch im freien Wasser durch rasches Schlagen der 5 Abdomenbeinpaare. Daher werden sie auch in Netzen gefangen, die ohne Grundberührung fischen. Als Fluchtbewegung können die Tiere durch mehrfaches heftiges Einklappen des Hinterleibs mit dem breiten Schwanzfächer rasch rückwärts schwimmen.

Beim Eingraben schaffen die Garnelen durch rasches Schlagen der Schwimmbeine eine Mulde unter sich, was durch Kontraktionen des Hinterleibs unterstützt wird. Die Laufbeine halten dabei den Körper an der gleichen Stelle. Legt sich der Krebs in die Mulde, wird er von nachrieselndem Sand bedeckt und wischt zusätzlich mit den langen Hauptantennen Sand über den Körper, bis nur noch Augen und Antennen aus dem Sand ragen.

Die Augen liegen auf kurzen Stielen und überragen etwas den Carapax. Sie besitzen jeweils ca. 1.000 Einzelaugen (Ommatidien) und sind zum Farbensehen befähigt. Der ebenfalls gute chemische Sinn ist auf den 1. Antennen, den Mundgliedmaßen und den Endgliedern der Schreitbeine lokalisiert.

Durch den kräftigen, nach vorn gerichteten Atemwasserstrom entsteht daneben ein Wassersog, der auf das Vorderende der Garnele gerichtet ist. Mit Hilfe von Richtungsänderungen des Atemwasserstrahls kann sie daher auch bei ruhigem Wasser vor ihr liegende Beute lokalisieren.

Im Grundglied der 1. Antennen befinden sich Organe des Gleichgewichtssinnes (Statocysten).

Atmung und Blutkreislauf

Die Kiemen der Nordseegarnele sind Anhänge von Laufbeingrundgliedern, die in die Atemhöhle unter dem Carapax ragen. Der Atemwasserstrom wird durch Anhänge der Mundwerkzeuge (Endopodite der 2. Maxillipeden) erzeugt und tritt durch Spalten neben den Laufbeinen in die Atemhöhle ein. Er verläßt den Körper durch eine kleine Öffnung in Mundnähe. Auch eingegraben wird dieser Atemwasserstrom aufrechterhalten.

Junge Garnelen sind sehr unempfindlich gegen Sauerstoffmangel. In den flachen Pfützen mit stark erwärmtem Wasser, in denen sich die Garnelen während des Niedrigwassers aufhalten, wurden nur 20 % Sauerstoffsättigung festgestellt.

Der Blutkreislauf ist offen, auf dem Rücken ist ein schlauchförmiges Herz zu finden.

Ernährung

Nordseegarnelen sind Allesfresser. Besonders die Männchen fangen Plankton, indem sie beim Schwimmen einen zum Mund gerichteten Wasserstrom erzeugen. Im wesentlichen aber wird die Nahrung auf dem Boden oder in der obersten Sedimentschicht gesucht. Junge Garnelen bis 30 mm Länge ernähren sich vornehmlich von Schlickkrebsen, Muschelbrut und Organismen der Meiofauna. Zwischen 30 und 45 mm Länge haben die Garnelen das breiteste Beutespektrum. Neben Schlickkrebsen und jungen Muscheln werden Borstenwürmer (Nereis, Pectinaria), Flohkrebse und Schwebegarnelen gefressen. Bei Garnelen über 45 mm Länge stellen Borstenwürmer den wichtigsten Nahrungsanteil, doch spielt auch der Kannibalismus, insbesondere von frischgehäuteten Artgenossen, eine Rolle. Aber auch Grünalgen, Aas und Detritus werden von Garnelen verzehrt.

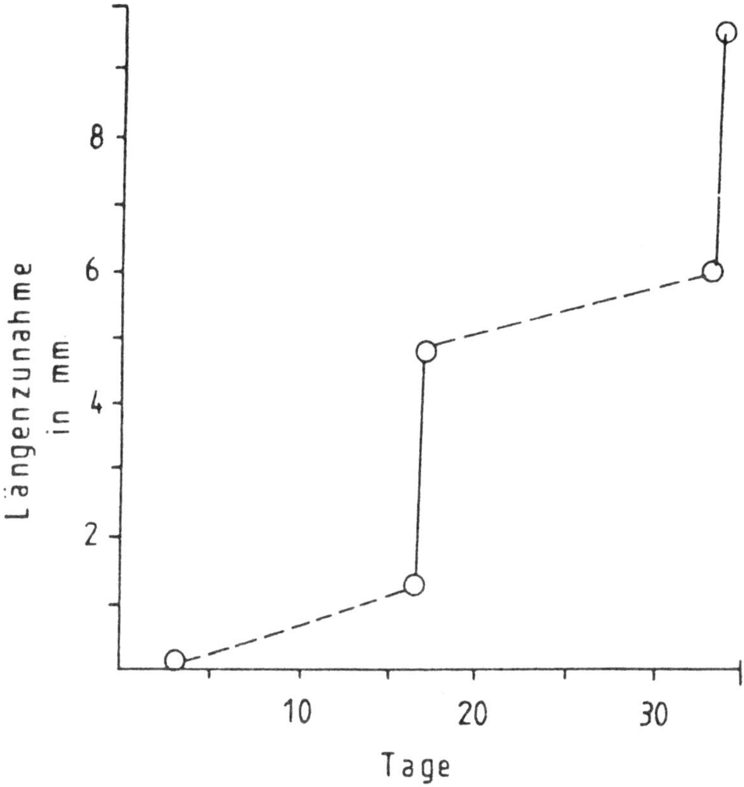

Abb. 78: Längenwachstum bei jungen Nordseegarnelen; gestrichelt: Wachstum zwischen den Häutungen, durchgezogen: Wachstum bei der Häutung (aus THIES).

Feinde, Stellung im Nahrungsnetz, wirtschaftliche Bedeutung

Die Nordseegarnele ist für viele Tiere eine wichtige Beute. Allein der Wegfraß durch Fische ist vermutlich 2 – 4 mal so hoch wie die Fangmenge der Garnelenfischerei. Von besonderer Bedeutung sind hier Scheibenbauch, Grundeln, Steinpicker, Wittling, Seeskorpion und Plattfische. Im Jahre 1983 führte die Einwanderung junger Dorsche ins Wattenmeer zu erheblichen Ertragseinbußen der Garnelenfischerei.

Auch Strandkrabben und Schwimmkrabben fangen Nordseegarnelen. So können junge Garnelen in Wattpfützen von noch kleineren Strandkrabben erfolgreich attackiert werden.

Unter den Vögeln stellen v.a. Grünschenkel, Dunkler Wasserläufer und die Möwen den Garnelen nach.

stärker als Raubbau angesehen wurde, gelangen heute die meisten untermaßigen Garnelen durch Sortiermaschinen ins Meer zurück. Während früher die Garnelen meist mit Schiebenetzen (Porrengliep) im flachen Wasser von Hand gefischt wurden, wird der Fang heute mit 14–18 m langen Kuttern mit 2 Baumkurren (kleine Schleppnetze) betrieben.

Literatur

BERGHAHN, R. (1983): Untersuchungen an Plattfischen und Nordseegarnelen (Crangon crangon) im Eulitoral des Wattenmeeres nach dem Übergang zum Bodenleben. Helgoländer Meeresunters. 36, S. 163–181.

DANKERS, N., H. KÜHL, & W.J. WOLFF (1981): Invertebrates of the Wadden Sea. Rotterdam (Balkema).

DE HAAS, W. & F. KNORR (1990): Was lebt im Meer an Europas Küsten? Rüschlikon – Zürich (Albert Müller).

DETLEFSEN, G.U. (1984): Krabben Garnele – Granat. Husum (Husumer Druck- und Verlagsges.).

JANSSEN, G.M. & KUIPERS, B.R. (1980): On tidal migration in the shrimp, Crangon crangon. Neth. J. Sea Res. 14 (3/4), S. 339–348.

KUIPERS, B.R. & DAPPER, R. (1981): Production of Crangon crangon in the tidal zone of the Dutch Wadden Sea. Neth. J. Sea Res. 15 (1), S. 33–53.

MEIXNER, R. (1968): Experimentelle Untersuchungen zur Biologie der Nordseegarnele Crangon crangon (L.). Diss. Univ. Hamburg.

NEWELL, G.E. & R.C. NEWELL (1979): Marine Plankton. London (Hutchinson).

THIES, M. (1985): Biologie des Wattenmeeres. Köln (Aulis).

TIEWS, K. (1970): Synopsis of biological data on the common shrimp Crangon crangon (L.). FAO Fish. Rep. 57 (4).

Einsiedlerkrebs (Pagurus bernhardus)

Hans Ulrich Meyer

Nur wenige Artnamen charakterisieren ein Tier so gut wie dieser; das Bewohnen eines leeren Schneckengehäuses macht auch die früher verwendeten Namen "St. Bernhards-Krebs" oder „Diogenes-Krebs" verständlich. Desgleichen weist der lateinische Gattungsname ("Fettschwanz") auf den rundlichen, weichen, nicht von einer Kalkschale geschützten Hinterleib hin.

Für Wattflächen in den Niederlanden wurden folgende produktio sche Werte ermittelt: Die Biomasse beträgt etwa 0,2 – 0,3 g as Trockengewicht zu Zeiten der höchsten Dichten im Hochsommer (ä sind die Tiere oft sehr ungleichmäßig verteilt). Die Produktion errei aschefreies Trockengewicht pro m^2 und Jahr wovon ca. 60 % von genannten Freßfeinden abgeschöpft werden. Die Garnelen selb: mieren 6,7 g aschefreies Trockengewicht pro m^2 und Jahr. Geht einer durchschnittlichen Produktion des Wattenbenthos von 2 (allerdings nur der Makrofauna), verdeutlicht dies die Bedeut Garnelen als Predatoren auf die Lebensgemeinschaften des Wat So nimmt die Nordseegarnele wegen ihrer Bedeutung sowohl als B auch als Räuber eine Schlüsselstellung im Nahrungsnetz des meeres ein.

Abb. 79: Gekochte Nordseegarnelen (Foto: Meyer).

Die Erträge der Garnelenfischerei schwanken von Jahr zu Jahr. Sie li bei 9 – 12.000 Tonnen Speisegarnelen pro Jahr an der deutschen Nord küste. Der Anteil der Futtergarnelen, die als Viehfutter verwendet wer ist seit Mitte der siebziger Jahre stark zurückgegangen auf 1 – 2. Tonnen pro Jahr. Davor lag er meist beim Doppelten bis Vierfachen Speisegarnelenfänge. Da der Futtergarnelenfang, von dem vor al kleine Garnelen sowie auch junge Plattfische betroffen waren, im

Beschreibung:

Die Einsiedlerkrebse werden taxonomisch in die Nähe der Krabben (Kurzschwanzkrebse) gestellt, weisen aber Besonderheiten im Bau des Hinterleibes auf. Sie sind daher der Abteilung Mittelkrebse (Anomura, "Ausnahmeschwänze") der Ordnung der Decapoda eingegliedert.

Nur der Kopf und die Brust werden von einem kalkigen Carapax geschützt, der bis zu 10 cm lang wird; der Hinterleib ist weichhäutig und liegt geschützt in einem Schneckengehäuse. Aufgrund der Drehung des Schneckengehäuses – fast alle marinen Prosobranchier zeigen eine Rechtswindung – ergeben sich bezüglich des Körperbaues einige Besonderheiten (Abb. 80):

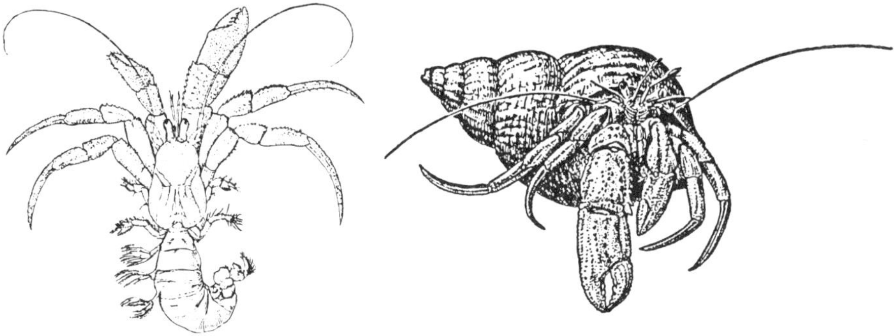

Abb. 80: Einsiedlerkrebs, Pagurus bernhardus. Links ohne Gehäuse (aus SCHELLENBERG), rechts im Gehäuse einer Wellhornschnecke (aus KOSCH).

- Das erste Schreitbeinpaar trägt unterschiedlich große Scheren, von denen die größere, rechte, als Verschluß quer über die Schneckenhausöffnung gelegt werden kann;
- die folgenden beiden Schreitbeinpaare sind kräftig und mit spitzen Klauen versehen; sie dienen der Fortbewegung;
- von den weiteren Beinen besitzen die letzten beiden Paare nur kleine Scheren und raspelartige Flächen zum Festklammern im Schneckengehäuse;
- die Hinterleibsbeine sind entsprechend den rechtsdrehenden Schneckengehäusen nur auf der linken Seite des Krebses ausgebildet. Sie erzeugen den Wasserstrom für die Kiemen- und Hautatmung am Hinterleib; bei den Weibchen halten sie zudem die Eipakete fest;
- die letzten Beinpaare sind wiederum mit Raspeln und Klammerhaken versehen;

- die inneren Organe liegen nicht in der Brustregion, wie bei den meisten Krebstieren, sondern sind größtenteils in den Hinterleib gerückt.

Fortpflanzung, Wachstum

Fortpflanzungszeit ist das Frühjahr bis in den Frühsommer. Nach der Begattung trägt das Weibchen die Eier zunächst am Hinterleib im Gehäuse. Es werden 3 Eipakete mit insgesamt 1.000 bis 30.000 Eiern abgelegt; die Zahl hängt von der Größe des Weibchens ab. Die Weibchen kommen während der Tragezeit der Eier oft aus dem Gehäuse heraus, um durch starke Pleopodenschläge die Sauerstoffversorgung der Eier zu sichern. Nach dem Schlüpfen durchlaufen die Jungen im Plankton mehrere Zoea-Stadien und ein Megalopa-Stadium von etwa 4 mm Länge. Im letzten Larvenstadium, das früher als eigenständige Art angesehen wurde und einen eigenen Namen – Glaucothoe – erhielt, werden vertikale Suchbewegungen auf ein geeignetes Gehäuse hin unternommen. Erst nach Besiedlung eines leeren kleinen Gehäuses, bei uns vor allem von jungen Strandschnecken, und nach anschließender Häutung werden die oben erwähnten Asymmetrien deutlich sichtbar. Der Jungkrebs hat eine Carapaxlänge von wenigen mm.

Die Jugendstadien trifft man überwiegend im unteren Eulitoral und oberen Sublitoral an. Denn hier ist das Angebot an besiedlungsfähigen Gehäusen besonders groß. Vor jeder Häutung, die ja immer mit einem Wachstumsschub verbunden ist, muß ein größeres leeres Schneckenhaus gesucht werden. Dabei werden gelegentlich auch lebende Schnecken angegriffen, obwohl sie durch das Zurückziehen und Verdeckeln gegenüber den recht kleinen Scheren des Krebses genügend geschützt sind. Zunächst werden als Siedlungsgehäuse geeignete Objekte nach Größe visuell aufgesucht. Da dies sehr langwierig sein kann – bestandslimitierender Faktor für diese Krebse ist das Angebot geeigneter Gehäuse – sind die Tiere lange Phasen ihres Lebens mit der Suche beschäftigt. Gefundene Objekte werden durch Tasten auf Eignung geprüft. Vor dem Umsiedeln erfolgt jeweils eine Kontrolle mit der langen Schere, ob nicht doch bereits ein Artgenosse drinsitzt. Dann wird in Sekundenschnelle gewechselt, wobei vor allem der weiche Hinterleib wieder geschützt werden muß. Nach der anschließenden Häutung wird die größere rechte Schere oft quer in die Gehäuseöffnung gelegt, bis sie nach einigen Tagen ausgehärtet ist. So paßt sich ihre Form optimal der Öffnung an. Größere Tiere wandern in sublitorale Bereiche ab; dort sind größere Schneckenhäuser zu finden. In der Nordsee werden vor allem die Gehäuse der Wellhornschnecken besiedelt. Man findet in Dredge-Proben kaum leere Gehäuse, was den großen Wohnungsbedarf der Einsiedlerkrebse bestätigt. In küstenferneren Gebieten finden sich kaum noch Einsiedlerkrebse, da hier oft ein Mangel an kleinen Schneckenhäusern herrscht und dementsprechend auch keine Jungen heranwachsen können.

Interessant ist die Symbiose zwischen Einsiedlerkrebs und dem Stachelpolyp Hydractina echinata (siehe entsprechende Monografie und Abb. 8 und 9). Sie hilft dem Krebs, den Sprung zwischen den kleinen Littorina- und den großen Buccinum-Gehäusen zu überwinden. Neben dieser Besiedlung finden sich auf von Einsiedlern bewohnten Wellhornschneckengehäusen eine Reihe von Epizoen, die während der Lebenszeit der Schnecken dort noch nicht siedeln: Schwärme, Hydrozoen, Röhrenwürmer, Seepokken, Moostierchen und vereinzelt auch Korallentiere; die Symbiose zwischen Seeanemone und Krebs wird in vielen Büchern beschrieben.

Als Begleiter bewohnt gelegentlich der Ringelwurm Nereis fucata die Schneckengehäuse der Einsiedler.

Fortbewegung, Ernährung

Der Einsiedlerkrebs schreitet über den Boden und schleift das Gehäuse hinter sich her. Bei Gefahr zieht er sich vollständig zurück und verschließt die Öffnung mit der großen Schere.

Hauptnahrung sind Kleintiere und Detritus. Die Beute wird ertastet und mit den Scheren aufgenommen. Neben kleinen Würmern, Schnecken und Muscheln werden auch Hydrozoen und junge Seepocken aufgenommen. Das weite Spektrum an kleinen Partikeln führt gelegentlich zum Vergleich mit einer Straßenfeger-Funktion. Gelegentlich filtrieren die Mundwerkzeuge auch Partikel aus dem Atemwasserstrom.

Literatur:

KOSCH, A., H. FRIELING & H. JANUS (1961): Was find ich am Strande? Stuttgart (Kosmos).

SCHELLENBERG, A. (1928): Crustacea – II. Deacpoda. In Dahl: Die Tierwelt Deutschlands. Jena (Fischer).

REISE, K. (1985): Tidal flat ecology. Berlin (Springer)

URANIA – TIERREICH (1972): Wirbellose II. Leipzig u.a.O.

Strandkrabbe (Carcinus maenas)

Boje Maaßen

Beschreibung

Die Strandkrabbe wird in Aussehen und Form stark von dem Rückenpanzer (Carapax) und den 5 Schreitbeinpaaren geprägt (Abb. 81). Der Rücken-

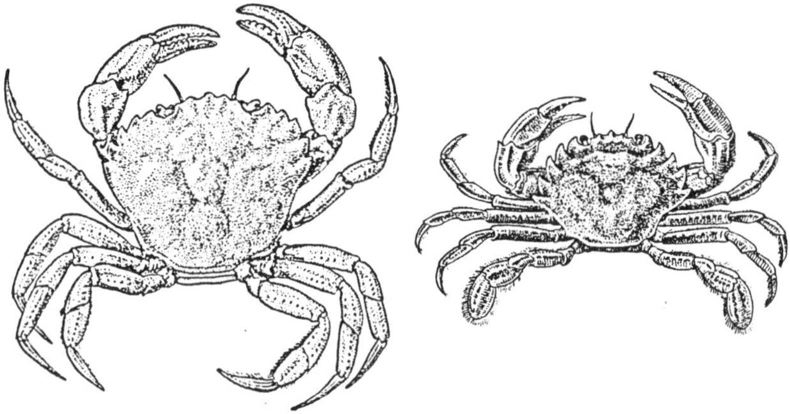

Abb. 81: Strandkrabbe, Carcinus maenas und Schwimmkrabbe, Liocarcinus holsatus (aus DE HAAS & KNORR).

Abb. 82: Strandkrabbe (Foto: Söhl).

panzer erreicht bei weiblichen Tieren eine Breite von 5,5 cm und bei männlichen Tieren von 7 cm und ist ca. 1,5 mal so breit wie lang. Der kurze, flache Hinterleib (Abdomen) ist unter den Körper geklappt, deswegen zählt man die Strandkrabbe auch zu den Kurzschwanzkrebsen (Brachyura). Die Farbe des Carapax wechselt bei erwachsenen Tieren von sandfarben über oliv- bis dunkelgrün, wobei dunkelgrün vorherrscht. Junge Krabben weisen häufig eine Musterung auf. Die Unterseite ist weißlich.

Die Vorderseite des Rückenpanzers besteht in der Mitte aus 3 abgerundeten „Zähnen", die beidseitig von 2 Augenbuchten begrenzt werden, an die sich wiederum je Seite 5 spitze, scharfgebuchtete Zähne anschließen. Die paarigen Komplexaugen werden von zweigliedrigen Augenstielen getragen. Sie überragen den Rückenpanzer und ermöglichen dem Krebs ein Gesichtsfeld von 360 Grad. Die zwei zwischen den Augen liegenden Antennenpaare unterscheiden sich in Bau und Größe. Von beiden Antennenpaaren ist die erste (innere Antenne) häufig nicht sichtbar, da diese bei Beunruhigung automatisch eingeschlagen und unter besonderen Gruben am Stirnfortsatz verborgen werden.

Die Oberfläche des Rückenpanzers ist nicht einheitlich, sondern wird durch ein System von Furchen in unterschiedliche Regionen aufgeteilt. Auf dem Carapax siedeln häufig Seepocken, die die Strandkrabben in der Regel erst mit einer Häutung loswerden. Das kann dann lebenswichtig sein, wenn die Seepocken das Sichtfeld des Krebses einschränken. Auf der Bauchseite ist die segmentale Struktur gut sichtbar erhalten, die durch den kürzeren, mehr dreieckigen Hinterleib (Abdomen) des Männchens und den längeren, mehr rundlichen des Weibchens verdeckt wird. Beim Männchen ist das 3. bis 5. Hinterleibssegment zu einem Teilstück zusammengewachsen. (Abb. 83).

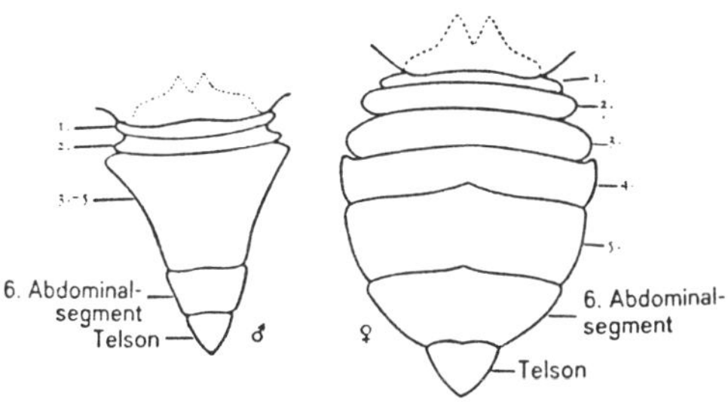

Abb. 83: Geschlechtsunterschiede bei der Strandkrabbe; dargestellt ist der unter den Körper geklappte Hinterleib (aus KÜCKENTHAL).

An der Körperseite oberhalb der Beinansätze erkennt man eine seitliche Furche (Pleuralfurche), die bei der Häutung aufreißt, so daß das Tier rückwärtskriechend den alten Panzer mit den Gliedmaßen verläßt. Von den Mundwerkzeugen, also den Mandibeln, Maxillen und Maxillipeden (Kieferfüße), ist nur das dritte Maxillipedenpaar erkennbar. Sie verdecken wegen ihrer relativen Breite die darunterliegenden Mundwerkzeuge. Von den fünf Paar Schreitbeinen (Paraeopoden) weicht nur das erste Paar wesentlich von den anderen ab: Es ist zu Scheren umgeformt. Beide Scheren sind aber unterschiedlich groß (= Heterochelie): Die kräftigere Schere („Knackschere") dient dem Zerkleinern hartschaliger Nahrung, während die feinere („Pinzettschere") zur Zerkleinerung der Nahrung genommen wird. Die Scheren sind bei beiden Geschlechtern unterschiedlich gebaut. Die Männchen besitzen stärker gebaute Scheren und in der Regel doppelreihige Bezahnung; die Scheren der Weibchen haben eine schlankere Form und sind einreihig bezahnt.

Verbreitung

Die Strandkrabbe ist nahezu weltweit verbreitet (Kosmopolit). Sie bevorzugt Küstenbereiche, aber man findet sie auch noch in einer Tiefe bis 200 m. Tiefere Gewässer sucht sie insbesondere in der kalten Jahreszeit auf. In der Nordsee ist sie die häufigste Krabbe. In der Ostsee bildet Rügen die östliche Verbreitungsgrenze. 4‰ Salzgehalt ist der unterste Wert, den sie erträgt.

Die Besiedlungsdichte im Watt nimmt im Sommer vom Sand- zum Schlickwatt zu. Eine Untersuchung im Königshafen bei List auf Sylt ergab eine Siedlungsdichte im Schlickwatt von 15 Individuen auf 100 m^2 bei Wasserbedeckung (gezählt wurden alle Tiere ab einer Caparaxbreite von 15 mm). Junge Krabben bevorzugen vornehmlich hohes Schlickwatt, während erwachsene Individuen sich gerne an Prielrändern aufhalten und in Muschelbänken und Seegraswiesen Schutz suchen.

Fortbewegung, Sinne, Verhalten

Erwachsene Strandkrabben können nicht schwimmen, sie leben benthisch. Mit ablaufendem Wasser ist die Strandkrabbe relativ untätig. Sie zieht sich während dieser Zeit – wie bereits erwähnt – möglichst in Priele zurück, schafft sie dieses aber nicht, versteckt sie sich unter Steinen oder Uferbefestigungen oder gräbt sich in den Boden ein, so daß nur die Stirn mit den Augen und Antennen hervorschaut. Eigentümlich ist ihre Fortbewegungsweise. Im niederdeutschen Raum wird sie „Dwarslöper" genannt. „Dwars" übersetzt man am besten mit „quer". Denn die Strandkrabbe läuft in der Regel seitwärts. Dieser Bewegungsablauf ergibt sich aus der eigentümlichen Bauweise der Beine, die auf der Bauchseite „eingehängt" sind. Jedes Bein besteht aus sieben Gliedern, wobei die ersten zwei zusammengewachsen sind. Zwischen den Gliedern gibt es eine Art Gelenk, die alle unterschiedliche Spielräume besitzen. Am größten ist der Spielraum zwischen dem vierten und fünften Gelenk.

Wie orientiert sich Carcinus in seinem Lebensraum? Neben den Augen sind die Antennen äußerst wichtig. Das erste Antennenpaar hielt man früher für den Hauptsitz des Geruchsinns, heute hauptsächlich für den Träger von

Strömungssinnesorganen. Chemische Rezeptoren liegen auch auf den Fuß- und Scherenspitzen und den Mundwerkzeugen. Die zweiten Antennen dienen als Tastorgane.

Das statische Organ (Gleichgewicht) liegt in Grübchen an der Basis der ersten Antenne. Es besteht aus einer mit Sinneshaaren besetzten Leiste und einer Ansammlung von Sandkörnchen oder feinen Schillpartikeln (als Statolithen).

Die Strandkrabbe zeigt eine Reihe von deutlich ausgeprägten Reflexen; einige sollen genannt werden:

- Starrkrampfreflex: Ein am Rücken gefaßtes und hochgehobenes Strandkrabbenmännchen spreizt die Beine maximal nach allen Seiten.
- Aufbäumreflex: Bei Gefahr weicht die Krabbe zurück, geht vorn hoch, spreizt die Beine und Scheren weit auseinander, wobei letztere auf ein sich näherndes Objekt einschlagen.
- Umdrehreflex: Sofort wird das letzte Beinpaar gekrümmt flach unter den Rücken geschoben, das vorletzte Beinpaar greift nach beiden Seiten auf den Boden, und indem sich nun beide Beinpaare gegen den Boden stemmen, dreht sich der Körper über das Abdomen zur Bauchlage zurück.
- Fluchtreflex: Bei Gefahr schnelle seitliche Flucht.

Atmung

Unter dem Rückenpanzer liegen links und rechts je sechs Kiemen. An den zweiten und dritten Kieferfüßen (Maxillipeden) befindet sich je eine Kiemenbürste zum Reinigen der Kiemen. Die zweite Maxille, genauer, eine verbreiterte Platte dieser Maxille, sorgt durch rasches Pulsieren für Sauerstoff und damit für einen ständig frischen Atemwasserstrom. Dieser „zieht" frisches Wasser durch Öffnungen an den Basen der Schreitbeine in die Kiemenhöhle, läßt es an den Kiemen vorbeigleiten, von wo es aus einer Öffnung in Nähe des Mundes ausströmt. Der Scaphognathit vermag auch seine Schlagrichtung zu ändern, so daß die Strombewegung des Wassers ebenfalls geändert wird und dadurch die Kiemen von hängengebliebenen Partikeln befreit wird. Strandkrabben können bei Trockenfall – abhängig von Lufttemperatur und Luftfeuchtigkeit – einige Zeit auf Luftatmung umschalten. Ein eingeschlossener Wasservorrat hält dann die Kiemen feucht. Der Sauerstoffgehalt der Luft ist größer als der des Wasserfilms auf den Kiemen, so daß Sauerstoff solange in den Wasserfilm diffundiert, bis dieser aufgebraucht ist. Mit dieser Strategie vermag die Strandkrabbe ca. einen halben Tag (abhängig von Tageszeit und Luftfeuchtigkeit) im Trocknen zu leben.

Ernährung

Das Nahrungsspektrum der Strandkrabbe ändert sich stark im Laufe ihres Lebens. Je älter eine Strandkrabbe wird, desto größer wird ihr Anteil an tierischer Nahrung, wobei sie keinen Unterschied zwischen lebender und toter macht. Pflanzliche Nahrung wird mehr und mehr ersetzt durch Muscheln, Seeigel, Würmer, kleine Fische und andere Krebstiere. Kannibalismus ist die Regel. Sie hat also ein breites Nahrungsspektrum und nimmt jedes Beutetier, das gerade für sie erreichbar ist. Man kann die Strandkrabbe als Allesfresser bezeichnen. Man geht von einem Verbrauch eines Tieres von mindestens 1500 Joule pro Tag aus. Der von den Strandkrabben ausgeübte Feinddruck ist im Ökosystem Watt bedeutsam (siehe Kapitel Produktion).

Der bereits erwähnte geschlechtsunterschiedliche Bau der Scheren führt zu einem differenzierten Beutespektrum bei Männchen und Weibchen. Die Männchen bevorzugen Mollusken, während die Weibchen Anneliden den Vorzug geben. Dadurch nimmt das Weibchen – trotz ihrer relativ kleinen Körpermasse – mehr Energie auf als das Männchen, was der Aufzucht der Jungen zugute kommt. Man kann annehmen, daß dies eine Strategie zur Vermeidung intraspezifischer Konkurrenz darstellt.

Die Verdauung der Nahrung geschieht im Kaumagen, der durch Umbildung des Vorderdarms entstanden ist. Die Mitteldarmdrüse erfüllt in etwa die Funktion von Leber und Bauchspeicheldrüse der Wirbeltiere.

Wie alle Krebstiere verfügt auch die Strandkrabbe nicht über ein geschlossenes Blutgefäßsystem. Das Herz ist nahezu fünfeckig mit deutlich erkennbaren Herzöffnungen. Arterien sind im Gegensatz zu Venen vorhanden.

In weiten Bereichen ist Carcinus zur Osmoregulation fähig und hält die Ionenkonzentration der Körperflüssigkeit annähernd konstant. Die Ausscheidungsorgane sitzen an der Basis der Antennen und der Mundwerkzeuge.

Fortpflanzung und Entwicklung

Die Strandkrabbe ist getrenntgeschlechtlich. Die Befruchtung findet in den Monaten August/September statt und zwar nur unmittelbar nach der Häutung des Weibchens. Ca. 3 – 4 Tage vor der Häutung hält das Männchen – durch Duftstoffe angelockt – das Weibchen mit seinen Beinen unter dem Bauch fest und sichert so den optimalen Zeitpunkt für die Kopulation. Eine einmalige Befruchtung im Jahr genügt, da das Weibchen in der Lage ist, die Samen zu speichern. Die Samen sind lange lebensfähig und reichen aus, ca. 200 000 Eier zu befruchten. Im November/Dezember legt das Weibchen die Eier ab, aber nicht ins Wasser, sondern sie trägt sie als Eipaket zwischen dem umgeklappten Schwanz und der Bauchunterseite.

Die vier Paar Spaltfüße des Abdomen geben zusätzlichen Halt. Während dieser Zeit reinigen die Schreitbeine die Eier, und durch Heben und Senken des Hinterleibes werden sie mit Sauertoff versorgt. In der Regel schlüpfen die Larven zwischen April und August aus dem Eipacken. Die Larven leben planktisch. In den folgenden Wochen durchläuft die Larve vier Zoea-Stadien und ein Megalopa-Stadium.

Nach diesen verschiedenen Larvenstadien beginnt erst das eigentliche Leben als Krabbe. Die junge Krabbe hat eine Panzerbreite von wenigen Millimetern und lebt nun ausschließlich auf dem Wattenboden (benthische Lebensweise).

In ihrem ersten Lebensjahr machen Krabben 9 – 10 Häutungen durch, während ältere ein- bis zweimal pro Jahr diese für sie gefährliche Zeit überstehen müssen. Deswegen führen sie in dieser Lebensperiode ein sehr verstecktes Leben, oft in den Seegraswiesen. Drei bis vier Tage nach der Häutung ist der Chitinpanzer ausgehärtet. Vorher muß er allerdings mit Meerwasser „aufgepumpt" werden, damit er ein größeres Volumen besitzt als der vorherige Panzer. Durch diese Technik wird eine Volumenerweiterung von 30% erreicht. Diese mühsamen Häutungsprozeduren sind notwendig, da ja ein inneres Skelett nicht vorhanden ist. Verlorene Gliedmassen werden durch dreimaliges Häuten wieder ersetzt.

Im Sommer findet man gelegentlich Massen von abgestreiften Körperhüllen (Exuvien) der Strandkrabben im Spülsaum, was also nicht unbedingt auf ein Massensterben hinweisen muß.

Feinde, wirtschaftliche Bedeutung

Strandkrabben werden von Scholle, Aal und Kabeljau und von Vögeln wie dem Großen Brachvogel (Hauptbeute im Sommer) und Möwen gefressen. Auf Kannibalismus wurde bereits verwiesen. Die Strandkrabbe ist mit 1% an der Biomasse des Watt-Benthos beteiligt.

Von den Parasiten ist besonders der Krebs Sacculina wirksam, der seinen Wirt zwar nicht tötet, aber so stark schwächt, daß Häutungen und Wachstum unterbleiben. Bei oberflächlicher Betrachtung ist dieser parasitäre Befall leicht mit dem Eiballen zu verwechseln, denn er bildet einen sackförmigen Anhang am Hinterleib aus. Allerdings ist seine Oberfläche glatt. Starker Seepockenbefall weist auf Häutungsverzug durch Parasitenbefall hin.

Im allgemeinen ist die wirtschaftliche Bedeutung von Carcinus sehr gering. In England und in Mittelmeerländern dient er als Nahrung, in Italien insbesondere die sogenannten „Butterkrebse", also die gerade gehäutete Krabbe.

Literatur

DE HAAS, W. & F. KNORR (1990): Was lebt im Meer an Europas Küsten? Rüschlikon – Zürich (Albert Müller).

KAESTNER, A. (1967): Lehrbuch der speziellen Zoologie. Bd. I, Wirbellose, 2. Teil. Jena (Fischer).

KLEIN-BRETELER, W.C.M. (1981): The shore crab Carcinum maenas. In: Invertebrates of the Wadden Sea. Ecology of the Wadden Sea, Vol. 4. Rotterdam (Balkema).

KOCK, K. (1985): Das Watt. Lebensraum auf den zweiten Blick. Rendsburg.

KÜCKENTHAL, W. (1984): Kückenthals Leitfaden für das zoologische Praktikum. Stuttgart (Fischer).

REMMERT, H. (1980): Ökologie. Berlin u.a.o. (Springer).

THIES, M. (1985): Biologie des Wattenmeeres. Köln (Aulis).

Schwimmkrabbe (Liocarcinus holsatus)

Boje Maaßen

Schwimmkrabben ähneln den Strandkrabben, sind aber nicht so robust gebaut und kleiner (4 cm). Ein weiterer wesentlicher Unterschied zu allen anderen heimischen Krebsarten liegt in den stark verbreiterten Endgliedern des hinteren Beinpaares, mit deren Hilfe sie schwimmen können (Abb. 81). Diese Ruderfüße, die stark behaart sind, ermöglichen der Schwimmkrabbe insbesondere Schwimmbewegungen in vertikaler Richtung bis zur Wasseroberfläche. Sie halten sich vornehmlich in tieferen Gewässern auf, so daß man sie selten im Watt findet.

Ihr Verbreitungsgebiet erstreckt sich über das Mittelmeer, Atlantik, Ärmelkanal und Nordsee bis zum Kattegat. Da sie auf höheren Salzgehalt angewiesen ist, findet man sie in der Ostsee nicht.

Insekten: Salzkäfer (Bledius spectabilis)

Klaus Kock

Beschreibung

Der Salzkäfer gehört zur Gruppe der Kurzflügelkäfer (Staphylinidae). Für diese Familie ist typisch, daß die Flügeldecken (Elytren) meist nicht den gesamten Hinterleib bedecken, sondern nur etwa das erste Drittel. Die Flügel liegen mehrfach gefaltet darunter verborgen. Der Salzkäfer ist etwa 9 mm lang und bis auf die roten Flügeldecken schwarzgefärbt. Der Körper ist langgestreckt und zylindrisch. Der Brustschild trägt vorn einen langen Dorn, er ist deutlich von den Flügeldecken getrennt. Die Schienen (Tibien) des ersten der drei Beinpaare tragen Grabdornen (Abb. 84). Neben Bledius spectabilis treten noch eine Reihe anderer Bledius-Arten mit ähnlicher Lebensweise im Wattenmeer auf, von denen einige nur 3 – 4 mm lang sind. Insgesamt gibt es in Mitteleuropa 47 Arten der Gattung Bledius, die nur schwer zu unterscheiden sind.

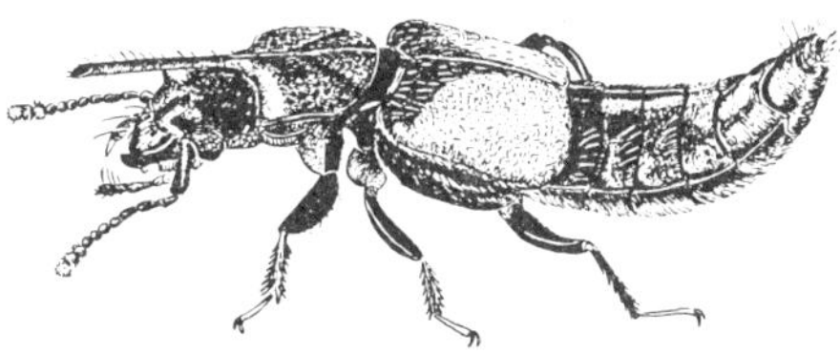

Abb. 84: Salzkäfer, Bledius spectabilis, 9 mm lang (aus ABRAHAMSE).

Lebensweise

Der Salzkäfer überwintert als erwachsenes Tier im Boden der höheren Marsch. Im Frühjahr wandern die Käfer in den Bereich der MTHw-Linie, wo sie zwischen Queller, Schlickgras und den ersten Andelgraspflanzen ihre Wohnröhren anlegen. Diese haben einen Durchmesser von ca. 5 mm und reichen 6 – 10 cm tief in den Boden. Die Sandkörner werden entweder mit den Mandibeln (Kiefern) in den lockeren Sand der Seitenwand gestemmt oder an die Oberfläche getragen. Hier verraten entsprechend krümelige Sandhäufchen von 2 – 5 cm Durchmesser die Wohngänge der Tiere (Abb. 85). Bledius kann etwa 50 Sandkörner pro Minute an die Oberfläche befördern. Der obere Teil der Röhre ist schmaler und bildet einen Knick vor der Mündung. Dieser Teil der Röhre wird bei den tidebedingten Überschwemmungen mit einem Sandpfropf verschlossen. Ist das Wasser abgelaufen, kommen die Käfer an die Bodenoberfläche und fressen den „Rasen" win-

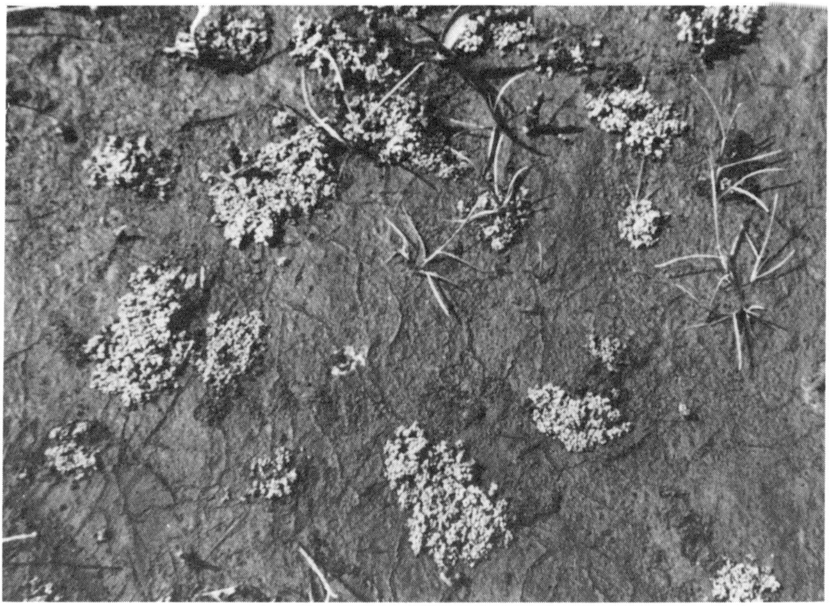

Abb. 85: Oberflächenspuren des Salzkäfers in der Nähe der Hochwasserlinie (Foto: Kock).

ziger Algen von den Sandkörnern ab. Mit Vorliebe tun sie dies nach Regen, um die Salzaufnahme zu verringern. Ein Teil der Nahrung kann in der Wohnröhre als Vorrat deponiert werden. Im Gegensatz zu den anderen meist räuberischen Staphylinidae sind sie also reine Pflanzenfresser. Der Kot wird in kleinen Walzen dicht an dicht am Boden der Wohnröhre gestapelt.

WOHLENBERG stellte an einem Julitag in einer Blediussiedlung kräftige Temperaturschwankungen in 6 cm Tiefe fest. Um 15 Uhr maß er 30° C, während die Temperatur nachts auf 16° C sank. Anhand der Sandhäufchen an der Bodenoberfläche hat man Siedlungsdichten von 100 – 400 Käfern pro Quadratmeter festgestellt.

Den Salzkäfern stellen Laufkäfer der Gattungen Dyschirius und Dicheirotrichus nach, die ebenfalls graben können. Bledius versucht ihnen dadurch zu entgehen, daß er seitwärts einen „Notausgang" aus seiner Wohnröhre zur Bodenoberfläche gräbt.

Fortpflanzung

An warmen Tagen im Mai und Juni schwärmen die Käfer dicht über ihrem Siedlungsraum. Die Weibchen graben in die Seitenwand ihrer Wohnröhre zahlreiche Eikammern, bis zu sieben nebeneinander in einer Ebene, in die sie jeweils nur ein Ei legen (Abb. 86). Das Ei ragt frei in die Kammer und ist nur an einem Sandkorn befestigt. WOHLENBERG dagegen beobachtete spezielle Eiträger an der Decke der Eikammer, die nach seinen Untersuchungen vermutlich aus Kot der Weibchen bestehen. Auch stellte er einen Sandpfropf zwischen Muttergang und Eikammer fest, während in der dänischen Literatur hier eine Öffnung angegeben wird. Berühren die Eier die feuchte Kammerwand, führt dies meist zum Verschimmeln.

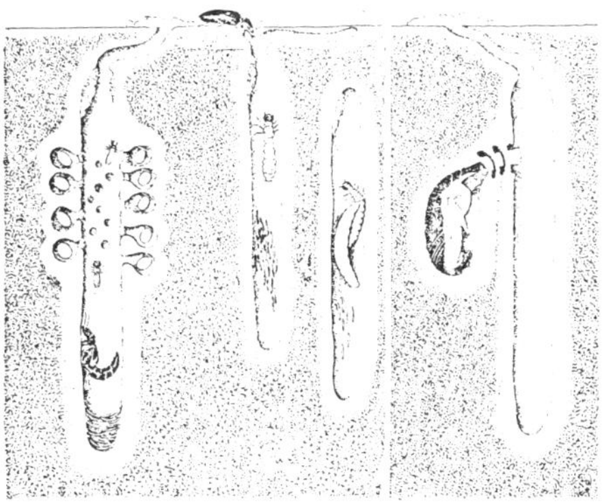

Abb. 86: Gang des Salzkäfers (aus MEESENBURG, TOUGAARD & KINZE).
Links: Muttergang mit Eikammern und jungen Larven,
Mitte: ältere Larven werden von Laufkäfer und Fliegenlarven gejagt,
Rechts: Puppenkammer.

Die Entwicklungsdauer der Eier ist temperaturabhängig. Während sie gegen hohe Temperaturen sehr unempfindlich sind (Wohlenberg setzte sie unbeschadet 40° C aus), können Dürren und vor allem häufige Überschwemmungen und kühles feuchtes Wetter zum Tod der Eier wie auch der Larven und Puppen führen.

Nach dem Schlüpfen halten sich die Larven einige Zeit im Gang der Mutter auf und graben dann eigene Wohnröhren, die denen der Imagines entsprechen, allerdings meist kürzer sind. Am Ende der etwa dreiwöchigen Larvenzeit verpuppen sich die Tiere in einer Seitenkammer ihrer Wohnröhre, wobei eine besondere Reusenkonstruktion die Luftzufuhr sichert und gleichzeitig vermutlich vor eindringendem Wasser schützt. Noch vor dem Einsetzen der Herbststürme suchen die Käfer ihre Winterquartiere auf.

Literatur

ABRAHAMSE, J. (ed.) (1976): Wattenmeer. Neumünster (Wachholtz)

MEESENBURG, H., TOUGAARD, S. & C.C. KINZE (1976): Die Tierwelt des dänischen Wattenmeeres. Esbjerg (Bygd).

WOHLENBERG, E. (1937): Die Wattenmeer-Lebensgemeinschaften im Königshafen von Sylt. Helgol. wiss. Meeresunters. 1, S. 1 – 92.

Fische im Wattenmeer

Matthias Kundy

Das Wattenmeer ist Lebensraum für mehr als 70 Fischarten (mit Irrgästen), von denen etwa 35 häufig bis regelmäßig vorkommen. Mindestens 22 Arten sind wirtschaftlich von Bedeutung.

Manche Fischarten verbringen einen bestimmten Teil ihres Lebenszyklus im Wattenmeer, andere wiederum suchen das Wattenmeer nur zu bestimmten Jahreszeiten auf. Im einzelnen wird die Fischfauna im Wattenmeer in vier Gruppen unterteilt:

1. Standfische:	Fischarten, die ihr ganzes Leben im Wattenmeer verbringen.
2. Saisongäste:	Fischarten, die das Wattenmeer zu bestimmten Jahreszeiten aufsuchen.
3. Jugendstadien:	Manche Fischarten nutzen das Wattenmeer als Aufwuchsgebiet (Kinderstube) für die Jungtiere.
4. Zufallsgäste:	Einige Fischarten dringen nur gelegentlich ins Wattenmeer vor.

1. Standfische

Die Standfische verbringen ihren gesamten Lebenszyklus im Wattenmeer, wobei allerdings keiner dieser Fische ausschließlich auf den Lebensraum Wattenmeer beschränkt ist. Typische Standfische sind Aalmutter, Steinpikker, Seeskorpion, Butterfisch, Sandgrundel und Großer Scheibenbauch.

Während die meisten Meeresfische ihre Eier ins freie Wasser abgeben, in dem diese sich dann frei schwebend (pelagisch) entwickeln, betreiben viele der Standfische des Wattenmeeres Brutpflege. Seeskorpion, Butterfisch und Sandgrundel bewachen ihre Brut. Um die Eier vor der Verdriftung durch die starken Tidenströme im Wattenmeer zu bewahren, werden sie von einigen Arten an Muschelschalen, Steinen oder Algen festgeheftet oder in Klumpen am Boden abgelegt. Bei der lebendgebärenden Aalmutter entwikkeln sich Eier und Larven sogar im Muttertier.

Auffällig ist das Absinken der Eizahl, je intensiver die Brutpflege ausgeprägt ist. Bei Meeresfischen mit pelagischen Eiern werden Zahlen von mehreren Hunderttausend oder sogar Millionen erreicht, bei Aalmutter und Seenadel dagegen nur einige Hundert. Dies wird durch die verminderte Sterblichkeit (Mortalität) des Nachwuchses durch das Brutpflegeverhalten ausgeglichen.

2. Saisongäste

Zu den Saisongästen gehören Fischarten, die das Wattenmeer zu bestimmten Zeiten als Lebensraum nutzen. Dies sind zum einen Fische, die hier eine bestimmte Jahreszeit verbringen (Sommergäste) und zum anderen Fische, die den größten Teil ihres Lebens im Wattenmeer leben, jedoch zum Laichen oder Überwintern das offene Meer aufsuchen.

Bei den typischen Sommergästen kommen nur die erwachsenen Tiere zur Nahrungssuche ins Wattenmeer. Hierzu zählen beispielsweise die Meeräschen, der Seebarsch und die Makrele. Sobald die Temperatur im Frühjahr steigt, wandern sie von Süden her in die Nordsee ein und dringen bis zum Wattenmeer vor. Während des Winters wandern die Fische wieder ins offene Meer bzw. nach Süden, vermutlich wegen der niedrigeren Temperaturen, die zu dieser Jahreszeit im Wattenmeer herrschen.

Unter den typischen Gästen sind auch der fast immer anzutreffende Stint und der Dreistachelige Stichling, die aus dem Süß- und Brackwasser ins Wattenmeer kommen, sowie der Kabeljau.

Die Kliesche bevölkert vor allem im Frühjahr und Herbst in größeren Beständen das Wattenmeer, was vermutlich mit den Populationsschwankungen in der Nordsee in Zusammenhang steht.

Flunder, Seequappe, Hornhecht und Seenadel sind Fischarten, die fast schon zu den Standfischen zu rechnen sind. Für sie ist das Wattenmeer Kinderstube und Nahrungsraum. Im Winter wandern die Fische jedoch hinaus ins offene Meer, um den niedrigen Temperaturen des Wattenmeeres auszuweichen. Zum Laichen verlassen Flunder und Seequappe ebenfalls das Gebiet und schwimmen mehr oder weniger weit hinaus in die offene Nordsee, während Hornhecht und Seenadeln sogar im Wattenmeer ablaichen.

3. Jugendstadien

Zu dieser Gruppe werden Fischarten gerechnet, bei denen sich entscheidende Phasen der Entwicklung im Wattenmeer abspielen, für die das Wattenmeer also eine Art Kinderstube darstellt. Hierzu zählen Scholle, Aal, Hering, Sprotte, Seezunge und z.T. auch die Flunder (Standortform „Wattbutt") – Fischarten, die auch in wirtschaftlicher Hinsicht von großer Bedeutung sind.

Scholle, Hering und Sprotte laichen im Winter und Frühjahr in der offenen See. Die jungen Larven werden von den Meeresströmungen zur Küste getragen. Dabei wird der zur Küste gerichtete Flutstrom aktiv ausgenutzt: Bei Ebbe sind sie am Boden, bei Flut schwimmen sie und gelangen auf diese Weise bis ins Wattenmeer (selektiver Tidentransport).

Die Seezunge laicht im Frühjahr, hauptsächlich am Rande des Wattenmeeres und z.T. auch im Wattenmeer, so daß die jungen Larven recht schnell ihr Aufwuchsgebiet erreichen.

Im Wattenmeer finden die Jungfische aufgrund des großen Nahrungsangebotes optimale Lebensbedingungen. Während Hering und Sprotte nach einem mehrmonatigen Aufenthalt das Wattenmeer wieder verlassen, um fortan küstenfernere Gebiete zu besiedeln, bleiben Seezungen bis zu einem Alter von zwei bis drei Jahren im Gebiet. In der kalten Jahreszeit ziehen sie jedoch vorübergehend in tieferes wärmeres Wasser, um den extremen Temperaturen im Wattenmeer auszuweichen. Auch die Schollen verlassen im Winter das Wattenmeer. Von ihnen kommt jedoch nur ein kleiner Teil in den Folgejahren zurück. Je größer die Schollen werden, um so weiter entfernen sie sich von der Küste.

Beim Aal, der seine Eier im Atlantischen Ozean in der Sargasso-See ablaicht, erreichen die Jungtiere erst nach etwa drei Jahren die Küsten Europas. Zwar wachsen die meisten dieser jungen „Glasaale" im Süßwasser weiter heran, ein Teil nutzt aber auch das Wattenmeer als Aufwuchsgebiet.

4. Zufallsgäste

Zu den Zufallsgästen werden Fischarten gerechnet, die nur gelegentlich und nicht zu bestimmten Zeiten im Wattenmeer anzutreffen sind. Hierzu zählen typische Nordseefische wie Seehase, Schellfisch, Köhler, Roter Knurrhahn und Sardelle – Fischarten, die nicht speziell an das Wattenmeer angepaßt sind, und für die das Wattenmeer auch nicht von besonderer Bedeutung ist. Die Zufallsgäste treten im Wattenmeer auf, wenn hier die Lebensbedingungen vor allem bezüglich Salzgehalt, Temperatur und Nahrung zeitweise günstig sind. Die Wahrscheinlichkeit des Vorkommens im Wattenmeer hängt in starkem Maße auch von der Bestandsgröße und von der Entfernung des Hauptverbreitungsgebietes zum Wattenmeer ab.

In der folgenden Tabelle sind typische Fischarten des Wattenmeeres beschrieben. Abbildung 87 zeigt diese Arten.

Literatur

ABRAHAMSE, J. (Hrsg.) (1976): Wattenmeer. Neumünster (Wachholtz).

BERGHAHN, R. (1984): Die Sonne bringt sie an den Tag. – Forschung: Mitteilungen der DFG. Heft 4. Weinheim (Verlag Chemie)

BUNDESMINISTER FÜR ERNÄHRUNG, LANDWIRTSCHAFT UND FORSTEN (Hrsg.), (1988): Jahresbericht über die Deutsche Fischereiwirtschaft 1987/88, Bonn (Köllen)

FOOD AND AGRICULTURE ORGANIZATION OF THE UNITED NATIONS (Hrsg.), 1987: Fishery statistics. Catches and landings. FAO yearbook; Vol 64; Rom.

MINISTER FÜR ERNÄHRUNG, LANDWIRTSCHAFT UND FORSTEN (Hrsg.) (1981): Gutachten zur geplanten Vordeichung der Nordstrander Bucht. Raisdorf .

MUUS, B.J. & DAHLSTRÖM, P. (1978): Meeresfische. München (BLV).

RAUCK, G. (1989): Bestandsentwicklung und zulässige Höchstfangmengen (TAC). – Das Fischerblatt, Jahrg. 37, Nr. 1; Kiel .

WHEELER, A. (1978): Key to the Fishes of Northern Europe. London (Warne).

WOLFF, W.J. (1983): Ecology of the Wadden Sea. Rotterdam (Balkema).

Standfische im Wattenmeer	Laichgebiet	Verbreitung	Nahrung	Fischerei, wirtschaftliche Bedeutung	Besonderheiten
Aalmutter					
Länge: bis 50 cm Alter: 3 – 4 Jahre Körperfärbung: grau, braun, sehr veränderlich	Lebendgebärend; nach einer Tragzeit von 4 Monaten werden 30 – 400 lebende voll ausgebildete Junge zur Welt gebracht	Nordeuropäische Küstengewässer; Grundfisch	Garnelen, Flohkrebse, Würmer, Weichtiere, Kleinfische	Wirtschaftlich unbedeutend; Vermarktung z.T. frisch, gesalzen, geräuchert Fangerträge Welt 60 – 80 t/a	
Steinpicker					
Länge: bis 20 cm Färbung: bräunlich-grau Kopf und Rumpf mit Knochenplatten gepanzert	Küstengebiete; Eier werden in kleinen Klumpen zwischen den Haftorganen der Braunalgen abgelegt	Nordatlantik, Nordsee, Ostsee; Grundfisch	Garnelen und andere kleine Krebse	Wird getrocknet als Souvenir verkauft	
Seeskorpion					
Länge: bis 30 cm Färbung: braun-marmoriert Bauch weiß bis gelblich	Küstengewässer; Eier werden in Klumpen am Boden abgelegt und vom Männchen bewacht	Küstengebiete des Atlantik, Nordsee, Ostsee; Grundfisch in der Algenzone; mehrere geographische Rassen	Krebse, Laich und Larven anderer Fischarten	Wirtschaftlich unbedeutend; Verwendung als Köder	Männchen zur Laichzeit mit rotem, weißgefleckten Bauch
Butterfisch					
Länge: bis 25 cm Färbung: bräunlich mit gelber Marmorierung, unten	Eier werden in großen Klumpen zusammengeballt und unter Steinen	Küstengebiete des Nordatlantik; besonders in der Gezeitenzone zwischen	Garnelen, Flohkrebse, Wasserasseln und andere Kleintiere	Ohne wirtschaftliche Bedeutung	

Standfische im Wattenmeer	Laichgebiet	Verbreitung	Nahrung	Fischerei, wirtschaftliche Bedeutung	Besonderheiten
heller; 9 – 13 dunkle Flecken am Grunde der Rückenflosse	oder in leeren Muschelschalen abgesetzt; Brut wird von beiden Eltern bewacht	Steinen und Muscheln			
Sandgrundel					
Länge: bis 11 cm Färbung: bräunlich mit kleinen schwarzen Flecken	Eier werden meist an der Innenseite leerer Muschelschalen abgesetzt; Brut wird vom Männchen bewacht	Europäische Küstengewässer; Grundfisch, z.T. in kleinen Schwärmen	Garnelen, Borstenwürmer u.a. Kleintiere	Ohne wirtschaftliche Bedeutung; Verwendung z.T. als Köderfisch	Bauchflosse wie bei allen Grundeln zu einem flachen Saugnapf verwachsen
Großer Scheibenbauch					
Länge: bis 15 cm Färbung: braun, gelblich, rötlich; sehr unterschiedlich, je nach Gebiet	Eier werden an Algen oder Polypenkolonien abgelegt	Küstengebiete des Nordatlantik und der Arktis; Bewohner der Algenzone	Garnelen, Kleinkrebse	Ohne wirtschaftliche Bedeutung	Bauchflossen sind zu einer runden Saugscheibe umgebildet
Kleiner Sandaal					
Länge: bis 20 cm Alter: bis 4 Jahre Rücken: gelblich bis blaugrün Seiten: silbrig Bauch: weiß bis silbrig	Küstengewässer; Eier werden in kleinen Häufchen auf sandigem Grund abgelegt	Nordatlantik, Nordsee, Ostsee; auf Sandgründen in 0 – 30 m Tiefe	Zooplankton, Würmer, Krebse, Jungfische	Fangerträge Welt 600.000 – 1 Mill. t/a; Speisefisch, Angelköder, Industriefisch in Dänemark	Tagsüber oft im Sand vergraben, nachts aktiv in kleinen Schwärmen umherstreifend; Nährtier für viele Nutzfische, Seeschwalben

Arten, die das Wattenmeer als „Kinderstube" nutzen	Laichgebiet	Verbreitung	Nahrung	Fischerei, wirtschaftliche Bedeutung	Besonderheiten
Hering Länge: bis 40 cm Alter: bis 25 Jahre Rücken: dunkelblau-grün Seiten und Bauch: silbrig	Östlich Schottland, Doggerbank und englisches Kanalgebiet; Eier werden auf Steinen oder Muschelschalen abgesetzt	Nordatlantik, Nordsee, Ostsee; viele geographische Rassen; pelagischer Schwarmfisch	Zooplankton: insbesondere Copepoden, Leuchtgarnelen, Flügelschnecken, Garnelen	Eine der wirtschaftlich wichtigsten Fischarten: Fangerträge Welt ca. 1,5 Mill. t/a; BRD (Nordsee, 1987): 1175 t; Matjes, Brathering, Rollmops, Bismarckhering; Fangbeschränkungen wegen Überfischung	Schwärme von z.T. riesigem Ausmaß („Heringsberge")
Sprotte Länge: bis 16 cm Alter: 5 – 6 Jahre Rücken: blau-grün Seiten und Bauch: silbrig	Südöstliche Nordsee und Skagerrak; pelagische Eier	Nordatlantik, Nordsee, Ostsee, Mittelmeer; mehrere geographische Rassen	Zooplankton: insbesondere Copepoden	Fangerträge Welt ca. 300.000 t/a; geräuchert als „Kieler Sprotten", mariniert als „Anchovis", in Öl, Fischmehl	Unterscheidungsmerkmale zum Hering: Basis der Bauchflossen liegt vor oder unter dem Vorderende der Rückenflosse; Kielschuppen am Bauch

Arten, die das Wattenmeer als „Kinderstube" nutzen	Laichgebiet	Verbreitung	Nahrung	Fischerei, wirtschaftliche Bedeutung	Besonderheiten
Aal					
Länge: bis 100 cm Gewicht: bis 3,5 kg Alter: ca. 10 Jahre Rücken: dunkel Bauch: gelblich oder silber glänzend	Sargasso-See im Nordatlantik; dreijährige Wanderung der Aallarven (Weidenblattlarven) aus der Sargasso-See an die europäischen Küsten	Nordatlantik, Nordsee, Ostsee, Mittelmeer, Schwarzes Meer, zum überwiegenden Teil steigen Aale in die Flüsse auf und leben mehrere Jahre im Süßwasser (Ausnahme: Deutsche Bucht); im Wattenmeer eher durchziehend	Würmer, Weichtiere, Krebse, Kleinfische	Fangerträge Welt ca. 14.000 t/a (rückläufig); BRD (Nordsee, 1987): 80 t; Räucheraal, gebratener Aal, Aal in Gelee, Aalsuppe	Vor der Rückwanderung in die Sargasso-See wird die Nahrungsaufnahme eingestellt und der Darm rückgebildet. Die Tiere zehren von Fettreserven, die auch zum Aufbau der Geschlechtsprodukte dienen (Blankaal). Nach dem Ablaichen sterben die Aale.
Seezunge					
Länge: 30 bis 40 cm Gewicht: ca. 320 g Alter: 4 – 8 Jahre Augenseite: braun	Südliche Nordsee am Rande des Wattenmeeres; pelagische Eier; geschlüpfte Larven gehen schnell zum Bodenleben über	Nordsee, europäische Küstengewässer, auch Mittelmeerküsten; viele verwandte Arten in tropischen Gewässern; bodenlebender Plattfisch	Muscheln Borstenwürmer, Flohkrebse, Kleinfische	Fangerträge Welt: 40.000 – 50.000 t/a, Nordsee: 15.000 – 25.000 t/a, BRD (Nordsee, 1987): 207 t; beliebter Speisefisch	Nachtaktiv, sucht Nahrung mit Hilfe des chemischen Sinns

Scholle					
Länge: bis 95 cm Gewicht: bis 7 kg Alter: bis 50 Jahre Augenseite: graubraun	Vor der belgisch-holländischen und der britischen Küste, auf der Großen Fischerbank und nordwestlich Helgoland; pelagische Eier	Küstengewässer von Nordnorwegen und Island bis zur Straße von Gibraltar; Ostsee bis Gotland; zahlreiche geographische Rassen; bodenlebender Plattfisch	Borstenwürmer, Muscheln, Flohkrebse	Eine der wichtigsten Nutzfischarten, Fangerträge Welt 145.000 – 185.000 t/a, Nordsee: 140.000 – 160.000 t/a, BRD (Nordsee, 1987): 438 t (rückläufig);Vermarktung hauptsächlich als Frischfisch, selten geräuchert oder mariniert	Tagaktiv, Augentier; Larven mit aktiver Tidenwanderung ins Wattenmeer: bei Ebbe am Boden, bei Flut schwimmend
Saisongäste im Wattenmeer	Laichgebiet	Verbreitung	Nahrung	Fischerei, wirtschaftliche Bedeutung	Besonderheiten
Flunder					
Länge: bis 50 cm Augenseite: bräunlich-grau, oft mit kleinen Flecken	Weit vor der Küste; pelagische Eier	Europäische Küstengebiete, Nordsee, Ostsee, im Sommer auch Flußmündungen; im Winter nicht im Wattenmeer, sondern in tieferen, wärmeren Regionen; bodenlebender Plattfisch mit mehreren geographischen Rassen	Borstenwürmer, Muscheln, Flohkrebse, Insektenlarven, Kleinfische	Fangerträge Welt 7500 t/a, (stark rückläufig); BRD (Nordsee, 1987): 91 t; Vermarktung frisch und geräuchert	Unterscheidung zur Scholle: rauhe Körperoberfläche: dornige Hautwarzen entlang der Seitenlinie; tagaktiv; im ganz flachen Wasser; aktive Tidenwanderung wie bei der Scholle

Saisongäste im Wattenmeer	Laichgebiet	Verbreitung	Nahrung	Fischerei, wirtschaftliche Bedeutung	Besonderheiten
Kliesche					
Länge: bis 40 cm Augenseite: gelblich, rötlich, braun	Küstennahe Gebiete, pelagische Eier	Nordatlantik, Nordsee, Ostsee; bodenlebender Plattfisch auf sandigem Grund; im Wattenmeer vor allem im Frühjahr und Herbst	Garnelen, Muscheln, Borstenwürmer, Flohkrebse, Schlangensterne, kleine Fische	Fangerträge Welt 12.000 – 20.000 t/a, (vor allem Niederlande); BRD (Nordsee, 1987): 29 t, Verwendung als Frischfisch	Unterscheidungsmerkmal zu Scholle und Flunder: Seitenlinie über der Brustflosse halbkreisförmig gebogen
Dreistacheliger Stichling					
Länge: bis 11 cm Färbung: graubraun Männchen im Frühjahr mit rotem Bauch	Binnengewässer. Männchen baut Nest aus Pflanzenmaterial, in das mehrere Weibchen nacheinander ablaichen; Bewachung durch das Männchen	Küstengebiete von Nordatlantik und Nordpazifik, auch Süßwasser, Wintergast im Wattenmeer	Fischlaich und -brut, kleine Krebse, Würmer	Fangerträge Welt 6.500 t/a; Bedeutung als Köderfisch	
Dicklippige Meeräsche					
Länge: bis 60 cm Gewicht: bis 5 kg Färbung: silbrig-glänzend	Eier werden in der offenen See abgegeben; pelagische Eier	Küstengebiete Südeuropas, Mittelmeer, Schwarzes Meer; Sommergast im Wattenmeer	Boden- und Pflanzenmaterial, Kleintiere des Algenbewuchses	Von wirtschaftlicher Bedeutung in Südeuropa und auf einigen nordfriesischen Inseln (Räucherfisch, besonders auf Amrum)	Pflanzenfresser (Kieselalgen)

Makrele					
Länge: bis 50 cm Rücken: blaugrün mit schwarzen Streifen Seiten und Bauch: grünlich-silbrig	Küstennahe Meeresgebiete; Eier werden nahe der Wasseroberfläche abgegeben; Eier pelagisch	Nordatlantik, Nordsee, Ostsee, Mittelmeer; pelagischer Schwarmfisch; Sommergast im Wattenmeer	Zooplankton, Kleinheringe, Sprotten, Sandaale	Fangerträge Welt ca. 600.000 t/a; BRD (Nordsee, 1987): 33 t (stark rückläufig); Vermarktung frisch, geräuchert, Konserven	Makrelen überwintern in bodennahen Wasserschichten und nehmen in dieser Zeit keine Nahrung auf (Landsend und Norwegische Rinne)
Stint					
Länge: bis 30 cm Färbung: durchscheinend graugrün und bläulich Seiten: silbrig	Unterläufe der Flüsse; Eier werden an Wasserpflanzen und Sandkörnern festgeklebt	Nordwesteuropäische Küstengebiete, Ostsee; pelagischer Schwarm- und Wanderfisch; fast immer im Wattenmeer anzutreffen	Insektenlarven, Garnelen und andere kleine Krebstiere wie Schwebegarnelen	Geringe wirtschaftliche Bedeutung; Fangerträge Welt 4000 – 7000 t/a; BRD (Nordsee, 1987): 148 t; Verwendung als Speisefisch (für Feinschmecker)	Typischer gurkenartiger Geruch; Wanderstinte ziehen zum Laichen ins Meer, Binnenstinte leben nur im Süßwasser
Kleine Seenadel					
Länge: bis 17 cm Rücken: dunkelbraun Seiten und Bauch: silbrig	Küstengebiet; Eier entwickeln sich in der Bruttasche der Männchen, aus der die Jungen nach 5 Wochen schlüpfen	Nordwesteuropäische Küstengebiete, Bewohner der Algenregion; im Winter nicht im Wattenmeer, sondern in tieferen, wärmeren Regionen	Hüpferlinge, Fischbrut, Garnelen	Ohne wirtschaftliche Bedeutung	

Saisongäste im Wattenmeer	Laichgebiet	Verbreitung	Nahrung	Fischerei, wirtschaftliche Bedeutung	Besonderheiten
Kabeljau					
Länge: bis 150 cm Gewicht: bis 40 kg Rücken: olivbraun, Bauch: silbrig grauweiß	Nordsee: Englischer Kanal, nördlich Helgoland und westlich Schottland; Ostsee: Kieler Bucht, Mecklenburger Bucht, Bornholm-Becken, Gotland-Becken; Eier pelagisch	Nordatlantik, Nordsee, Ostsee; mehrere geographische Rassen; ziehender Schwarmfisch	Borstenwürmer, Garnelen und andere Krebse, Weichtiere, Fische (Hering, Lodde, Sandaal)	Fangerträge Welt ca. 2 Mio t/a, Nordsee 150.000 – 250.000 t/a, BRD (Nordsee, 1987): 6670 t (rückläufig); Nord- und Ostsee stark überfischt; Vermarktung: Frischfisch, Klippfisch, Stockfisch, Leber (Tran), Rogen, Filet (tiefgefroren)	Name im Ostseegebiet „Dorsch" = Dörrfisch: Getrockneter Fisch seit langer Zeit wichtigste Lebensgrundlage nordischer Völker
Hornhecht					
Länge: bis 90 cm Alter: bis 18 Jahre Rücken: blaugrün-Seiten und Bauch: silberglänzend	Küstengebiete, Eier werden mit klebrigen Haftfäden an Pflanzen und Steinen befestigt	Östlicher Atlantik, Nordsee, Ostsee, Mittelmeer; im Winter nicht im Wattenmeer, sondern in tieferen, wärmeren Regionen; pelagischer Schwarmfisch	Heringe, Sprotten, Sandaale, Stichlinge, Krebse	Fangerträge Welt ca. 2000 – 4000 t/a	Alle Knochen grün

Fünfbärtelige Seequappe				
Länge: bis 30 cm Rücken: dunkelbraun Bauch: weißlich	Offene See	Nordwesteuropäische Küstengebiete, Nordsee; Bewohner der Algenzone; im Winter nicht im Wattenmeer, sondern in tieferen, wärmeren Regionen	Krebstiere, kleine Fische	Nur von geringfügiger, örtlicher Bedeutung

Abb. 87: Die häufigsten Fischarten des Wattenmeeres (aus WHEELER).

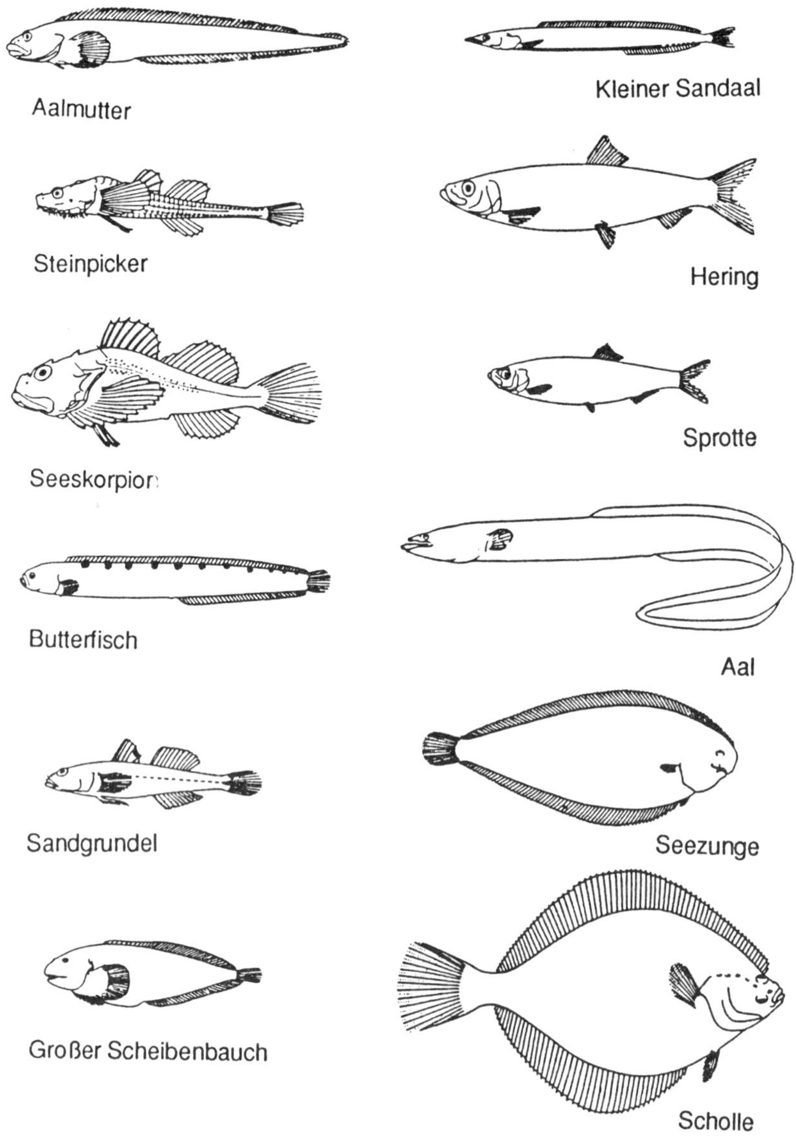

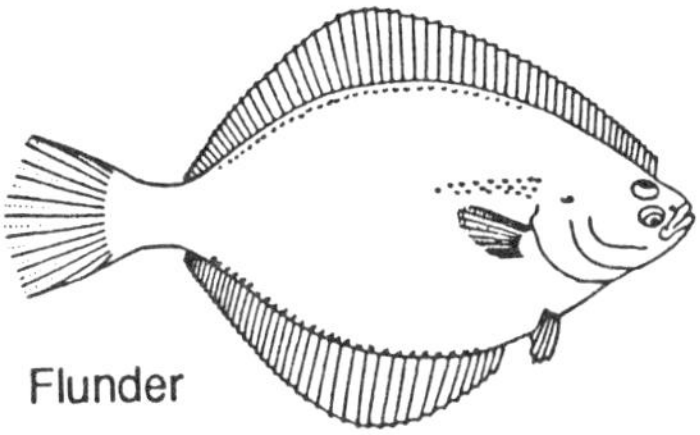

Flunder

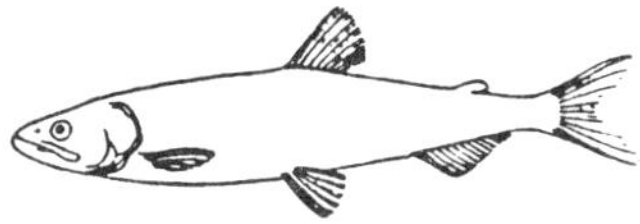

Stint

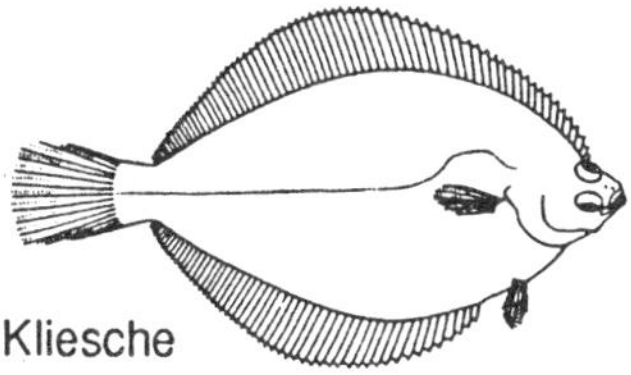

Kliesche

Kleine Seenadel

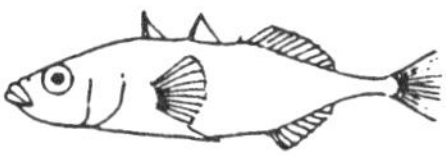

Dreistacheliger Stichling

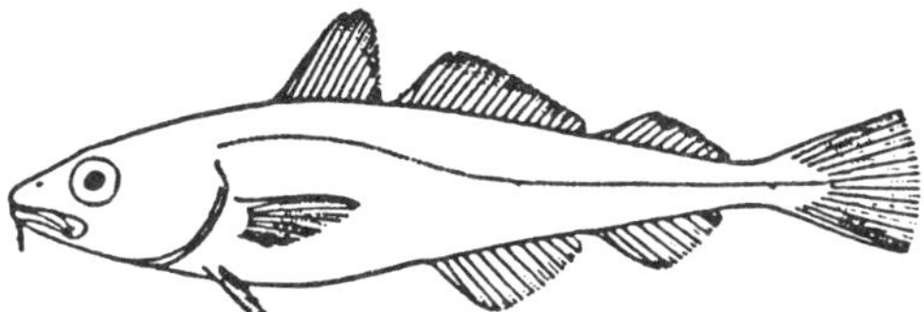

Kabeljau

Dicklippige Meeräsche

Hornhecht

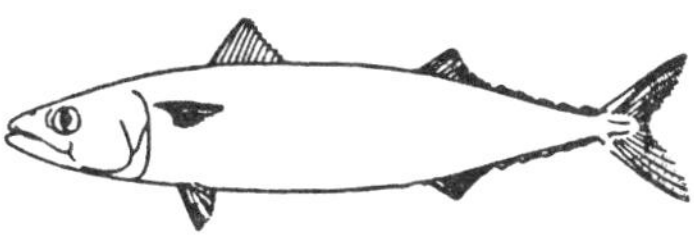

Makrele

Fünfbärtelige Seequappe

Scholle (Pleuronectes platessa)

Matthias Kundy

Beschreibung

Die Scholle wird in der Ostsee auch als Goldbutt bezeichnet und ist einer der beliebtesten und bekanntesten Plattfische (Abb. 88). Sie gehört zu der Gruppe von Fischen, für die das Wattenmeer als wichtigstes Aufwuchsgebiet für Jugendstadien, als Kinderstube, fungiert. Ihre Augenseite hat eine graubraune Färbung, ihre Unterseite (Blindseite) ist weiß mit einem bläulichen Schimmer. Die Augen befinden sich bei Schollen grundsätzlich auf der rechten Körperseite (rechtsäugig), d.h. daß während der Umwandlung von der Larve zum Plattfisch das linke Auge auf die rechte Seite hinüberwandert. Die leicht zu verwechselnden Flundern sind zu $^1/_3$ linksäugig.

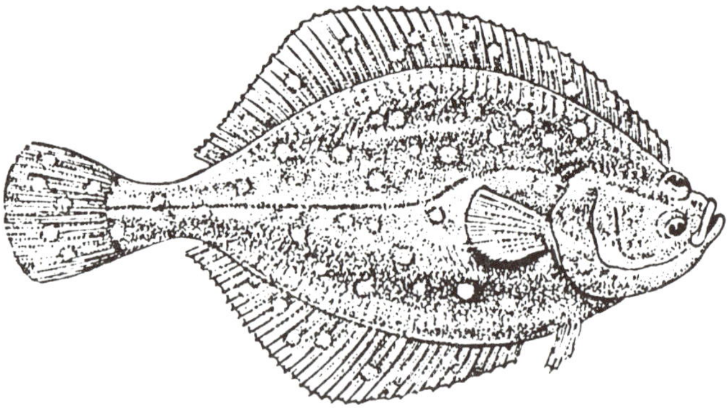

Abb. 88: Scholle, Pleuronectes platessa (aus DE HAAS & KNORR).

Die Hautoberfläche ist glatt und trägt kleine Schuppen. Der seitlich abgeflachte Körper wird fast vollständig von einem Flossensaum umgeben. Über dem Kopf verläuft zur Seitenlinie hin ein Kamm mit 4 bis 7 Knochenhöckern.

Die Scholle könnte 50 Jahre alt werden. Fischereilich bedingt wird dieses Alter wohl kaum erreicht. Bei einer maximalen Länge von 95 cm kann ein Gewicht von 7 kg erzielt werden. So große Individuen werden allerdings selten gefangen, die meisten sind zwischen 25 und 40 cm lang.

Die glatte Hautoberfläche und die Knochenhöckerreihe sind gute Unterscheidungsmerkmale zur sonst recht ähnlichen Flunder. Die Kliesche unterscheidet sich durch den halbkreisförmigen Bogen in der Seitenlinie oberhalb der Brustflosse und ihre rauhe Hautoberfläche.

Verbreitung

Die Scholle lebt als Grundfisch auf gemischten Ton- und Sandböden, von der Strandzone bis in 200 m Tiefe, meist aber in Tiefen von weniger als 80 m. Vor allem die Jungtiere bevorzugen die küstennahen Flachwasserbereiche. Das geographische Verbreitungsgebiet der Scholle reicht von Nordnorwegen und Island bis zur Straße von Gibraltar und in der Ostsee bis Gotland.

Es haben sich zahlreiche Lokalrassen herausgebildet, die wie bei Nord- und Ostseescholle durch die Zahl der Flossenstrahlen und der Wirbel bestimmt werden können. Auch die Körperform variiert. So besitzt beispielsweise eine Scholle aus der futterreichen Beltsee einen breiteren Körper und kleineren Kopf als die Tiere der Nordsee.

Fortbewegung und Sinnesleben

Wie die anderen Plattfische hat sich die Scholle durch ihre Seitenlage optimal dem Bodenleben angepaßt. Eine Schwimmblase, die vielen Fischarten als hydrostatisches Organ (Schwebeorgan) dient, ist wie bei den meisten Grundfischen nicht ausgebildet.

Die Scholle schwimmt durch wellenartige Bewegungen von Körper, Schwanzflosse und Flossensaum über den sandigen Grund und kann sich bei Gefahr blitzschnell durch wellenartige Bewegungen des Flossensaumes mit Sand bedecken. Es schauen dann meist nur noch die Augen heraus. Dies ist auch die Ruhelage.

Die Tarnung wird perfektioniert durch die Fähigkeit zum Farbwechsel auf der pigmentierten Oberseite. Auf diese Weise kann sich die Scholle der jeweiligen Bodenfärbung mit einem speziellen Aussehen anpassen. Es handelt sich um einen physiologischen Farbwechsel, bei dem die Lage der Farbkörnchen in den Farbzellen (Chromatophoren) verändert wird. Die Wanderung der Farbkörnchen wird nervös und hormonell gesteuert und verläuft rasch. Mit Hilfe der Augen wird der Farbwechsel reguliert.

Die Augen dienen der Scholle überdies natürlich zur Wahrnehmung geeigneter Beute. Ein weiteres wichtiges Sinnesorgan bildet die Seitenlinie, die aus einer Reihe kleiner Sinnesorgane besteht und auf beiden Körperseiten (bei der Scholle also „oben" und „unten") gut zu erkennen ist. Dieses Organ dient dem Strömungssinn und ermöglicht den Fischen, die Richtung von Druckwellen im Wasser (beispielsweise durch Bewegung von Feinden) wahrzunehmen. Aber auch unbewegliche Objekte können erkannt werden, indem das Echo der eigenen Bewegungen aufgefangen wird. So wird durch das Seitenlinienorgan der Gesichtssinn unterstützt.

Atmung und Blutkreislauf

Schollen besitzen wie die anderen Fische ein geschlossenes Blutgefäßsystem, welches aus Herz, Arterien und Venen besteht. Die Atmung wird über die Haut und die Kiemen vollzogen. Letztere bestehen aus dünnhäutigen, reichlich mit Blut durchflossenen Hautblättchen, die an knorpeligen Kiemenbögen befestigt sind.

Beim Öffnen des Mundes wird Atemwasser aufgenommen und anschließend durch die Kiemenlamellen nach außen geleitet. Hierbei wird Sauerstoff aus dem Wasser ins Blut aufgenommen und Kohlensäure abgegeben. Von außen sind die Kiemen durch den Kiemendeckel geschützt.

Ernährung und Verdauung

Schollen ernähren sich während der pelagischen Larvalzeit zunächst von mikroskopisch kleinen, planktisch lebenden Manteltieren (Appendicularien), sowie den Larven und später von den älteren Stadien planktischer Ruderfußkrebse (Copepoden), Muschelkrebse (Ostracoden) und Ranzenkrebse (Cumaceen). Nach dem Übergang zum Bodenleben findet auch ein Wechsel in der Ernährungsweise statt. Erst werden kleine Würmer und Krebschen erbeutet, mit zunehmendem Alter werden aber auch die Beutetiere größer. Besonders beliebt sind Schwanzsegmente des Wattwurms und Atem- bzw. Ausscheidungsröhren (Siphonen) von Muscheln. Das Wattenmeer ist für die Entwicklung der Schollen von entscheidender Bedeutung, weil es diese Nahrung in großer Fülle vorhält. Das Nahrungsangebot wirkt für die Schollen gewissermaßen als „Falle". Nur bei Hunger schwimmen die Tiere auf; wenn sie satt sind, verweilen sie am Boden.

Bereits nach einem Sommer bilden, wie bei den erwachsenen Tieren, größere Borstenwürmer, dünnschalige Weichtiere und Krebse die Hauptnahrung. Im Winter wird die Nahrungsaufnahme etwas verringert, das Wachstum ist wie bei anderen Fischen stark abhängig von Temperatur, Bestandsdichte und Futterangebot. Schollen sind als Augentiere tagaktiv und kommen auch in sehr flachem Wasser vor. Nachts halten sie sich überwiegend in der Nähe der Priele auf.

Exkretion und Osmoregulation

Die Niere hat wichtige Aufgaben der Exkretion zu leisten. Neben der Abgabe schädlicher Stoffwechselprodukte sorgt sie bei marinen Knochenfischen dafür, daß wenig stark konzentrierter Harn abgegeben wird. Meeresfische sind ja ständig der Entwässerung ausgesetzt, da das umgebende Meerwasser eine höhere Salzkonzentration aufweist als ihre eigene Körperflüssigkeit. Durch die Nierenfunktion wird die Filtratmenge, also das Harnvolumen, gering gehalten und damit Wasser gespart.

Wichtigstes Organ für die Osmoregulation sind jedoch die Kiemen, über die Ionen aktiv ausgeschieden werden können. Damit kann die gegenüber dem Meerwasser um 50 bis 75 % verminderte Blutsalzkonzentration aufrechterhalten werden.

Fortpflanzung und Entwicklung

Die Hauptlaichzeit der Schollen liegt im Januar bis März. In der Nordsee befinden sich die bedeutendsten Laichgebiete vor der belgisch-holländischen Küste, der britischen Küste, auf der Doggerbank und nordwestlich von Helgoland (s. Abb. 89).

Eine weibliche Scholle legt je nach Größe zwischen 50.000 und 620.000 Eier. Diese haben einen Durchmesser von 1,7 – 1,9 mm und treiben frei im Wasser (pelagische Eier). Ihre Entwicklung dauert in der Nordsee bei 6° C

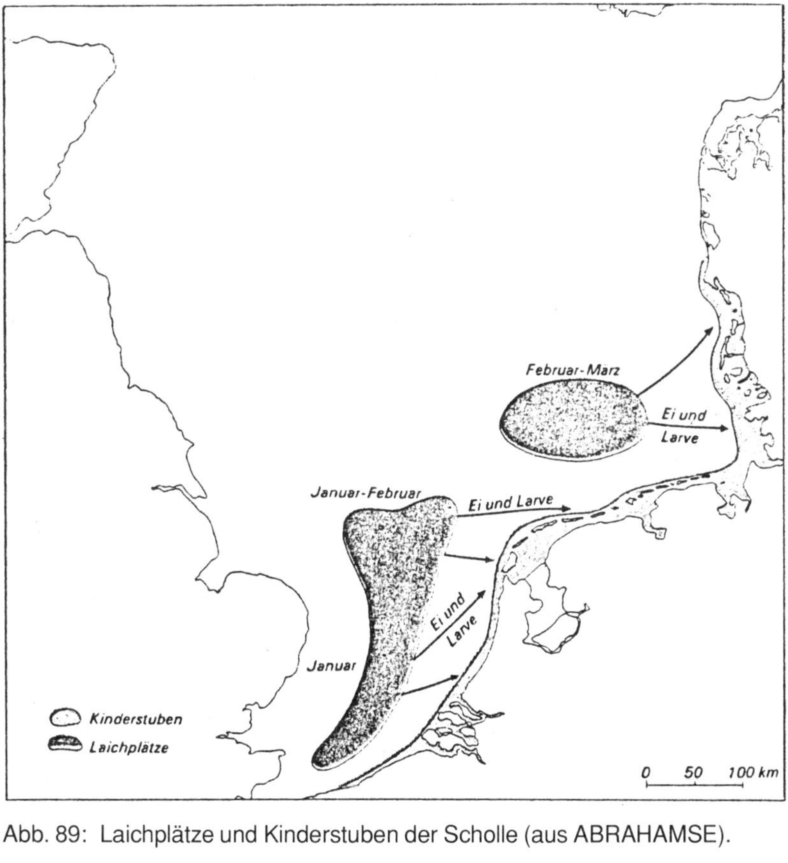

Abb. 89: Laichplätze und Kinderstuben der Scholle (aus ABRAHAMSE).

18 bis 20 Tage. Die aus den Eiern geschlüpften Larven sind symmetrisch und ernähren sich etwa 1 Woche lang aus dem bauchseitigen Dottersack. Darauf beginnen sie mit der aktiven Ernährung. Die pelagische Larvalphase mit normaler Körpersymmetrie wird nach 1 bis 2 Monaten mit einer Länge von ca. 10 mm beendet. Während dieser Zeit werden die Larven an die Küsten der südlichen Nordsee und Deutschen Bucht verdriftet, wobei sie den zur Küste gerichteten Flutstrom aktiv ausnutzen können.

Je nachdem wie groß das Nahrungsangebot ist, gelingt es einem mehr oder minder kleinen Teil der Schollen zu überleben. Viele werden von anderen Fischen gefressen. Weniger als 1 % des Laichschubes gelangen an die Küste und schließlich ins Wattenmeer.

Nun beginnt die Metamorphose zum Plattfisch (Abb. 90). Die Larve wird abgeflachter, das linke Auge wandert über die Oberkante des Kopfes, und sie beginnt mit der linken Seite nach unten gekehrt zu schwimmen. Nach voll-

Abb. 90: Die Entwicklung und Umwandlung der Scholle (Zeichnung Bernhardi):

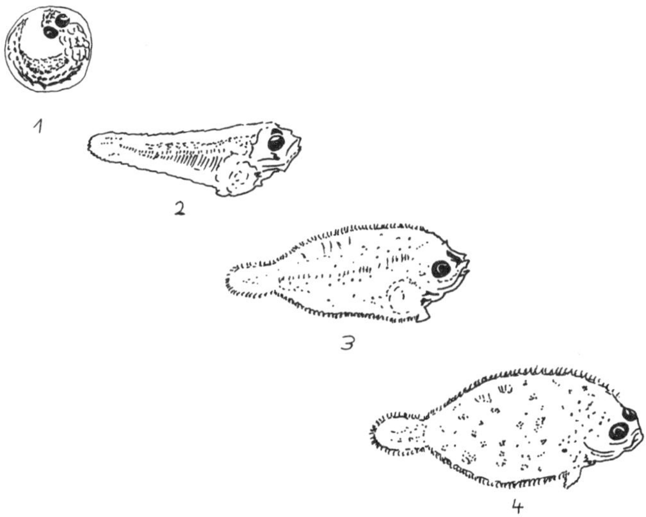

1. Ei kurz vor dem Schlüpfen der Larve, 1,6 bis 2,1 mm
2. pelagische Larve, 7 mm (8 bis 12 Tage)
3. pelagische Larve, 8,5 mm (20 bis 25 Tage)
4. pelagische Larve, 11 mm (25 bis 40 Tage)
5. Bodenstadium, 12,5 mm (45 bis 50 Tage).

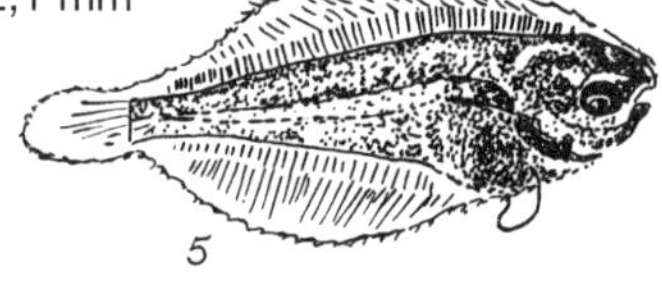

endeter Verwandlung (ca. 17 Tage) gehen die Jungfische bei einer Größe von 12 bis 14 mm zum Bodenleben über. Tidenströmung und aktive Wanderungen – bei Ebbe verweilen sie am Boden, bei Flut schwimmen sie – bringen sie nun immer weiter ins Flachwasser des Wattenmeeres.

Die rechte, dem Licht zugewandte Seite färbt sich langsam dunkel, die Blindseite, die dem Boden zugekehrt ist, bleibt weiß. Nach dem ersten Sommer auf den nahrungsreichen Watten haben die Schollen schon eine Länge von 7 bis 12 cm erreicht und wandern langsam in tieferes Wasser, um zu überwintern. Im nächsten Frühjahr sucht ein Teil der Bestände wieder die nahrungsreichen Weidegründe im Flachwasser auf. Mit steigendem Alter und zunehmender Größe kommen die Schollen nicht mehr in die hochgelegenen Uferregionen, sondern bewohnen immer tiefere Bereiche.

Geschlechtsreife erreichen die Schollenmännchen in der Nordsee im 3. – 4. Lebensjahr bei einer Länge von 18 – 26 cm, die Weibchen erst im 6. Lebensjahr bei einer Länge von ca. 35 cm.

Stellung im Nahrungsnetz, wirtschaftliche Bedeutung

Die Scholle nimmt einen wichtigen Platz im Nahrungsnetz der Nordsee und des Wattenmeeres ein. Je nach Größe ist sie Beute für verschiedene Tiergruppen: Krebse, Vögel, Fische, Seehunde. Von besonderer Bedeutung aber ist die Scholle als Nutzfisch für den Menschen: Die Fangerträge in der Nordsee liegen bei 140.000 – 160.000 t pro Jahr. Daran hat die BRD einen stark rückläufigen Anteil von etwa 620 t (1986).

Gemäß EG-Verordnung beträgt das Mindestmaß 25 cm. Gefangen werden die Schollen vor allem mit Snurrewaden, Baumkurren und Grundschleppnetzen. Rücksichtslose Fischerei auf Seezungen durch extrem übermotorisierte Fahrzeuge (1000 – 10.000 PS) aus den Niederlanden hat viele untermaßige Schollen mit vernichtet und dadurch den Schollenbestand stark angeschlagen.

Als Schonmaßnahme ist 1989 die sogenannte Plattfischbox in Kraft getreten. Hierbei handelt es sich um die Abgrenzung eines Gebiets an der niederländischen, deutschen und dänischen Nordseeküste, in dem bevorzugte Aufwuchsgebiete von Scholle und Seezunge liegen, mit einer seewärtigen Abgrenzung auf etwa der 30-m-Tiefenlinie. Hierdurch sollen die sich dort aufhaltenden Jungplattfische vor dem Zugriff der Trawlfischerei geschützt werden.

Literatur

ABRAHAMSE, J. (ed.) (1976): Wattenmeer. Neumünster (Wachholtz).

BERGHAHN, R. (1984): Die Sonne bringt es an den Tag. Forschung; Mitteilungen der DFG; Heft 4; Weinheim (Verlag Chemie).

BUNDESMINISTER FÜR ERNÄHRUNG, LANDWIRTSCHAFT UND FORSTEN (Hrsg.), (1988): Jahresbericht über die Deutsche Fischereiwirtschaft 1987/1988. Bonn (Köllen).

DE HAAS, W. & F. KNORR (1965): Was lebt im Meer an Europas Küsten? Rüschlikon – Zürich (Albert Müller).

FOOD AND AGRICULTURE ORGANIZATION OF THE UNITED NATIONS (Hrsg.), (1987): Fishery statistics. Catches and landings. FAO yearbook; Vol 64; Rom.

MUUS, B.J. & DAHLSTRÖM, P. (1978): Meeresfische. München (BLV).

RAUCK, G. (1989): Bestandsentwicklung und zulässige Höchstfangmengen (TAC). – Das Fischerblatt, Jahrg. 37, Nr. 1; Kiel.

RAUCK, G. (1989): Plattfischbox ab 1989 in Kraft. Das Fischerblatt, Jahrg. 37, Nr. 2; Kiel.

REICHENBACH – KLINKE, H.H. (1970): Grundzüge der Fischkunde. Stuttgart (Fischer).

REMANE, STORCH & WELSCH (1974): Kurzes Lehrbuch der Zoologie. Stuttgart (Fischer).

TAIT, R.V. (1971): Meeresökologie. Stuttgart (Thieme).

WOLFF, W.DJ. (1983): Ecology of the Wadden Sea. Rotterdam (Balkema).

Die Vögel des Wattenmeeres

Klaus Kock

Die Bedeutung des Wattenmeeres für die Vogelwelt läßt sich an einigen Zahlen verdeutlichen. Für ca. 50 Arten von Gänsen, Enten, Watvögeln, Möwen und Seeschwalben ist das Wattenmeer von vitaler Bedeutung. Denn zumindest in einem Teil des Jahres sind die Gesamtpopulation oder doch bedeutende Teilpopulationen dieser Arten vom Nahrungsreichtum des Wattenmeeres abhängig. Simultanzählungen im Spätsommer, der Zeit mit den höchsten Vogelbeständen, ergaben Zahlen von 3 Millionen Vögeln im gesamten Wattenmeer von Dänemark bis zu den Niederlanden; die Gesamtzahl der im Laufe eines Jahres das Wattenmeer nutzenden Vögel dürfte etwa 7 – 9 Millionen Vögel betragen!

Abb. 91: Riesige Vogelschwärme prägen im Herbst und Frühjahr das Wattenmeer (Foto: Meyer).

Brutvögel

Typische Brutvögel der Salzwiesen der Halligen und des Vorlands sind Austernfischer, Rotschenkel, Säbelschnäbler, Fluß- und Küstenseeschwalbe, Silber-, Sturm- und Lachmöwe sowie Feldlerche und Wiesenpieper. An vegetationsfreien sandigen und kiesigen Stränden finden wir die Gelege von Sand- und Seeregenpfeifer, die hier auch ihre Nahrung suchen, sowie von Austernfischern und gelegentlich auch von Fluß-, Küsten- und Zwergseeschwalbe.

Die genannten Brutbiotope liegen meist nur wenige Dezimeter über dem mittleren Springtidehochwasser und können daher schon bei leichten Sturmfluten überschwemmt werden. Allerdings liegt die Hauptbrutzeit in den Monaten mit der geringsten Sturmflutwahrscheinlichkeit (Mai und Juni). Zudem stellt mangelnder Bruterfolg in einem Jahr bei dem relativ hohen Lebensalter von Watvögeln, Seeschwalben und Möwen keine Gefahr für den Bestand der Population dar, und es besteht die Möglichkeit

Abb. 92: Küstenvögel sind Bodenbrüter, hier eine Kolonie der Brandseeschwalbe (Foto: Meyer).

von Nachbruten. Dem Nachteil der möglichen Überflutung des Nistplatzes steht der Vorteil der Nähe zum Nahrungsrevier gegenüber, was kurze Wege bei der Nahrungsbeschaffung für die Jungen bedeutet, bzw. den nestflüchtenden Watvögeln das Führen der Jungen zum Watt erleichtert.

In den schon bewachsenen höheren Strandzonen und Primärdünen liegen die wenigen großen Brutkolonien der Brandseeschwalbe (z.B. auf Norderoog, Trischen und Scharhörn), während die häufige Silbermöwe und die seltenere Heringsmöwe gern auch in den höheren Weißdünen brüten.

In der Vergangenheit wurden die Möwen immer wieder für den Rückgang anderer Seevogelarten verantwortlich gemacht, da zu ihrem Nahrungsspektrum auch die Eier und Jungvögel anderer Vögel gehören. Langfristige Beobachtungen zeigen jedoch keine nennenswerten Einflüsse von Möwenpopulationen auf die Bestandszahlen anderer Seevogelarten, ja andere Vogelarten suchen sogar Möwenkolonien zur eigenen Brut auf, vermutlich, da Möwen alle Feinde ihrer Gelege heftig attakieren.

Die aufgeführten Möwen- und Seeschwalbenarten sowie der Säbelschnäbler bilden oft mehr oder weniger große Brutkolonien, es kommen allerdings auch Einzelbruten vor (vgl. zu Brutkolonien ABRAHAMSE). Diese Bildung von Brutkolonien kann als Anpassung an das Bodenbrüten gesehen werden, welches in der von hoher Vegetation freien Küstenlandschaft unumgänglich ist. Nähern sich Beutegreifer den Kolonien von Möwen oder Seeschwalben, werden sie von zahlreichen Vögeln angegriffen, ein Verhalten, das die Überlebenschance und Nachkommenzahl dieser Vogelarten erhöht. Zudem ermöglicht die Bildung von Brutkolonien, daß die oft nur knapp vorhandenen geeigneten Brutbiotope optimal ausgenutzt werden. Allerdings macht die Konzentration auf z.T. nur wenige Brutkolonien die Vögel besonders empfindlich gegen Störungen durch den Menschen.

Die meisten Brutvogelarten verlassen im Herbst das Wattenmeer den Küsten folgend in Richtung Südwesten, werden aber z.T. von Zuzüglern der gleichen Art ersetzt (z.B. beim Rotschenkel); nur die Möwenarten streifen wohl meist in der weiteren Umgebung des Brutgebietes umher.

Zugvögel

Die Zugvögel übertreffen in ihrer Anzahl die Brutvögel um ein Vielfaches (wenigstens das 10- bis 20fache), was zu der merkwürdigen Tatsache führt, daß zur Hauptbrutzeit (neben den Wintermonaten) die geringsten Vogelbestände im Jahresverlauf auftreten.

Die Herkunft der im Wattenmeer zu beobachtenden Zugvögel erstreckt sich von Ellesmere Island (Nordkanada) über Grönland, Island, ganz Nordeuropa bis zur Taimyr Halbinsel in Nordwestsibirien (Abb. 93).

Die letzten Zugvögel verlassen das Wattenmeer erst Anfang Juni, wie etwa die sibirische Population des Knutts, da erst ab Mitte Juni in den hochnordischen Gebieten Bedingungen zum Brüten gegeben sind, und schon ab Mitte bis Ende Juni tauchen die ersten Vögel wieder auf. Es sind dies die

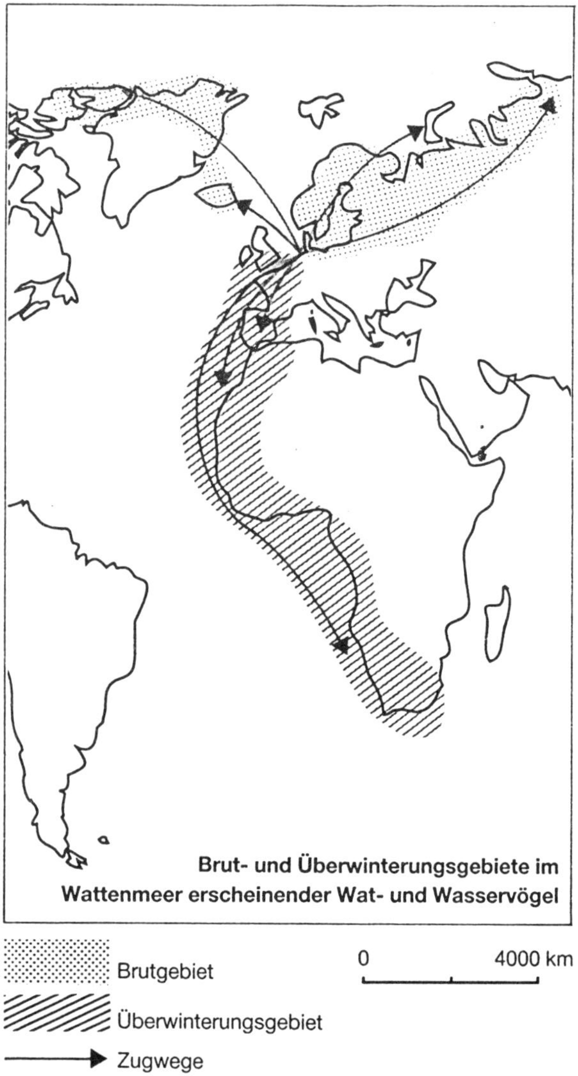

Abb. 93: Herkunft und Zuwege der Zugvögel des Wattenmeeres (nach KOCK & MEYER, verändert).

Weibchen des Dunklen Wasserläufers; sie überlassen den Männchen nach der energiezehrenden Eiablage das Brutgeschäft. Im Juli kommen dann Große Brachvögel, Grünschenkel und die ersten Knutts hinzu, die ihre Brutgebiete z.T. schon vor dem Flüggewerden der Jungen verlassen, um sich im nahrungsreichen Wattenmeer von der energiezehrenden Jungenaufzucht zu erholen und meist auch, um zu mausern. Sie vermindern so im Brutgebiet die Nahrungskonkurrenz gegenüber dem eigenen Nachwuchs. Von einer Reihe von Zugvogelarten bleiben allerdings auch im Sommer während der Brutzeit kleine Bestände im Wattenmeer. Diese übersommernden Vögel sind meist noch nicht geschlechtsreife Jungtiere.

Bis September nehmen die Vogelbestände immer stärker zu auf über 3 Millionen Vögel, die zur gleichen Zeit gezählt werden konnten, davon mehr als die Hälfte im deutschen Teil des Wattenmeeres. Der größte Teil der Zugvögel zieht im Herbst weiter den Küsten folgend in südliche Winterquartiere, wobei die Vögel immer wieder, wie schon vorher im Wattenmeer, Rastpausen einlegen müssen. Denn ein direkter Non-Stop-Flug von den hochnordischen Brutgebieten in die meist über 5000 km entfernten Überwinterungsräume wäre selbst bei optimaler Kondition, wie sie am Ende der Brutperiode sowieso nicht gegeben ist, energetisch nicht zu bewältigen. Daher folgen die Vögel dem „East-Atlantic-Flyway", also der östlichen Atlantikküste, da an dieser Route in wenn auch z.T. recht großen Abständen weitere nahrungsreiche Ästuargebiete wie Trittsteine aufgereiht sind, neben dem Wattenmeer die französische Atlantikküste, das Tejo-Ästuar, die Banc d'Arguin (Mauretanien) und die westafrikanische Küste bis hin nach Südafrika. Die mit Abstand wichtigsten Gebiete sind allerdings das Wattenmeer und die Banc d'Arguin, die anderen „Trittsteine" können bei weitem nicht so vielen Vögeln Nahrung bieten, so daß sie meist nur für Zwischenstops dienen.

Gleichzeitig bilden einige „Trittsteine" auch wichtige Überwinterungsgebiete, wobei besonders die Banc d'Arguin in Mauretanien hervorzuheben ist. Zu den Fernziehern, von denen zumindest Teilpopulationen in Afrika überwintern, gehören Grünschenkel, Rotschenkel, Alpenstrandläufer, Pfuhlschnepfe, Kiebitzregenpfeifer und Knutt.

Das Wattenmeer stellt bei diesem Zuggeschehen eine Art Drehscheibe dar, denn hier laufen im Spätsommer viele Zugwege aus dem Norden trichterförmig zusammen bzw. im Frühling auseinander. Gewichtsmessungen am Knutt zeigen, daß die Vögel in einem vergleichbaren Zeitraum in keinem anderen Rastgebiet soviel an Gewicht zugenommen haben wie im Wattenmeer, ein weiterer Hinweis auf die hohe Produktivität dieses Lebensraumes und seine Bedeutung für das Zuggeschehen zahlreicher Wasservogelarten.

Je nach Strenge des Winters überwintern auch zumindest Teilbestände einiger Zugvogelarten im Wattenmeer (Nonnengans, Austernfischer, Großer Brachvogel, Pfuhlschnepfe, Alpenstrandläufer, Knutt, Brandgans). Die Winterbestände des gesamten Wattenmeeres liegen in Normalwintern bei 1 – 1,5 Millionen Vögeln. Allerdings nimmt die Anzahl der Überwinterer vom dänischen zum niederländischen Wattenmeer und Deltagebiet deutlich zu, wohl vor allem wegen der hier um 2 – 3° C höheren Wassertemperatur.

Im Frühjahr werden geringere Zugvogelzahlen als im Herbst festgestellt. Die höheren Herbstbestände sind vor allem auf die neuen Jungvögel zurückzuführen, von denen viele den Zug nicht überleben, die bei einigen Arten aber auch in Afrika übersommern. Auch ist die Verweildauer der Zugvögel im Frühjahr meist kürzer. Beide Tatsachen können so gedeutet werden, daß den Vögeln im Herbst nach der hohen Biomasseproduktion im Sommer erheblich mehr Nahrung zur Verfügung steht als nach dem produktionsarmen Winterhalbjahr; wobei die großen Vogelmassen im Herbst zur Reduzierung der Bodenfauna kräftig beitragen. Doch kommt dem Frühjahrsaufenthalt im Wattenmeer bei einigen Arten wie Ringelgans, Alpenstrandläufer und Knutt eine enorme Bedeutung zu: Tiere der beiden letztgenannten Arten verdoppeln in dieser Zeit ihr Gewicht nahezu!

In dieser Phase wird das Leben der Vögel vom Gezeitenrhythmus diktiert. Fällt das Watt bei Ebbe frei, wird gefressen, und bedeckt die Flut das Watt, sammeln sich die Vögel auf ihren Hochwasserrastplätzen, wo sie Gefiederpflege betreiben und vor allem ruhen, so daß sie in dieser Zeit wenig Energie verbrauchen. Störungen auf solchen meist traditionell bei jedem Hochwasser – und Jahr für Jahr – wieder aufgesuchten Rastplätzen, auf denen sich über 100.000 Vögel sammeln können, wirken sich verheerend auf das Energiebudget der Vögel aus. Gerade von ihren Fettreserven hängt nämlich der Bruterfolg ab, denn nach einem Non-Stop-Flug über mehrere Tausend Kilometer finden die Vögel ihre hochnordischen Brutgebiete nicht selten von Schnee und Eis bedeckt. Trotz fehlenden Nahrungsangebots müssen sie bald mit der Brut beginnen, damit die Jungen vor Ende des kurzen Sommers der Tundra flügge sind.

Nahrung

Von den Vögeln des Wattenmeeres ernähren sich 90 % carnivor und 10 % herbivor. Zu den fleischfressenden (carnivoren) Vögeln gehören die Watvögel (Limikolen), die Seeschwalben, die Möwen (die nur wenig pflanzliche Nahrung aufnehmen) und die Tauchenten (v.a. auch die Eiderente). Sowohl von tierischer als auch pflanzlicher Nahrung ernähren sich Gründelenten wie die Stockente sowie die Brandgans, bei welcher aber die tierische Nahrung überwiegt. Reine Pflanzenfresser (Herbivore) sind alle echten Gänsearten (z.B. Ringelgans, Nonnengans, Kurzschnabelgans) und die Pfeifente, die sich von den Seegras- und Großgrünalgenbeständen des Watts und den Pflanzen der Salzwiesen ernähren.

Bei den carnivoren Vögeln setzt sich die Nahrung zu 72 % aus Molluscen, je ca. 10 % aus Krebsen und Fischen und zu 6 % aus Borstenwürmern zusammen (ABRAHAMSE).

Etwa 90 % der Vögel finden ihre Nahrung im eigentlichen Watt (Eulitoral), die restlichen 10 % in den Prielen und Wattströmen (Sublitoral) und auf den Salzwiesen und Stränden (Supra- und Epilitoral).

Wie ist es nun zu erklären, daß der Großteil der wahrscheinlich 7 – 9 Millionen Vögel, die sich im Jahresverlauf im Wattenmeer aufhalten, auf den Wattflächen ausreichend Nahrung finden, ja sich sogar noch zusätzliche Fettreserven anfressen kann? In erster Linie ist hier natürlich die hohe biologische Produktivität des Wattbodens anzuführen. Zudem zeigt es sich, daß die Vögel durch vielfältige ökologische Einnischungen Nahrungskonkurrenz vermeiden:

- Die Vögel suchen in verschiedenen Bereichen des Watts nach Nahrung (Schlick- oder Mischwatt, Prielränder).
- Verschiedene Vogelarten suchen das gleiche Gebiet zu unterschiedlichen Gezeitenständen auf.
- Sowohl die verschiedenen Vogelarten als auch Männchen, Weibchen und Jungvögel einer Art können sich zu verschiedenen Zeiten des Jahres im Wattenmeer aufhalten (z.B. Dunkler Wasserläufer).
- Schon die unterschiedlichen Schnabelformen lassen erkennen, daß sich viele Vogelarten auf bestimmte Nahrungstiere bzw. -pflanzen spezialisiert haben (vgl. Abb. 94).

(Zu Beispielen der Einnischung vgl. KNIEF S. 24/25, KOCK S. 93/94, MEYER S. 48/49.)

Die Bedeutung der Vögel für das Wattenmeer

Von der mittleren erreichbaren tierischen Biomasse von durchschnittlich 10 bis 20 g organischer Trockensubstanz pro m^2 Wattboden und Jahr fressen die Vögel allein 4 g. Dies entspricht also 20 – 40 % der vorhandenen Nahrung. Sie stellen neben den Fischen die wichtigsten Konsumenten von Tieren des Wattbodens (Zoobenthos) dar. Ihr Anteil läßt sich kaum steigern, da von den Vögeln vor allem die oberflächennahen Bodenbewohner erbeutet werden können und Watten mit zu geringer Siedlungsdichte von Beutetieren oder in zu großer Entfernung ven geeigneten Hochwasserrastplät-

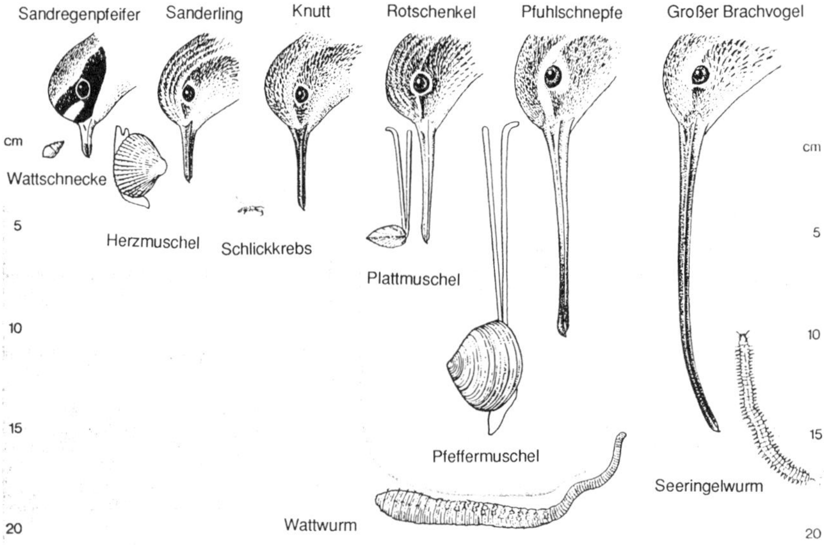

Abb. 94: Schnabelform und bevorzugt aufgenommene Nahrung einiger Watvogelarten (aus MEYER).

zen einen zu hohen Energieaufwand für die Nahrungssuche erfordern. Daher ist bei jedem Flächen- oder Funktionsverlust durch Eindeichungen oder Schadstoffeinträge mit negativen Auswirkungen auf die Vogelwelt zu rechnen.

Die Bedeutung des Wattenmeeres für die Vogelwelt

Das Wattenmeer als Mausergebiet

„Die Mauser stellt einen wichtigen Abschnitt im Jahreszyklus der Vögel dar, der oft eng mit dem Fortpflanzungs- und Zuggeschehen korreliert ist. Der Gefiederwechsel bedeutet für die Vögel eine enorme Stoffwechselbelastung" (KNIEF), die den Grundumsatz um ca. 1/3 ansteigen läßt. Besonders der Eiweißbedarf vergrößert sich, um das Keratin für die neuen Federn zu produzieren. Daher können die Vögel diese kritische Periode nur in optimalem Ernährungszustand bzw. bei schlechter Kondition nach der Jungenaufzucht und anstrengendem Wegzug aus dem Brutgebiet bei gutem Nahrungsangebot durchstehen. Während der Mauser wirken sich Störungen durch den Menschen daher auch besonders belastend für die Vögel aus.

Man kann bei den Wasservögeln des Wattenmeeres 3 Mauserarten unterscheiden:

1. Die Watvögel (Limikolen) mausern deszendent, d.h., sie verlieren die Schwungfedern nacheinander von innen nach außen und bleiben eingeschränkt flugfähig. Nur einige Arten wie Grünschenkel und Teile der Pfuhlschnepfen- und Knuttbestände ziehen nach kurzer Rast weiter und mausern erst im Winterquartier.
2. Die Entenvögel und auch die Brandgans mausern synchron, d.h. sie verlieren die Schwungfedern auf einmal und bleiben etwa einen Monat flugunfähig.
3. Die echten Gänse führen die Schwingenmauser schon im Brutgebiet während der Jungenaufzucht durch.

So stellt das Wattenmeer für die meisten rastenden Watvögel und für mehr als hunderttausend Brandgänse und Eiderenten aufgrund seines Nahrungsreichtums und des Fehlens von Bodenfeinden ein unersetzbares Mausergebiet dar.

Das Wattenmeer als Rastgebiet

Die Bedeutung des Wattenmeeres als Rast- und Überwinterungsgebiet wurde schon im Abschnitt Zugvögel dargestellt. Seinen besonderen internationalen Rang erhält das Wattenmeer nicht zuletzt auch dadurch, daß meist bedeutende Anteile von Populationen einzelner Arten oder Rassen sich hier aufhalten (vgl. Tab. 9). Der Erhalt dieser Populationen hängt also direkt vom Zustand des Wattenmeeres ab, da es keine Ersatzbiotope mit vergleichbarem Nahrungspotential gibt.

Das Wattenmeer als Brutgebiet bestandsgefährdeter Vogelarten

Die Entwässerung binnenländischer Feuchtgebiete und die intensive Freizeitnutzung der Ostseeküste hat die Brutbestände zahlreicher einheimischer Wasservogelarten gefährdet. Daher kommt dem Wattenmeer eine besondere Bedeutung für den Erhalt dieser in der Roten Liste stehenden Vogelarten zu, da außerhalb dieses Gebietes kaum noch überlebensfähige Brutpopulationen bestehen. Allerdings müssen einige Vogelarten auch im Wattenmeer in ihrem Brutbestand als stark gefährdet betrachtet werden, so z.B. Zwergseeschwalbe und Seeregenpfeifer.

In der Tabelle 10 sind die häufigsten im Wattenmeerbereich vorkommenden Brut- und Zugvogelarten zusammengestellt (s. Abb. 95):

Die Aufstellung der Brutvögel kann nicht vollständig sein. Umfassende Brutbestandsaufnahmen und Daten zur Abundanz finden sich bei BUSCHE und HÄLTERLEIN (hier nur Laro-Limikolen).

Auch die Aufzählung der Zugvogelarten ist bei weitem nicht vollständig, es wurden nur häufig und regelmäßig auftretende Arten ausgewählt. Eine Darstellung aller im schleswig-holsteinischen Wattenmeer beobachteten Vogelarten findet sich bei BUSCHE.

Tab. 9: Maximale Vogelbestände im schleswig-holsteinischen Wattenmeer (nach BUSCHE und PROKOSCH).
Ziffern in Klammern: Monat mit dem jeweils höchsten Bestand.

	Maximaler Herbstbestand	Maximaler Frühjahrs bestand	Geschätzter Gesamtrast bestand in NW und NW-Afrika
Austernfischer (B)	150.000 (10)	40.000 (3/4)	563.000
Säbelschnäbler (B)	5.000 (7)	2.000 (4/5)	22.300
Sandregenpfeifer (B)	10.000 (8)	4.000 (5)	42.800
Seeregenpfeifer (B)	2.000 (8)	500 (5)	4.500
Kiebitzregenpfeifer	15.000 (8)	25.000 (5)	42.700
Steinwälzer	2.000 (8)	1.000 (5)	23.300
Großer Brachvogel	40.000 (9)	20.000 (3)	151.400
Regenbrachvogel	2.000 (8)	500 (5)	3.500
Pfuhlschnepfe	50.000 (8)	90.000 (5)	304.200
Dunkler Wasserläufer	4.000 (8)	300 (5)	50 000
Rotschenkel (B)	16.000 (7)	10.000 (4/5)	244.000
Grünschenkel	3.000 (8)	300 (5)	50 000
Knutt	400.000 (8-10)	300.000 (5)	744.300
Sanderling	4.000 (10)	17.000 (5)	26.000
Sichelstrandläufer	1.000 (8)	100 (5)	38.000
Alpenstrandläufer (B)	400.000 (8-10)	300.000 (5)	1.410.000
Pfeifente	70.000 (10-11)	20.000 (3)	400 – 500.000
Brandgans (B)	63.000	65.000	130.000
Ringelgans	ca. 50.000	?	ca. 200.000
Nonnengans	30.000 (11)	20.000 (3)	40 – 50.000
Eiderente (B)	ca. 40 – 50.000	Winterbestand	2.000.000

Abb. 95: Typische Brut- und Zugvögel des Wattenmeeres (aus BEZZEL).

Abb. 95: Typische Brut- und Zugvögel des Wattenmeeres (aus BEZZEL).

Abb. 95: Typische Brut- und Zugvögel des Wattenmeeres (aus BEZZEL).

Tab. 10: Vögel im Wattenmeer, gegliedert nach Brutvögeln und Rastvögeln

Brutvögel Vogelart	geographische Verbreitung, Rassen, Bestände	Fortpflanzung	Nahrung	Zugverhalten, Mauser
Brandgans				
(Tadorna tadorna L.)	Diskontinuierliche Verbreitung in NW-Europa sowie vom Schwarzen Meer bis nach China. Die im Wattenmeer auftretenden Vögel kommen aus GB, Frankreich, dem Nordseeküstenraum, Norwegen und dem Ostseeraum. Gesamtbrutbestand in NW-Europa wenigstens 60.000 Vögel (ohne Jungvögel). Brutbestand in D 2500 – 3500 Paare (NS 1400 – 1500, SH 4 – 500 Paare), Gesamtwinterbestand in NW-Europa ca 130.000 Vögel	Brütet meist in Küstennähe (häufig in Dünen) oder an Binnengewässern. Nest häufig in Kaninchen- oder Fuchsbauten, aber auch in Baumhöhlen, in dichtem Buschwerk oder unter Steinen. Nest aus Pflanzenmaterial und Dunen mit 8 – 15 cremeweißen Eiern (66 x 47 mm). Brutbeginn ca. Mitte Mai, Brutdauer 28 – 30 Tage, nur das Weibchen brütet, das Männchen hält in Nestnähe Wache. Junge nach ca. 8 Wochen flügge	Sehr vielfältig: junge Herzmuscheln, Platt- und Klaffmuscheln, Seeringelwurm, Gammariden, Darmtang, Diatomeen. Brandgans legt bodenbewohnende Nahrungstiere durch Trampeln auf der Stelle frei	Hauptzuggeschehen der Mauserzug der Immaturen im Juni und der Brutvögel im Juli zu den Mauserplätzen (u.a. zwischen Weser und Eider: Großer Knechtsand, um Trischen, Meldorfer Bucht), während der Mauser ca. 1 Monat flugunfähig. Nach der Mauser bleiben die Vögel in milden Wintern im Wattenmeer oder kehren ins Brutgebiet zurück bzw. überwintern bei strenger Kälte an der Atlantikküste GB's und Frankreichs
Eiderente				
(Somateria mollissima L.)	Weite diskontinuierliche Verbreitung auf der Nordhalbkugel von der arktischen bis zur gemäßigten Zone. Brutbestand im gesamten Wattenmeer 5500	Brüten nur am Meer, in Dünen und seltener in Salzwiesen, oft in lockeren Brutkolonien. Nest aus Pflanzenmaterial und Daunen mit 3 – 10 einfarbi-	Suchen ihre Nahrung i.w. tauchend („Tauchente") bis in 10 m Wassertiefe. Nahrung u.a. Herz-	Brutpopulation auch im Winter im Wattenmeer (nur Jungvögel ziehen bis zur französischen Atlantikküste). Hinzu kommen schon im Sommer Vögel der Ost-

Brutvögel Vogelart	geographische Verbreitung, Rassen, Bestände	Fortpflanzung	Nahrung	Zugverhalten, Mauser
	– 6500 Paare, davon 4000 in NL und wenigstens 1500 Paare zwischen Föhr und Langli (DK), in NS höchstens 20 Paare, dazu kommen Immature	gen blaßgrünen, grauen oder bläulichen Eiern (77 x 52 mm). Brutbeginn ab Anfang Mai, Brutdauer 27 – 28 Tage, nur das Weibchen brütet, Junge nach 8 – 10 Wochen flügge	und Miesmuscheln und Strandkrabben (werden im Muskelmagen zerkleinert). Nahrungssuche v.a. bei Hochwasser auf Wattflächen	seepopulation zum Mausern (erst m, später w), zwischen Juli und Oktober ca. 30 – 40.000 Vögel im deutschen Wattenmeer und im Winter ca. 20 – 25.000 Vögel
Austernfischer				
(Haemotopus ostralegus L.)	Diskontinuierlich fast weltweit an Küsten und stellenweise im Binnenland verbreitet; die Subspezies H.o. ostralegus brütet in Island, GB und Irland, Frankreich, im Nord- und Ostseeküstenraum, an der norwegischen Küste bis zum Weißen Meer. Brutbestand in D ca. 10.000 Paare (NS 3.900, SH 7.000)	Brütet auch im Binnenland auf kurzrasigen Flächen, an der Küste am Sandstrand, auf Primär- und Weißdünen, auf Vorland- und Halligsalzwiesen. Flache Nestmulde je nach Brutbiotop mit Pflanzenteilen, Muschelschalen oder Steinen ausgelegt. 2 – 4 (meist 3) Eier 57 x 40 mm) blaßbraun bis sandfarben mit unregelmäßigen braunschwarzen Feldern. Brutbeginn Mitte Mai, Brutdauer 24 – 27 Tage; flügge nach 5 – 6 Wochen	Im Binnenland Insekten und Regenwürmer. Am Meer Mies-, Herz- und Plattmuscheln, seltener auch Pfeffer- und Klaffmuscheln (Schalen werden mit meißelartigem Schnabel geknackt), Seeringel- und Wattwurm, junge Strandkrabben. Obwohl die Jungen Nestflüchter sind, werden sie von den Altvögeln über Wochen gefüttert	Populationen von Island, den Färöern und GB überwintern auf den britischen Inseln. Höchstzahlen im gesamten Wattenmeer von 475.000 Vögeln im September, wenn Zuwanderung aus N weitgehend abgeschlossen und Abwanderung noch nicht beginnt. Überwintern meist an der europäischen und nordafrikanischen Atlantikküste, Winterbestand je nach Witterung 10 – 20.000 Vögel (ges. Wattenmeer). Mauser der Brutvögel und Zuzügler i.w. im Wattenmeer

Brutvögel Vogelart	geographische Verbreitung, Rassen, Bestände	Fortpflanzung	Nahrung	Zugverhalten, Mauser
Säbelschnäbler				
(Recurvirostra avosetta)	Diskontinuierliche Verbreitung im nord- und westlichen Ostseeküstenbereich, an einigen Mittelmeerküsten sowie vom Schwarzen Meer bis nach China im Binnenland. Die nordwesteuropäische Brutpopulation umfaßt ca. 9200 Paare, davon 3100 – 3400 in D (NS 1600 – 1900, SH 1500)	Meist Koloniebrüter in Salzwiesen, seltener auf vegetationsfreien Sandflächen, immer in Wassernähe. Flache Nestmulde mit etwas Pflanzenmaterial enthält 3 – 5 (meist 4) Eier (51 x 35 mm) von blaßbrauner Farbe mit unregelmäßigen schwarzbraunen Flecken. Brutbeginn ab Anfang Mai, Brutdauer 22 – 24 Tage (w und m brüten), Jungvögel nach 5 – 6 Wochen flügge	Nahrungserwerb durch Hin- und Herschwenken der aufgebogenen Schnabelspitze durch die oberste Bodenschicht („Mähen"). Nahrung Seeringelwurm, Schlickkrebs, Wattschnecke und andere kleine Wirbellose	Ab Anfang Juli kommen Brutvögel aus dem Ostseeraum, von Anfang August bis Mitte September fast gesamte NW-europäische Brutpopulation im Wattenmeer, wo wahrscheinlich auch Mauser stattfindet. Wegzug zieht sich je nach Witterung bis in den November hin, in milden Wintern überwintern auch kleine Bestände. Hauptwintergebiet im westlichen Mittelmeerraum und an der NW-afrikanischen Küste.
Sandregenpfeifer				
(Charadrius hiaticula L.)	2 Rassen treten im Wattenmeer auf; hier brütet die Nominatform (C.h. hiaticula), die von Nordkanada bis Nordeuropa vorkommt; in Sibirien brütet C.h. tundrae. Brutbestand im gesamten Wattenmeer 1350 – 1700 Paare, in D 1100 – 1400 Paare (NS 150 – 300, SH 975 – 1120,	Nest meist auf Sand- oder Schlickflächen am Strand, seltener Flüssen. Flache Nestmulde mit Kieselsteinen, Muschelschalen oder auch Pflanzenresten mit meist 4 Eiern (36 x 26 mm) von grauer bis gelblicher Farbe mit unregelmäßigen dunkelbraunen und grauen Flecken. Brutbeginn	Seeringelwurm, Wattschnecken u.a. bei Vögeln am Strand auch Insekten	Im Spätsommer kommen zur Brutpopulation Zuzügler aus beiden Rassen (im Feld schwer zu unterscheiden): Augustbestand im SH-Wattenmeer ca 10.000 Vögel, ab August Wegzug. C.h. hiaticula (incl. Brutpopulation) überwintert an der englischen, französischen, spanischen und NW-afrikani-

Brutvögel Vogelart	geographische Verbreitung, Rassen, Bestände	Fortpflanzung	Nahrung	Zugverhalten, Mauser
	allein auf Sylt bis zu 600 Paare)	Anfang Mai, Brutdauer 24 – 27 Tage, Jungvögel nach 4 Wochen flügge; Jungvögel ähneln Seeregenpfeifer		schen Küste, C.h. tundrae im Mittelmeergebiet, in NW-, W- und S-Afrika. Mauser teils noch im Wattenmeer, v.a. aber im Winterquartier; nur wenige Individuen überwintern im Wattenmeer.
Seeregenpfeifer				
(Charadrius alexandrinus L.)	Kosmopolit bis auf die boreale und arktische Zone, an Küsten aber auch in Steppengebieten, in Europa nördlich bis Dänemark und Süd- und Mittelschweden. Brutpopulation gehört zur eurasisch-nordafrikanischen Rasse C.a. alexandrius. Brutbestand gesamtes Wattenmeer 1000 – 1300 Paare (NS 250 – 300, SH 600 – 700)	Brütet an Sandstränden (Verdrängung durch Menschen!), Kies- oder Muschelschillfeldern, seltener in Dünen. Nest flache Mulde mit Kieseln, Muschelschalen oder Pflanzenresten, meist 3 sandfarbene Eier (33 x 23 mm) mit unregelmäßigen schwarzen Flecken, Brutbeginn Mitte Mai, Brutdauer ca. 24 Tage (w und m brüten), Jungvögel nach 4 Wochen flügge	Insekten, kleine Strandkrabben, Seeringelwurm, Wattschnecken	Brutpopulation NW-Europas überwintert an den Küsten des Mittelmeeres und Nordafrikas; Mauser teils im Wattenmeer und beendet im Winterquartier

Brutvögel Vogelart	geographische Verbreitung, Rassen, Bestände	Fortpflanzung	Nahrung	Zugverhalten, Mauser
Rotschenkel				
(Tringa totanus L.)	Unsichere Rassentrennung, in NW-Europa brütet T.t. totanus (außer GB, hier T.t. britannica) an Küsten und in binnenländischen Feuchtgebieten und Steppen (bis nach China), Brutbestand im Wattenmeer ca. 11.400 Paare (NS 4000, SH 3000); vom Spätsommer bis Frühling tritt auch die etwas größere isländische Rasse T.t. robusta auf	Brütet in Salzwiesen mit etwas höherer Vegetation oder binnendeichs auf Feuchtwiesen; Nest flache Mulde mit etwas Pflanzenmaterial, meist werden neben dem Nest wachsende Pflanzen zur Tarnung über das Nest gezogen; meist 4 grünlich- bis hellbraune Eier (45 x 32 mm) mit unregelmäßigen braunen Flecken, Brutbeginn ab Mitte April, Brutdauer 23 – 24 Tage (w und m brüten), Jungvögel nach 4 – 5 Wochen flügge	Meist im Schlickwatt, Schlickkrebs, kleine Strandkrabben, Seeringelwurm, Wattschnecken. Soll 10 – 50 Schlickkrebse pro Minute erbeuten können (= 7500 – 12.000 Krebse pro Niedrigwasserperiode)	Brutpopulation beginnt Mauser im Wattenmeer, beginnt ab August mit Wegzug nach Süden und überwintert im Mittelmeerraum und in NW-Afrika, wo die Mauser beendet wird; ab Ende Juli Zuzug der isländischen Rasse T.t. robusta, die im Nordseeraum überwintert (Winterbestand deutsches Wattenmeer ca. 5000 Vögel (NS 4000, SH 1 – 1500) und bis etwa Mitte Mai den Rückzug antritt (Mauser im Winterquartier) Britische Rasse T.t. britannica überwintert in GB
Silbermöwe				
Larus argentatus L.)	Auf der Nordhalbkugel von der Tundra bis in die gemäßigte Zone und die Subtropen hinein in mehreren Rassen brütend (eng verwandt mit Heringsmöwe [Larus fuscus]: seltener Brutvogel und regelmäßi-	Brütet in Dünen oder Salzwiesen (Helgoland Felsklippen), Koloniebrüter, Nestmulde aus Pflanzenmaterial, meist 3 bräunliche Eier (70 x 48 mm), Brutzeit 25 – 33 Tage (m und w brüten), Brutbeginn ab Anfang Mai,	Sehr variabel, im Watt Mies- und Herzmuscheln, Strandkrabben, Seesterne, Garnelen, Strandschnecken, Fische (meist nicht selbst erbeu-	Brutpopulation des Wattenmeeres bleibt meist in 100 – 150 km Umkreis des Brutreviers, doch zieht ein Teil (u.a. Jungvögel) auch bis ins Mittelmeergebiet. Im Winter Zuzügler aus Skandinavien. Vollmauser während der

Brutvögel Vogelart	geographische Verbreitung, Rassen, Bestände	Fortpflanzung	Nahrung	Zugverhalten, Mauser
	ger Zuzügler), im Wattenmeer wahrscheinlich die Rasse L.a. argentatus; Brutpopulation im gesamten Wattenmeer ca. 66.000 Paare (NS 22.700, SH 3800)	Jungvögel nach ca. 7 Wochen flügge, aber erst nach 4 – 5 Jahren geschlechtsreif (bis dahin bräunlich gefärbt)	tet, sondern Fischereiabfälle). Legen Trampelkuhlen an. Lassen große Schalentiere aus der Luft auf harten Untergrund fallen zum Knacken.	Brutzeit (Mai bis Oktober) sowie Teilmauser von Januar bis April
Lachmöwe Larus ridibundus L.)	An der Nord- und Ostseeküste, bis Island und Mittelnorwegen, im Binnenland von Mitteleuropa bis nach China an Gewässern. Seit Mitte des 19. Jahrhunderts starke Ausbreitung nach N (1. Brut in Norwegen 1867, auf Island 1911), Bestand hat auch im deutschen Wattenmeer stark zugenommen: 1948 ca. 6000, 1978 ca. 19.000 Brutpaare (NS 10.000, SH 9400), gesamtes Wattenmeer ca. 90.000 Paare	Koloniebrüter, Nest in Dünen oder Salzwiesen, meist in Wassernähe; aus Pflanzenmaterial meist 10 – 30 cm hoch aufgeschichtetes Nest, meist 2 – 3 grünliche bis bräunliche unregelmäßig braun gefleckte Eier (52 x 37 mm), Brutbeginn ab Ende April, Brutdauer 21 – 27 Tage (m und w brüten), Jungvögel nach 5 – 6 Wochen flügge	Junge Herzmuscheln, Seeringelwurm, Garnelen, auch kleine Fische wie Sprotte und Stint, legt Trampelkuhlen zum Freilegen von Bodentieren an. Im Binnenland häufig auf frisch gepflügten Feldern	Teil der Brutpopulation überwintert im Wattenmeer, der größere Teil zieht nach SW und überwintert an der südlichen Nordsee bis hin zur französischen Atlantikküste und Spanien; ab Mitte Juli Zuzug von jungen und später auch adulten Vögeln von der nordeuropäischen Brutpopulation. Mauser von Juli bis Oktober

Brutvögel Vogelart	geographische Verbreitung, Rassen, Bestände	Fortpflanzung	Nahrung	Zugverhalten, Mauser
Brandseeschwalbe				
(Sterna sandvicensis Latham)	Diskontinuierliche Verbreitung in Europa und N- und S-Amerika; in NW-Europa in GB, Irland, Frankreich, NL, D und Südskandinavien. Brutpopulation gehört zur Rasse S.s. sandvicensis. Starke Bestandsschwankungen, im gesamten Wattenmeer von 1954 bis 1978 zwischen 15.000 und 29.000 Paare, immer wieder Aufgabe von vorhandenen Kolonien und Neugründungen	Koloniebrüter, häufig zusammen mit Lachmöwen, an Stränden und in Primärdünen, Nest flache Mulde im Sand mit 1 – 2 Eiern (52 x 36 mm) gelblich bis sandfarben mit dunkelbraunen und grauen Flecken; Brutbeginn ab Mitte Mai, Brutdauer 22 – 24 Tage (m und w brüten), Jungvögel nach ca. 5 Wochen flügge, aber erst mit 4 – 5 Jahren geschlechtsreif	Kleine Fische: Großer und Kleiner Sandaal, Hering und Sprotte. Finden die Nahrung stoßtauchend in bis zu 15 – 25 km Entfernung vom Brutgebiet	Ab Juli bis Ende August Fortzug aus dem Brutgebiet, südskandinavische Vögel ziehen von Juli bis September durchs Wattenmeer; Brutpopulation des Wattenmeeres überwintert an der westafrikanischen Küste. Komplette Mauser von Mai bis Dezember sowie von Februar bis April
Flußseeschwalbe				
(Sterna hirundo)	In Europa vom Mittelmeer bis Norwegen, bis Ostasien und in Nordamerika verbreitet an Küsten und Binnengewässern; im Wattenmeer die Rasse Sterna h. hirundo Brutbestand im gesamten Wattenmeer ca. 6400 – 12.000 Brutpaare (NS 2400 – 5000, SH 850 –	Brüten in kleinen oder auch größeren Kolonien, z.T. mit Lachmöwen zusammen, Nester an Sandstränden oder in flacher Vegetation, meist mit Pflanzenmaterial ausgepolsterte flache Mulde, 3 olivbraune dunkelgefleckte Eier (41 x 30 mm), Brutbeginn ab Mitte Mai, Brutdauer 24	Meist kleine Fische (Heringe, Sprotten, Sandaal, junge Plattfische), aber auch Nordseegarnelen und kleine Strandkrabben werden stoßtauchend erbeutet	Ab Mitte Juli Wegzug der Brutpopulation (abhängig vom Brutbeginn), aber später noch Durchzug der nördlichen Brutpopulation, Überwinterung an den Küsten Westafrikas, erscheinen in der zweiten Aprilhälfte im Brutgebiet. Mauser beginnt im Juli und wird im Winterquartier beendet

Brutvögel Vogelart	geographische Verbreitung, Rassen, Bestände	Fortpflanzung	Nahrung	Zugverhalten, Mauser
	1250) Feldornithologisch nur schwer von der folgenden Küstenseeschwalbe zu unterscheiden	Tage (m und w brüten), Junge unechte Nestflüchter (verlassen das Nest, werden aber von Eltern gefüttert), nach 3 – 4 Wochen flügge		
Küstenseeschwalbe				
(Sterna paradisea)	An europäischen, nordasiatischen Küsten verbreitet, in Europa liegt die Südgrenze der Verbreitung im niederländischen Wattenmeer und an der deutschen Ostseeküste	Koloniebrüter, auf Sandflächen oder in flacher Vegetation, flache Mulde meist ohne Pflanzenmaterial, aber manchmal mit Muschelschalen. Gelege aus 2 Eiern (40 x 29 mm) von grauer bis bräunlicher Farbe mit dunklen Flecken; Brutdauer 22 Tage (m und w brüten), Junge unechte Nestflüchter, nach ca. 3 Wochen flügge	Meist kleine Fische (Heringe, Sprotten, Sandaal, junge Plattfische), aber auch Nordseegarnelen und kleine Strandkrabben werden stoßtauchend erbeutet	Ab Ende Juli Wegzug der Brutpopulation (abhängig vom Brutbeginn), aber bis Mitte September Durchzug von skandinavischen Brutvögeln, Überwinterung an den westafrikanischen und südafrikanischen Küsten bis hinein in die antarktischen Gewässer; ab Mitte April erscheinen sie wieder im Brutgebiet
Zwergseeschwalbe				
(Sterna albifrons)	Bis auf Südamerika diskontinuierlich über alle Kontinente verbreitet, in Europa liegt nördliche Verbreitungsgrenze in Schottland und Südschweden, sonst	Brütet meist an flachen muschelbedeckten Stränden in kleinen Kolonien (Gefahr durch Sturmfluten und Störungen durch Menschen!). Nest flache Mulde z.T. mit	Wenig bekannt, hauptsächlich Kleinfische wie Sandaale und junge Plattfische, aber auch Garnelen	Ab Mitte August Wegzug, Winterquartier vermutlich an den Küsten Westafrikas, Rückkehr ins Brutgebiet ab Mitte April, Mauser beginnt im August

Brutvögel Vogelart	geographische Verbreitung, Rassen, Bestände	Fortpflanzung	Nahrung	Zugverhalten, Mauser
	an allen europäischen Küsten vorkommend mit der Rasse Sterna a. albifrons; Gesamtbestand im Wattenmeer ca. 550 Brutpaare (NS 100 – 200, SH 150 – 200)	einigen Muschelschalen mit 2 – 3 sandfarbenen dunkelgefleckten Eiern (33 x 24 mm), Brutbeginn Ende Mai (m und w brüten), Brutdauer 20 – 22 Tage, Junge nach ca. 3 Wochen flügge		

Zugvögel Vogelart	Brutheimat, Rassen	Zugverhalten, Überwinterung	Nahrung	Bestände
Nonnengans				
(Branta leucopsis, Bechstein)	3 getrennte Brutpopulationen (aber keine getrennten Rassen) in der Tundrenzone um den Nordatlantik auf Grönland, Spitzbergen und Nowa-Semlja, in letztgenanntem Gebiet brüten etwa 2/3 des Gesamtbestands	Erscheinen in größerer Zahl im Oktober im Wattenmeer, überwintern je nach Strenge des Winters in kleinen Beständen im deutschen Wattenmeer, der größere Teil in der niederländischen Provinz Friesland und im Deltagebiet, aber ab März wieder im deutschen Wattenmeer, Wegzug ins Brutgebiet Ende Mai	Andelgras und Rotschwingel, aber auch binnendeichs auf Wiesen mit Weidel- und Wiesenlieschgras oder auf Äckern mit Wintersaat	Von dem geschätzten Weltbestand zwischen 70 – 100.000 Vögeln halten sich bis zu 30.000 im schleswig-holsteinischen und bis zu 50.000 im niederländischen Wattenmeer auf

Zugvögel Vogelart	Brutheimat, Rassen	Zugverhalten, Überwinterung	Nahrung	Bestände
Ringelgans (Branta bernicla L.)	Brütet zirkumpolar in der Tundrenzone der Palaearktis; im Wattenmeer ist vor allem die Dunkelbäuchige Ringelgans (B.b. bernicla) aus dem Gebiet der Taimyrhalbinsel in Nordwestsibirien und seltener die Hellbäuchige Ringelgans (Branta b. rota) von Spitzbergen anzutreffen	Erscheinen in größerer Zahl ab Mitte September im Wattenmeer, ab Ende Oktober Wegzug ins Winterquartier in Südengland, im niederländischen Deltagebiet und an der französischen Westküste, kleine Bestände überwintern in milden Wintern im Wattenmeer, ab März erscheinen die Vögel wieder aus den Winterquartieren und ziehen Ende Mai in die Brutheimat	Im Herbst v.a. Zwergseegras und Darmtang auf höheren Wattflächen. Da diese Pflanzen bzw. ihre oberirdischen Teile über Winter absterben, fressen die Vögel im Frühjahr v.a. Andelgras und andere Salzpflanzen. Ringelgänse werden kaum hinter dem Deich angetroffen	Im Frühjahr hält sich fast der gesamte Brutbestand der Dunkelbäuchigen Ringelgans im Wattenmeer auf, bis 150.000 Vögel. Je nach Bruterfolg stark schwankende Bestände
Pfeifente (Anas penelope L.)	Brütet im Ostseeraum, Skandinavien, Nordrußland und in Sibirien bis zum Pazifik. Die Zugvögel im Wattenmeer kommen vermutlich v.a. aus Skandinavien, Nordrußland und NW-Sibirien; selten auch vereinzelte Bruten im Wattenmeer	Erscheinen ab Ende August im Wattenmeer und ziehen ab Mitte November in die Winterquartiere in Südengland, die Niederlande, die französischen Küsten bis hin nach Spanien; kleine Bestände überwintern auch im Wattenmeer. Im März wieder Zunahme	Ähnlich wie Ringelgans, mit denen sie häufig vergesellschaftet auftritt, kommt aber auch binnendeichs und in Ästurarien zur Nahrungssuche	Der NW-europäische Winterbestand umfaßt ca. 400 – 500.000 Vögel, im SH-Wattenmeer treten bis zu 70.000 Vögel im Oktober/November auf, ebenso viele finden sich im November in den NL

Zugvögel Vogelart	Brutheimat, Rassen	Zugverhalten, Überwinterung	Nahrung	Bestände
		der Zahlen bis zum Wegzug im Mai in die Brutheimat. Allerdings sind Herbstbestände fast 3 x so hoch wie Frühjahrsbestände (Schleifenzug)		
Alpenstrandläufer				
(Calidris alpina L.)	Zirkumpolar in der Tundren- und borealen Zone in mehreren Rassen verbreitet. Von Grönland über Island, GB, die südliche Nordsee bis in den Ostseeraum brütet C.a. schinzii, im Nord- und Ostseeraum allerdings nur sehr vereinzelt; Hauptmenge der Alpenstrandläufer im Wattenmeer gehört der von Skandinavien bis NW-Sibirien brütenden Rasse C.a. alpina an.	Zuzug ab Anfang Juli, in größeren Zahlen im August mit Höchstzahlen im September. Während L.a. schinzii in Südeuropa und NW-Afrika überwintert, bleibt L.a. alpina im wesentlichen im Nordseeraum im Wattenmeer (v.a. im südwestlichen Teil) und in GB sowie in F, kleinere Bestände ziehen aber bis nach Südwesteuropa und NW-Afrika; ab März wieder zunehmende Zahlen, Mitte bis Ende Mai Wegzug in die Brutheimat	Wattschnecken, Schlickkrebs, Seeringelwurm. Tiere verdoppeln im Frühjahr im Wattenmeer annähernd ihr Gewicht, wovon in starkem Maße der Bruterfolg abhängt	Im September/Oktober 300 – 400.000 Vögel im schleswig-holsteinischen Wattenmeer, der gesamte Winterbestand in NW-Europa und NW-Afrika beträgt ca. 1.400.000 Vögel, damit der häufigste Vogel im Wattenmeer. Der Brutbestand im gesamten Wattenmeer ist stark zurückgegangen und beträgt nur noch 25 – 40 Paare

Zugvögel Vogelart	Brutheimat, Rassen	Zugverhalten, Überwinterung	Nahrung	Bestände
Großer Brachvogel				
(Numenius arquata L.)	Palaearktische Verbreitung von den Tundren bis in die gemäßigte Zone, von GB bis nach China; im Wattenmeer brüten insgesamt ca. 600 Paare vor allem auf den Inseln (allein in den NL 450 – 500 Paare). Diese wie auch die Zugvögel gehören zur Rasse N.a. arquata. In kleineren Zahlen tritt v.a. im Spätsommer auch der Regenbrachvogel (Numenius phaeopus) auf.	Ab Anfang Juli Zuzug aus dem Brutgebiet, ab Ende August bis Anfang November Weiterzug in Winterquartiere in GB, französische Westküste bis hin nach NW-Afrika. Doch überwintern auch große Bestände v.a. im niederländischen Wattenmeer, ab März wieder in größerer Zahl, ab Ende April bis Mitte Mai Wegzug in Brutheimat	Mit dem beim m ca. 112 mm und beim w 153 mm langen Schnabel wird vielseitige Nahrung erbeutet: junge Strandkrabben, Wattwurm, Seeringelwurm,Plattmuschel, Herz- und Miesmuschel	Der gesamte NW-europäische und NW-afrikanische Winterbestand beträgt ca. 225.000 Vögel, im gesamten Wattenmeer ca. 100.000 Vögel.
Pfuhlschnepfe				
(Limosa lapponica L.)	Palaearktische Verbreitung in der Tundren- und borealen Zone von Nordrußland bis zum Pazifik. Im Wattenmeer kommt die von Nordrußland bis NW-Sibirien verbreitete Rasse L.l. lapponica vor	Ab Mitte Juli in größerer Zahl erscheinend, überwintern teils im südlichen Wattenmeer, zum größeren Teil in NW-Afrika (Banc d'Arguin in Mauretanien), ab April wieder zunehmende Zahlen, bis Ende Mai Wegzug in Brutgebiete	Schnabellänge 75 – 100 mm, beim w länger als beim m, Seeringelwurm, Plattmuscheln, junge Strandkrabben, Garnelen, Wattwurm	Im schleswig-holsteinischen Wattenmeer im August bzw. Mai jeweils bis zu 60.000 Vögel, im niederländischen Wattenmeer überwintern ca. 30 – 40.000 Vögel, Gesamtwinterbestand in NW-Europa und NW-Afrika ca. 300.000 Vögel

Zugvögel Vogelart	Brutheimat, Rassen	Zugverhalten, Überwinterung	Nahrung	Bestände
Knutt				
(Calidris canutus L.)	Zirkumpolar in mehreren Rassen in der Tundrenzone. Im Wattenmeer erscheinen Vögel der NW-kanadischen und grönländischen Rasse C.c. islandica und NW-sibirischen Rasse C.c. canutus von der Taimyr-Halbinsel in NW-Sibirien	Ab Mitte Juli erscheinen die Vögel in größeren Zahlen (zuerst die Altvögel, ab August die diesjährigen Jungvögel). C.c. islandica überwintert im Wattenmeer sowie in GB und an der französischen Westküste. C.c. canatus überwintert i.w. in NW-Afrika (Mauretanien) und in kleineren Beständen in Südafrika. Ab April Zunahme der Zahlen. Mitte Mai/Anfang Juni Wegzug in Brutgebiete	Wattschnecken, Plattmuscheln, junge Herzmuscheln, Nordseegarnele und Schlickkrebs. Verdoppeln im Mai ihr Gewicht annähernd vor dem Wegzug ins Brutgebiet (sehr wichtig für Bruterfolg)	Beide Rassen umfassen jeweils etwa 350 – 400.000 Individuen. Im August/September können sich bis zu 400.000 Knutts im schleswig-holsteinischen Wattenmeer aufhalten
Grünschenkel				
(Tringa nebularia Gunnerus)	Von Schottland über Skandinavien bis nach Ostsibirien in der borealen und Tundrenzone, Vögel im Wattenmeer stammen wohl i.w. aus Skandinavien	Erscheinen ab Mitte Juli in größerer Zahl in Wattenmeer, ab Ende September nimmt die Zahl stark ab; überwintern in kleinen Beständen auf den britischen Inseln, ansonsten aber im westlichen Mittelmeerraum und an den Küsten NW- und W-Afrikas. Im Frühjahr sind nur im Mai relativ geringe Zahlen feststellbar	Nordseegarnelen, Grundeln, Borstenwürmer und junge Strandkrabben. Nahrungssuche oft im flachen Wasser	Im schleswig-holsteinischen Wattenmeer bis zu 3000 Vögel im Juli/August, im niederländischen Wattenmeer über 5000 Vögel; der Gesamtwinterbestand NW-Europas und NW-Afrikas beträgt ca. 2000 Individuen (d.h. ein großer Teil überwintert im tropischen Afrika)

Zugvögel Vogelart	Brutheimat, Rassen	Zugverhalten, Überwinterung	Nahrung	Bestände
Goldregenpfeifer				
(Pluvialis apricaria L.)	In Schottland und Irland sowie mit vereinzelten Bruten in norddeutschen und niederländischen Mooren die Nominatform P.a. apricaria. Von Island über Mittel- und Nordskandinavien bis nach Mittelsibirien in der borealen und Tundrenzone die nördliche Rasse P.a. albifrons, die das Gros der Zugvögel bildet	Erscheinen ab August in größerer Zahl im Westküstengebiet, im November Wegzug in die Winterquartiere auf den britischen Inseln, die französischen, spanischen und portugiesischen Küsten. Geringe Bestände überwintern auch im Westküstengebiet. Ab März erscheinen die Vögel wieder und verlassen etwa ab Mitte Mai das Wattenmeer in Richtung Brutheimat	Suchen im Vorland, häufiger aber binnendeichs ihre Nahrung, Insekten und deren Larven, Würmer, aber auch pflanzliche Nahrung	Da die Art häufiger binnendeichs vorkommt, schätzt man den Bestand im Bereich der schleswig-holsteinischen Westküste bis 20 km ins Land auf 60 – 80.000 Goldregenpfeifer im November bzw. April
Kiebitzregenpfeifer				
(Pluvialis squatarola L.)	Zirkumpolar in den Tundren Sibiriens und Nordamerikas. Im Wattenmeer erscheinende Vögel kommen aus Nordrußland und NW-Sibirien	Erscheinen ab Mitte Juli, ab September Wegzug in Winterquartiere in GB, SW-Europa, NW-Afrika bis hin nach Südafrika, doch überwintern auch kleine Bestände im Wattenmeer; erscheinen ab April und v.a. im Mai wieder im Wattenmeer	Meist in tiefergelegenen Misch- und Schlickwatten auf Nahrungssuche. Herzmuscheln, Seeringelwurm und auch junge Strandkrabben	Winterbestand in NW-Europa und NW-Afrika ca. 43.000 Vögel, im schleswig-holsteinischen Wattenmeer im August bis 13.000 Vögel, im Winter noch ca. 400 Vögel

Zugvögel Vogelart	Brutheimat, Rassen	Zugverhalten, Überwinterung	Nahrung	Bestände
		in größeren Zahlen, die letzten Vögel verlassen erst Anfang Juni das Wattenmeer		
Sanderling				
(Calidris alba Pallas)	Diskontinuierliche zirkumpolare Verbreitung in der Tundrenzone NW-Kanadas, Grönlands und NW- und Mittelsibiriens. Vögel im Wattenmeer stammen v.a. von Grönland und NW-Sibirien	Meist nur in kleinen Trupps bis 10 Individuen, erscheinen ab Mitte Juli in größeren Mengen, Wegzug in Winterquartiere im Oktober, überwintert neben kleinen Beständen im Wattenmeer an W- und S-europäischen Küsten und in Afrika bis nach Namibia, ab März wieder ansteigende Zahlen, Ende Mai Wegzug in Brutheimat	Meist an sandigen Stränden, folgt schnelltrippelnd den auf- und ablaufenden Wellen, frißt v.a. Borstenwürmer (häufig Scolelepis squamata) und kleine Krebse wie Gammariden	Winterbestand in NW-Europa und NW-Afrika 25 – 30.000 Vögel (recht unsichere Schätzung, da die Art nicht regelmäßig auf Hochwasserrastplätzen vorkommt, dafür an für Watvögel untypischen Biotopen wie Sandstränden und daher nicht gezählt wird), im schleswig-holsteinischen Wattenmeer im Mai bis zu 3000 Vögel

Literatur

ABRAHAMSE, J. (ed.) (1976): Wattenmeer. Neumünster (Wachholtz).

BEZZEL, E. (1985): Kompendium der Vögel Mitteleuropas: Nonpasseriformes – Nichtsingvögel. Wiesbaden, Aula Verlag GmbH.

BUSCHE, G. (1980): Vogelbestände des Wattenmeeres von Schleswig-Holstein. Greven (Kilda).

HÄLTERLEIN, B. (1986): Laro-Limikolen-Brutbestände an der schleswig-holsteinischen Nordseeküste 1983 – 1985. Corax 11, H.4.

HARRISON, C. (1975): A field guide to the nests, eggs and nestlings of european birds. London (Collins).

KOCK, K. (1985) Das Watt – Lebensraum auf den zweiten Blick. Kiel, Hrsg. von BUND und Schutzstation Wattenmeer.

KOCK, K. & H.U. MEYER (1988): Das Wattenmeer – Drehscheibe des Vogelzugs. UB 136, S. 46 – 51.

KNIEF, W. (1987) Die Bedeutung des Wattenmeeres für Vögel. Seevögel Bd. 8, H.2, S. 23 – 28.

MEBS, T. (1970): Wasservögel Europas. Stuttgart (Kosmos).

MEYER, H.U. (1985): Schulbiologische Untersuchungen im Wattenmeer. Kiel (Schmidt & Klaunig).

PETERSEN, M. (1977): Sturmflut. Neumünster (Wachholtz).

PIENKOWSKI, M. & P.R. EVANS (1985): Migratory behavior of shorebirds in the western palaearctic, Behaviour of Marine Animals, Bd. 6, New York und London.

PROKOSCH, P. (1984): The german waddensea in: EVANS, P.R., GOSSCUSTARD, J.D. und HALE, W.-G.: Coastal waders and wildfowl in winter. Cambridge (University Press).

QUEDENS, G. (1976): Vögel der Nordsee. Breklum (Breklumer Verlag).

SCHULTZ, W. (1981): Forschungsvorhaben „Vogelkundliche Bedeutung der Nordstrander Bucht", Gutachten im Auftrag des MELF, Kiel.

SMIT, C.J. & W.J. WOLFF (eds.) (1981): Birds of the waddensea. Rotterdam (Balkema).

THIESSEN, H. (1986): Zur Bestandsentwicklung und Situation von Möwen Laridae und Seeschwalben Sternidae in Schleswig-Holstein – sowie Gedanken zum „Möwenproblem". Seevögel 7, H.7.

Seehund (Phoca vitulina)

Klaus Kock

Name

Der wissenschaftliche Name leitet sich ab vom Lateinischen Phoca = Seehund und vitulinus = vom Kalb, Kalbs-, also „Kalbsseehund" oder, wie er auch in älteren Schriften genannt wird, das Seekalb. Dieser Name rührt vermutlich von der Gestalt des Kopfes mit der kurzen Schnauze und den großen Augen her (Kindchenschema). Der plattdeutsche Name Sahlhund zeigt Ähnlichkeiten zum dänischen Sael und englischen seal.

Verwandtschaft, Verbreitung

Der Seehund gehört zur Ordnung der Raubtiere (Carnivora) und hier zur Unterordnung der Flossenfüßer (Pinnipedia), die in drei Familien gegliedert wird, deren Verwandtschaftsbeziehungen untereinander noch nicht endgültig geklärt sind:

- Ohren- oder Pelzrobben (Otariidae) mit den Seelöwen und Seebären. Sie besitzen noch Reste des äußeren Ohres. Die Extremitäten sind relativ lang und werden auch zur Fortbewegung an Land genutzt. Hierbei können die Hinterextremitäten unter den Körper gezogen werden.
- Walrosse (Odobenidae) mit nur einer Gattung (Odobenus) mit drei Arten. Auch sie können die Hinterextremitäten unter den Körper schlagen. Ohrmuscheln fehlen. Auffällig sind die kräftig entwickelten oberen Eckzähne.
- Hundsrobben (Phocidae) mit z.B. Seehund, Kegelrobbe, Ringelrobbe, Seeleopard und See-Elefant. Sie besitzen keine Ohrmuscheln. Die Hinterbeine sind nach hinten gerichtet.

Der Gemeine Seehund (Phoca vitulina) ist in fünf Unterarten mit insgesamt rund 400.000 Individuen in den Küstengewässern der gesamten nördlichen Halbkugel von der Arktis bis in die gemäßigte Zone hinein verbreitet. In den europäischen Gewässern um Island, Großbritannien, Frankreich und Norwegen sowie im Wattenmeer und spärlich in der westlichen Ostsee lebt die Nominatform Phoca v. vitulina. Sie umfaßt schätzungsweise 50.000 Individuen.

Neben dem Seehund halten sich im schleswig-holsteinischen Wattenmeer regelmäßig im Bereich der Knobsände westlich von Amrum einige Kegelrobben auf, die sich hier vereinzelt auch fortpflanzen. Andere Robbenarten treten höchstens als Irrgäste auf.

Beschreibung, Größe, Geschlechtsunterschiede

Der Seehund besitzt einen spindelförmigen Körper, der Kopf geht mit kurzem dickem Hals in den Körper über. Die Extremitäten sind kurz und als Flossen ausgebildet. Die Grundfarbe des Körpers ist grau, kann aber gelblich oder bräunlich getönt sein. Der Rücken ist dicht von unregelmäßigen schwärzlichen Flecken bedeckt, während der Bauch meist weniger dicht gefleckt ist. Bei Jungtieren im ersten Lebensjahr bleibt der Bauch ungefleckt. Erwachsene Seehunde zeigen große individuelle Unterschiede in der Fellzeichnung. Männliche Seehunde erreichen eine Länge von 150 – 175 cm und Weibchen von 130 – 155 cm (gemessen von der Schnauzen- bis zur Schwanzspitze), das Gewicht beträgt 90 – 110 kg. Die Geschlechter sind äußerlich kaum zu unterscheiden. Das Höchstalter von Seehunden in Gefangenschaft wird mit 34 Jahren angegeben.

Lebensweise: Anpassungen an das Leben im Wasser

a) Körpergestalt und -bedeckung, Skelett und Gliedmaßen

Der Kopf des Seehunds besitzt eine relativ kurze Schnauze und eine flache Stirn, Ohrmuscheln fehlen völlig. Der Kopf geht mit einem dicken Hals beinahe absatzlos in den plumpen spindelförmigen Körper über. Beim Schwimmen unter Wasser wird der Kopf meist sogar noch etwas angezogen, wodurch eine besonders strömungsgünstige Form erreicht wird. Außerdem kann der Kopf beim Erspähen oder Ertasten von Beute blitzschnell vorstoßen, was durch die S-förmige Wirbelsäule noch begünstigt wird. Die Extremitäten sind weitgehend dem Wasserleben angepaßt (Abb. 96):

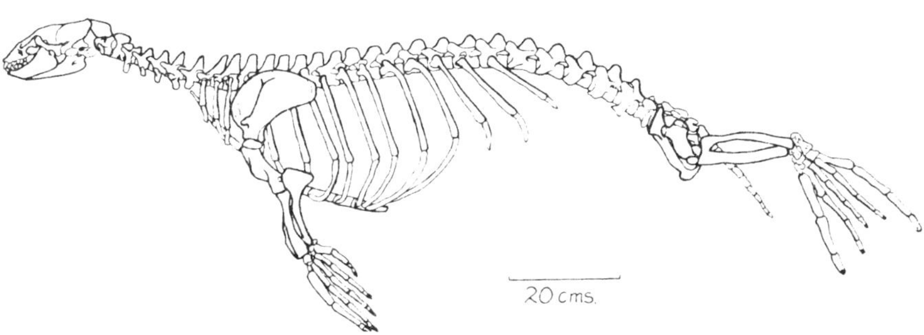

Abb. 96: Skelett einer Hundsrobbe (aus KING).

Ober- und Unterarmknochen sind stark verkürzt, aber kräftig entwickelt. Die Mittelhand- und Fingerknochen sind lang, sie spannen die Schwimmhaut auf. Besonders gut ist der Daumen entwickelt, der wie auch die anderen Finger kräftige Nägel besitzt. Sie ermöglichen es dem Seehund, sich an Felsen oder Eisrändern festzuhalten. Auch bei der spannerraupenartigen Fortbewegung an Land werden sie in den Untergrund gekrallt. Die Hinterbeine sind parallel nach hinten gerichtet und so gedreht, daß die Fußsohlen einander zugewandt sind. Ober- und Unterschenkelknochen sind kurz und kräftig und liegen wie die Ober- und Unterarmknochen noch innerhalb des Körpers. Bei den senkrecht gestellten Füßen sind die äußeren Mittelfuß- und Zehenknochen am längsten und kräftigsten, so daß sie mit den Schwimmhäuten wirksame Ruder bilden. Auch an den Zehen sind kurze Nägel vorhanden.

Die Haut des Seehunds ist kräftig. In der dicken Oberhaut besitzen auch die äußeren Zellschichten noch Zellkerne, d.h. es ist praktisch keine Hornschicht mit abgestorbenen Zellen vorhanden. Diese Epidermiszellen sind mit Melanin pigmentiert, während die Haare kaum Pigmente besitzen. Seehunde mit trockenem Fell, deren Haare abstehen und das Licht reflektieren, wirken daher heller als nasse Tiere. Das Fell besteht im wesentlichen aus den abgeflachten Deckhaaren, da die Wollhaare nicht sehr weit aus dem Haarkanal herausreichen. Trotzdem sammeln sich zwischen ihnen unzählige winzige Luftbläschen, so daß offenbar auch das Fell Anteil an der Isolation des Körpers hat. HARRISON und TOMLINSON berichten, daß Seehunde, denen aus Versuchszwecken eine Fellpartie abrasiert wurde,

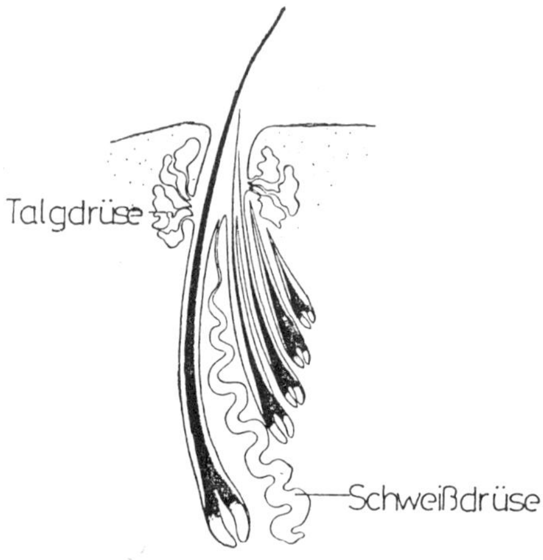

Abb. 97: Schnitt durch den Haarkanal eines Seehunds (Zeichnung Bernhardi nach HARRISON & TOMLINSON).

beim Eintauchen in kaltes Wasser zitterten. Die Haarkanäle sind von zahlreichen großen Talgdrüsen umgeben, welche die Haut einfetten (Abb. 97). Dies senkt sicherlich die Reibung beim Schwimmen und schützt die Haut vor dem „Aufweichen". Der Talg ist im Gegensatz zu dem anderer Säugetiere nicht wasserlöslich. Seehunde besitzen auch Schweißdrüsen, die vermutlich für den schwachen Eigengeruch der Tiere sorgen.

Die Haut des Seehundes ist von einem dichten Gefäßnetz durchzogen. Es erfüllt vermutlich zwei Aufgaben: Zum einen kann es als Reservoir für venöses Blut während der Verlangsamung des Herzschlags beim Tauchen benutzt werden und zum anderen auch der Wärmeregulation dienen.

Da mit diesen peripheren Gefäßen ein Wärmeverlust verbunden ist, kommt der Isolationswirkung des Fells eine gewisse Bedeutung zu. Weit wichtiger aber ist die Speckschicht im Unterhautfettgewebe. Entspricht die Hauttemperatur in kaltem Wasser in etwa der Außentemperatur, so können an der Innenseite der Speckschicht konstant ca. 37° C gemessen werden. Sie ist am Kopf am dünnsten. Am Körper mißt sie etwa 4 – 5 cm, maximal bis 8 cm. Die Stärke hängt jedoch von der Jahreszeit (im Winter dicker als im Sommer), von der Ernährungslage und der allgemeinen Kondition des Tieres ab. DRESCHER gibt eine Speckdicke von 1,5 cm im Sommer an, die „gerade noch die vom Seehundorganismus an sie gestellten Forderungen zu erfüllen (scheint), wie Wärmeisolation und ausreichende Energiereserven zur Abwehr von Krankheiten und Parasitenbefall". Bei Weibchen wird die Speckschicht während der Säugezeit weitgehend abgebaut zur Produktion der sehr fetthaltigen Milch. Rasche Bewegungen in warmer Luft können bei Seehunden wegen der guten Isolationswirkung der Speckschicht zu einer kreislaufbedrohenden Überhitzung führen.

b) Fortbewegung an Land und im Wasser

An Land bewegen sich die Seehunde unbeholfen, können aber trotzdem mit beträchtlicher Geschwindigkeit dem Menschen entkommen. Diese spannerraupenartige Bewegung läuft weitgehend ohne Beteiligung der Extremitäten ab und läßt sich in zwei Phasen gliedern (Abb. 98). 1. Anziehen des Hinterleibs und 2. Vorschieben des Vorderkörpers usw. Wie die Spuren im Sand verraten, unterstützen die Vorderflossen diese Bewegung, die auch „Huxen" genannt wird. Im Wasser zeigen die Seehunde eine große Eleganz und Beweglichkeit. Die elastische Wirbelsäule erlaubt blitzschnelle Wendungen um 90° und mehr. Nur beim sehr langsamen Schwimmen dienen auch die Vorderflossen der Bewegung, ansonsten werden sie nur zum Manövrieren eingesetzt. Beim schnellen Schwimmen liegen sie flach dem Körper an. Der Vortrieb wird durch die Bewegung der Hinterflossen erzeugt. Diese arbeiten abwechselnd, beim Schlag nach links wird die

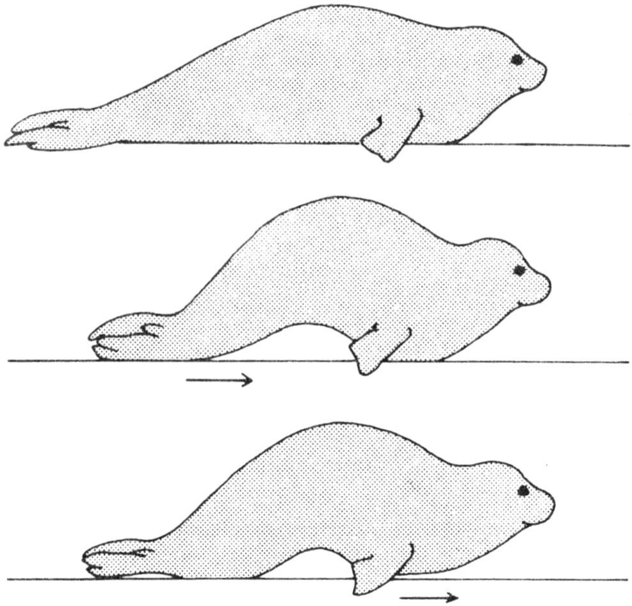

Abb. 98: Fortbewegung des Seehundes an Land (aus JENSEN & FRIKKE).

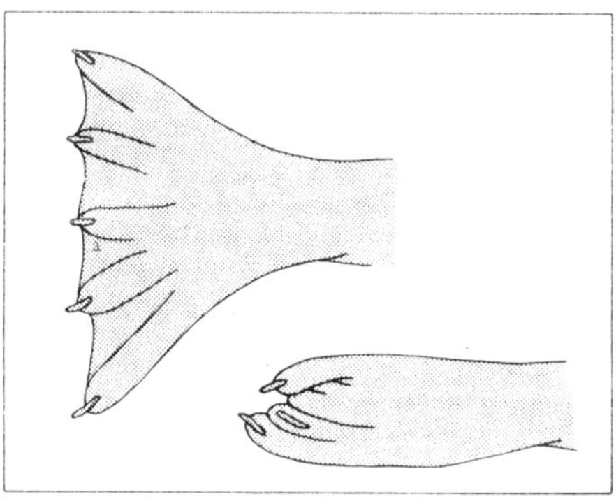

Abb. 99: Hinterflossen des Seehundes, oben mit gespreizten, unten mit zusammengelegten Zehen (aus JENSEN & FRIKKE).

rechte Flosse aufgespannt und die linke zusammengelegt und umgekehrt (Abb. 99). Je schneller die Fortbewegung wird, desto kräftiger wird die Flossenbewegung von einer Schlängelbewegung des Hinterleibs in der Waagerechten unterstützt, die auf eine starke Rückenmuskulatur schließen läßt. HEERS und BEHRENDS geben als Schwimmgeschwindigkeiten beim Zurücklegen längerer Entfernungen 7 – 8 km/h und als absolute Höchstgeschwindigkeit 35 km/h an.

Bei Seehunden in Gefangenschaft kann man oft beobachten, daß sie unter Wasser auf dem Rücken schwimmen. Vermutlich tun die Robben dies auch im Meer, da sie bei ihrer Kopfhaltung und Augenstellung nur in dieser Schwimmhaltung nach Beutetieren am Boden Ausschau halten können.

c) Sinnesleben

Der Geruchssinn der Seehunde ist aufgrund seiner Funktionslosigkeit unter Wasser schwächer als bei Landraubtieren ausgeprägt. Das Riechhirn ist entsprechend schwach entwickelt. Doch erkennen Muttertiere ihre Jungen offenbar am Geruch. Auch nähern sich Jäger Seehundsrudeln immer gegen den Wind.

Die Augen sind den Bedingungen unter Wasser angepaßt (Abb. 100). Die Hornhaut ist dick (Schutz gegen Wasserdruck?) und flach. Dagegen ist die Linse fast kugelrund und der Augapfel kurz. Damit ermöglichen die Augen bei den besonderen Brechungsverhältnissen unter Wasser die Entstehung von scharfen Bildern und zwar besonders von nahen Gegenständen. Seehunde besitzen in Anpassung an die schlechten Lichtverhältnisse unter

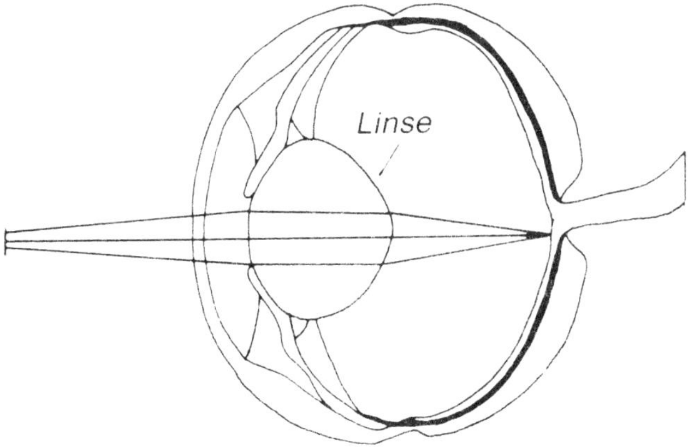

Abb. 100: Schnitt durch das Auge eines Seehundes (aus JENSEN & FRIKKE).

Wasser sehr große Augen, sie haben fast die Größe von Rinderaugen. In der Netzhaut herrschen die lichtempfindlichen Stäbchen vor. An Land sind Seehunde äußerst kurzsichtig. Nur bei sehr hellem Licht können sie durch starke Pupillenverengung die Abbildungseigenschaften ihrer Augen verbessern. Ansonsten reagieren ihre Augen außerhalb des Wassers vor allem auf Bewegungen.

Seehunde besitzen keine Ohrmuscheln, die Ohröffnung ist oval und ca. 1 cm lang. Sie kann durch Muskeln unter Wasser verschlossen werden. An Land entspricht das Gehör der Seehunde vermutlich dem des Menschen, sie können auch Töne bis etwa 20 000 Hz hören. Unter Wasser nehmen Seehunde Frequenzen bis wenigstens 60 000 Hz wahr. Inwieweit Seehunde die Fähigkeit zur Echolotung unter Wasser besitzen, konnte durch Versuche noch nicht eindeutig nachgewiesen werden, doch besteht Grund zu dieser Annahme.

Der Tastsinn der Seehunde ist vor allem auf die langen Tasthaare (Vibrissen) an der Schnauze sowie die kürzeren über den Augen konzentriert (Abb. 101). Die 10 – 20 cm langen Schnurrbarthaare sind an ihrer Basis von einem erweiterten Blutgefäß (Blutsinus, daher auch Sinushaare genannt) sowie von Nervenendigungen umgeben. Sie reagieren auf die feinsten Erschütterungen. Durch angesetzte Muskeln sind sie willkürlich beweglich.

Abb. 101: Tasthaare des Seehundes (Zeichnung Bernhardi).

d) Anpassungen der inneren Organe an das Wasserleben

Das Herz der Seehunde ist etwas breiter und flacher als das terrestrischer Säugetiere. Dies kann als Anpassung an das Zusammenpressen des Brustkorbs unter dem Wasserdruck gesehen werden. Das arterielle System zeigt keine auffälligen Abwandlungen, dagegen sind im venösen Teil des Blutgefäßsystems einige Eigentümlichkeiten festgestellt worden (Abb. 102). Der Durchmesser einiger Venen ist ungewöhnlich groß, und es

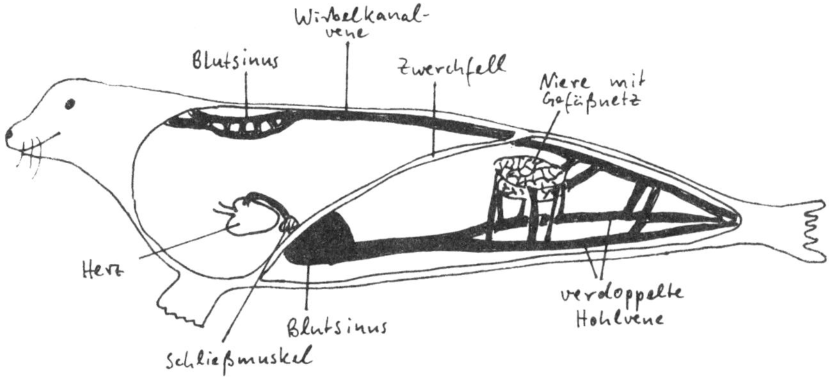

Abb. 102: Vereinfachtes Schema des Venensystems eines Seehundes (nach KING, verändert).

finden sich kavernenartige Erweiterungen und netzartige Verzweigungen (Plexus). Die innere Halsvene (Jugularvene) ist stark reduziert, das Blut fließt vom Kopf durch eine Vene im Wirbelkanal in den Körper. Diese Vene hat Kontakt mit dem gesamten restlichen Venensystem. Ihre Bedeutung läßt sich daran ermessen, daß sie bei einem jungen Seehund einen Querschnitt von 3 x 1 cm besitzt. Ihr fehlen – wie auch den meisten anderen Venen – Venenklappen. Die Hohlvene (Vena cava) ist im hinteren Abschnitt verdoppelt, beide Äste weisen einen Durchmesser von etwa 2,5 cm auf (bei Walrossen illustriert KING ihre Größe damit, „that they can be pulled on like a pair of trousers"). Im Bereich der Leber erweitert sich die Hohlvene in einen Sinus, der nach HARRISON und TOMLINSON schätzungsweise einen Liter Blut aufnehmen kann. An der Durchtrittsstelle der Hohlvene durch das Zwerchfell befindet sich ein Ringmuskel, der vom Vagus innerviert wird. Er kann den Zustrom venösen Bluts zum Herzen weitgehend einschränken. Die Vergrößerung der Venen ist im Zusammenhang mit dem Tauchvorgang zu sehen, bei dem sich der Herzschlag merklich verlangsamt. Um eine Überlastung des Herzens in diesem Zustand zu vermeiden, kann daher beim Tauchen eine erhebliche Blutmenge im Venensystem zurückgehalten werden. Auch die Tatsache, daß Seehunde 70 % mehr Blut pro Kilogramm Körpergewicht besitzen als der Mensch, ist in diesem Zusammenhang zu sehen.

Das Vorhandensein sogenannter Wundernetze, also starker Verzweigungen von venösen oder arteriellen Blutgefäßen, ist nicht auf wasserlebende Säugetiere beschränkt, zeigt bei diesen aber besondere Ausmaße. Beim Seehund finden sie sich z. B. im Nackenbereich und in der Umgebung des

Herzens. Nach HARRISON und TOMLINSON können sie aufgrund ihres Volumens kaum eine Rolle für die Speicherung sauerstoffreichen Blutes spielen. Zudem finden sie sich im wesentlichen im Venensystem. Als Hypothesen werden einerseits für die Adernetze im Brustkorb eine druckausgleichende Funktion für den Lungenraum beim Tauchen und andererseits eine wärmeregulierende Funktion diskutiert. Denn die Gefäßnetze sind von braunem Fettgewebe umgeben. Hier könnte abgekühltes venöses Blut aus dem nur durch eine dünne Speckschicht geschützten Kopf durch Verbrennung des Fetts wieder erwärmt werden. In den Gliedmaßen finden sich enge Verbindungen von Venen und Arterien, die dem Wärmeaustausch zwischen kaltem venösen und warmem arteriellen Blut dienen und damit den Wärmeverlust vermindern.

Das Blut der Seehunde hat weniger Rote Blutkörperchen als das von Landtieren, dafür sind diese aber größer, so daß die Hämoglobinkonzentration trotzdem sehr hoch ist. So ist die Sauerstoffkapazität des Seehundsblutes etwa doppelt so hoch wie die des menschlichen Blutes. Allerdings ist die Sauerstoffaffinität herabgesetzt, „so daß der Sauerstoff mit großer Geschwindigkeit an die Gewebe und insbesondere an das Myoglobin abgegeben werden kann" (BLESSING 1969). Der Myoglobingehalt der Skelettmuskulatur des Seehunds ist etwa achtmal so groß wie beim Menschen, der der Herzmuskulatur allerdings nur ungefähr doppelt so hoch.

Entgegen älteren Berichten (z. B. MOHR 1952) ist das Seehundsblut in der Lage zu gerinnen. Es besitzt eine recht hohe Konzentration sowohl von Gerinnungsstoffen (Fibrinogen) als auch Gerinnungshemmern. „Diese Mechanismen stellen auf der einen Seite die Blutgerinnung sicher, bieten aber gleichzeitig durch Auspendeln des Gerinnungsgleichgewichts einen ausgezeichneten Thromboseschutz, der offenbar auch nicht durch eine längere Stase (= Stillstand des Blutes, d. Verf.), wie sie beim Tauchen vorkommt, durchbrochen werden kann" (BLESSING 1969).

Die Lungen des Seehunds sind nur wenig größer als die vergleichbarer Landsäugetiere. Eine Besonderheit besteht darin, daß die Bronchiolen von Knorpelspangen und Muskeln umgeben sind. Dies wird so gedeutet, daß bei hohem Wasserdruck auf den Brustkasten ein Hineinpressen der Lungenbläschen in die Bronchiolen verhindert wird (BLESSING 1969). HARRISON und TOMLINSON geben für Wale an, bei denen die gleichen Strukturen bestehen, daß hierdurch die Atembewegung verstärkt und das Restvolumen der Lungen verringert werden können. Die Wände der Lungenbläschen sind zart, so daß die Länge des Blut-Luft-Wegs der bei einer Ratte entspricht, was einen raschen Gasaustausch ermöglicht (BLESSING 1969).

Die Niere der Seehunde besitzt einen mosaikartigen Bau. Sie besteht aus etwa 160 einzelnen Nierenlappen (Renculi), deren Oberfläche von einem dichten Venennetz bedeckt ist. BLESSING bringt diesen im Vergleich zu Landtieren sehr komplizierten Bau mit der Anforderung in Zusammenhang, größere Salzmengen ausscheiden zu müssen, als dies bei Landtieren der Fall ist.

e) Das Tauchen

Da Freilandbeobachtungen nicht einfach sind, liegen exakte Daten über den Tauchvorgang vor allem aus Experimenten vor. HARRISON und TOMLINSON geben als maximale Tauchzeit für zweijährige Seehunde ca. 30 Minuten und als maximale Tauchtiefe bis zu 90 Meter an. Voll ausgewachsene Tiere könnten zu noch größeren Leistungen fähig sein. Seehundjunge sind schon in ihrer ersten Lebenswoche in der Lage, in flachem Wasser bis zu 8 Minuten ohne Schaden zu tauchen. Als durchschnittliche Tauchzeit geben HEERS und BEHRENDS 5 – 6 Minuten an. Rekordhalter unter den Robben ist die Wedellrobbe, die bis zu 600 m tief und über eine Stunde lang tauchen kann. Was befähigt die Seehunde zu solchen enormen Tauchleistungen?

Die Nasenöffnungen müssen durch Muskelbewegungen geöffnet werden, im „Normalfall" sind sie geschlossen. Unter Wasser wird dieser Verschluß durch höheren Wasserdruck noch verstärkt. Auch die Ohröffnungen werden beim Tauchen verschlossen. Der Kehlkopf ist so gebaut, daß auch in größeren Wassertiefen beim Öffnen des Mauls kein Wasser in die unteren Luftwege eindringen kann.

Die Länge des Tauchvorgangs wird vor allem durch Umstellungen des Kreislaufs erreicht. Durch nervöse Steuerung wird der Herzschlag, der an der Oberfläche 80 – 150 Schläge pro Minute beträgt, auf etwa 6 – 12 Schläge verlangsamt (Bradycardie). Durch Gefäßverengung wird erreicht, daß im wesentlichen nur noch das Herz und das Gehirn mit arteriellem Blut versorgt werden. In der Körperperipherie ist dann kein Blutdruck mehr feststellbar. Um das langsam schlagende Herz nicht zu überlasten, wird das Blut im umfangreichen Venensystem zurückgehalten. Zu diesem Zweck wird ebenfalls durch Nervenreizung der Schließmuskel der Hohlvene am Zwerchfell kontrahiert. Nach neueren Untersuchungen werden diese Veränderungen durch das sympathische Nervensystem hervorgerufen, das selbst Hormone abgibt sowie die Nebenniere zur Hormonausschüttung veranlaßt. „Wenn ein Seehund den Kopf ins Wasser taucht, setzen die sympathischen Nerven und die Nebennieren vermehrt Catecholamine (Streßhormone, v.a. Noradrenalin, d. Verf.) frei. Entsprechend steigt die Konzentration im Blut. Die Hormone drosseln die periphere Durchblutung und erhöhen daher den Blutfluß zu solchen Organen wie Gehirn, Herz und

Nebennieren. Diese Veränderung und die Catecholamine selbst lassen den Blutdruck steigen und die Herzfrequenz sinken" (LAGERCRANTZ & SLOTKIN 1986).

Die Skelettmuskulatur muß während des Tauchens daher bald von dem im Myoglobin gespeicherten Sauerstoff zehren. Für die Wedellrobbe wird angegeben, daß dieser Sauerstoffvorrat etwa 26 Minuten vorhält, dann beginnt in der Muskulatur der anaerobe Stoffwechsel (KING 1983). Für den Seehund liegen leider keine Zahlen vor. Doch kann man davon ausgehen, daß bei normalen Tauchzeiten von 5 – 6 Minuten noch keine Milchsäuregärung in den Muskeln einsetzt.
Seehunde sind gegen eine hohe Kohlendioxidkonzentration im Blut, die eine stärkere Wirkung auf das Atemzentrum besitzt als Sauerstoffmangel, relativ unempfindlich (BLESSING 1969).

Nach dem Tauchen steigt der Herzschlag auf etwa 150 Schläge an. Je nach Länge des Tauchgangs müssen die Seehunde einige Zeit an der Oberfläche verweilen, um ihren Körper wieder mit Sauerstoff „aufzuladen". Daher ist es für die Seehunde ökonomischer, nicht zu lange zu tauchen, da sie sich sonst bis zu fünf Minuten und länger an der Oberfläche erholen müssen. Mehrere kürzere Tauchgänge bringen also eine längere effektive Tauchzeit.

Ein weiteres Problem stellt die Vermeidung der Caisson- oder Taucherkrankheit dar. Sie entsteht dadurch, daß sich unter hohem Wasserdruck viel Stickstoff aus der Lunge im Blut löst. Läßt beim Auftauchen der Außendruck nach, sinkt die Aufnahmefähigkeit des Blutes für Stickstoff wieder, und das Gas perlt in den Gefäßen aus und verschließt diese. Die Folge sind tödliche Lungen- oder Gehirnembolien. Der Seehund vermeidet diese Gefahr, indem er vor tiefen Tauchgängen ausatmet. Auch unter Wasser werden oft noch kleine Luftmengen ausgeatmet. Die geringe in der Lunge verbleibende Restluft befindet sich in den wegen ihrer verstärkten Wände nicht zum Gasaustausch befähigten unteren Luftwegen, da die Lungenbläschen durch den Außendruck zusammengepreßt werden.

Seehunde können auch im Wasser schlafen. Sie schwimmen schräg aufrecht in Oberflächennähe und stecken reflektorisch alle paar Minuten ihre Nase zum Atmen aus dem Wasser. Zwischendurch können sie sich auch absinken lassen.

f) Natürliche Feinde

Im Gebiet der südlichen Nordsee gibt es kaum natürliche Feinde für die Seehunde. In anderen Bereichen ihres Verbreitungsgebietes müssen die Seehunde jedoch vor allem mit Beutegreifern im Meer rechnen. In erster Linie sind dies der Schwertwal und große Haiarten. Es gibt Vermutungen, daß sich die Seehunde wegen dieser Feinde so lange wie möglich an Land aufhalten. Als Landfeind kommt vor allem der Eisbär in Frage. Das Ruhen an Land in Rudeln wird von JOHN als Schutzmechanismus gegen Landfeinde interpretiert.

g) Parasiten

Seehunde leiden häufig unter Parasiten. Als Außenparasit tritt die Seehundslaus vor allem im Nacken- und Schwanzbereich auf. Innenparasiten gehören meist zur Gruppe der Nematoden. Sie treten im Magen-Darmtrakt, in der Lunge und im Herzen auf. Bei neueren Untersuchungen wiesen 40 % der untersuchten Seehunde Nematoden im Magen auf. Hieran war allerdings die wegen des Befalls von Speisefischen ins Gerede gekommene Art Anisakis spec. nur zu 10 % beteiligt. Starker Parasitenbefall wird eher als Folge einer allgemeinen Schwächung des Seehundorganismus denn als deren Ursache interpretiert. Doch kann starker Befall speziell von Lunge und Herz letztlich zum Tode der Tiere führen.

Der Seehund im Wattenmeer

a) Der Jahreszyklus des Seehunds im Wattenmeer

Der Lebensraum und die Lebensweise erschweren kontinuierliche Beobachtungen der Seehunde im Freiland, so daß manche Aspekte ihrer Biologie noch ungeklärt sind. Doch liegen mittlerweile erste Ergebnisse von telemetrischen Untersuchungen vor. Sie zeigen, daß sich ein Großteil der Seehunde auch im Winter im Küstenbereich aufhält (Abb. 103). Allerdings leben die Tiere jetzt eher im seeseitigen Bereich des Wattenmeeres und in den vorgelagerten Meeresgebieten. Ein Grund hierfür ist vermutlich das Abwandern von Nahrungstieren aus dem Wattenmeer in die freie Nordsee. Sandbänke zum Ruhen werden nur dann aufgesucht, wenn der Wärmeverlust an Land nicht höher ist als im Wasser (JOHN 1985). Im Frühjahr nimmt die Zahl der auf Sandbänken gezählten Robben zu, doch konzentrieren sie sich immer noch eher im Gebiet der Außenwatten. „Anschließend teilen sie sich mit dem Herannahen der Wurfperiode (Juni/Juli) in kleinere Gruppen auf und verteilen sich in Richtung Osten auf das Festland zu. Nach Abschluß der Aufzuchtzeit, etwa im August, findet wieder eine Abwanderung in Richtung Westen statt" (JAHRESBERICHT 1986 FORSCHUNGSSTELLE WILDBIOLOGIE). Die höchsten Bestände werden im Juli festgestellt, was sowohl auf die hinzugekommenen neugeborenen Tiere als auch auf späte Zuwanderer zurückzuführen ist.

An die Sandbänke stellen die Seehunde bestimmte Anforderungen. Sie sollen fest und hoch und möglichst ungestört sein. Steile Ufer zu einem tiefen Priel und ablandiger Wind werden bevorzugt (DRESCHER 1979). Die Tiere suchen nicht bei jedem Niedrigwasser die gleiche Bank auf,

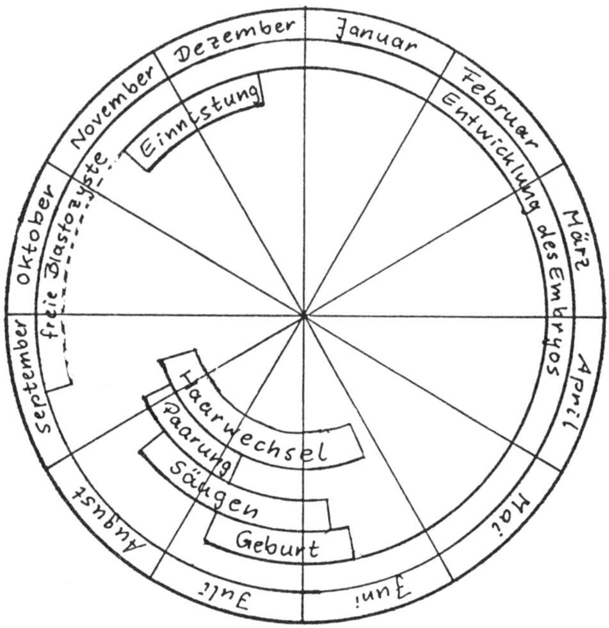

Abb. 103: Jahreszyklus des Seehundes im Wattenmeer (aus REIJNDERS & WOLFF).

sondern durchstreifen offenbar ein bestimmtes Gebiet von 10 – 130 Quadratkilometern, in dem sie verschiedene Bänke besuchen. Bei den Seehundsrudeln auf den Sandbänken handelt es sich um eine recht lockere Vergesellschaftung ohne persönliche Bindung, abgesehen von Mutter-Kind-Beziehungen. Die Tiere behaupten um sich einen Individualbereich von 2 – 3 Metern Durchmesser, der gegenüber Artgenossen verteidigt wird (JOHN 1985).

Die Weibchen suchen für die Jungenaufzucht möglichst ungestörte Gebiete auf. 90 % der Geburten finden zwischen dem 20. Juni und dem 20. Juli statt. Die Weibchen können die Geburt verzögern, denn diese kann nur bei Niedrigwasser auf einer Sandbank stattfinden. Die Jungen stoßen den weißen Wollpelz, wie ihn die Jungtiere anderer Robbenarten in den ersten Lebenswochen besitzen und mit dem sie nicht schwimmfähig wären, schon im Mutterleib ab und tragen bei der Geburt ein glattes festes Fell, ähnlich dem der Erwachsenen. Denn mit der nächsten Flut müssen sie die Sandbank verlassen und ihrer Mutter ins Wasser folgen. Das weiße Embryonalhaar wird mit der Nachgeburt ausgestoßen.

Die Jungen sind bei der Geburt durchschnittlich 80 cm lang und 7 – 10 kg schwer. Die Säugezeit beträgt 3 – 4 Wochen, in dieser Zeit nimmt das Junge auf etwa 20 – 27 kg zu, es verdreifacht also ungefähr sein Gewicht. Dies ist vor allem auf das Wachstum seiner Speckschicht zurückzuführen, was durch den enorm hohen Fettgehalt der Milch von ca. 45 % (Kuhmilch 4 %) erreicht wird. Entsprechend wird die Speckschicht des Weibchens in dieser Phase weitgehend „eingeschmolzen". Inwieweit der Nahrungserwerb des Weibchens durch das Führen des Jungen beeinträchtigt wird, ist unbekannt. Die Mutter kann ihr Junges nur auf einer Sandbank säugen, da die Zitzen in einer Hautfalte verborgen sind und von dem Jungen zum Trinken herausgedrückt werden müssen.

Die Jungensterblichkeit ist sehr hoch, nur etwa 40 % der Neugeborenen überleben die ersten Lebenswochen. Obwohl auch in vom Menschen kaum beeinflußten Robbenpopulationen eine recht hohe Jungensterblichkeit auftritt, spielen hierfür vermutlich doch auch Störungen durch Menschen eine wichtige Rolle.

Nach dem Ende der Säugezeit werden die Jungen offenbar von ihren Müttern bald sich selbst überlassen und müssen sich auf die eigene Nahrungssuche umstellen. Da dies recht abrupt geschieht, ist die folgende Zeit für die Jungtiere sehr kritisch, ihr Gewicht sinkt auf 15 – 20 kg. Zu Anfang erbeuten sie vor allem Nordseegarnelen, später auch Grundeln. Im September tauchen zunehmend auch größere Plattfische in ihrem Speiseplan auf, und das Gewicht der Jungtiere beginnt wieder zu steigen.

Während die erwachsenen Tiere offenbar relativ ortstreu sind, unternehmen die Jungtiere z.T. umfangreiche Wanderungen. Von im schleswig-holsteinischen Wattenmeer markierten jungen Seehunden wurde zwar die Mehrzahl im Wattenmeer wiedergefunden. Doch kamen auch Fundmeldungen aus Großbritannien, von der Elbe bei Hamburg, aus Nordjütland und der Lübecker Bucht (DRESCHER 1979).

Im August, also direkt im Anschluß an die Aufzuchtperiode, liegt die Paarungszeit. Auch hierüber ist noch wenig bekannt. Zwischen den Rüden müssen heftige Beißereien stattfinden, denn nur bei ihnen finden sich z.T. tiefe Narben im Halsbereich. In dieser Zeit kann auch das „Bullern" beobachtet werden: Die Rüden tauchen unter und stoßen große Luftblasen aus. Ob Harems wie bei anderen Robbenarten gebildet werden, ist unbekannt. Die Paarung findet im Wasser statt. Das befruchtete Ei teilt sich bis zur Blastula und macht dann eine zweieinhalbmonatige Ruhezeit durch, bevor es sich in die Gebärmutterschleimhaut einnistet (wie auch bei Reh und Marderartigen). Die eigentliche Embryonalentwicklung dauert dann ca. 8 Monate.

Im Sommer von Juni bis Anfang September wechseln die Seehunde ihr Fell. „In dieser Zeit liegen die Tiere gern auf dem Trockenen und ruhen sich in der Sonne aus. Die scheinbare Faulenzerei erfüllt einen wichtigen Zweck: Die Wärmestrahlung der Sonne fördert das Wachstum des neuen Fells und der darunterliegenden Hautschichten, die ebenfalls erneuert werden. Unter der UV-Bestrahlung wird außerdem Vitamin D aufgebaut, von dem man annimmt, daß es auch beim Wechsel des Haarkleids eine Rolle spielt, und das für andere Lebensprozesse, z.B. den Kalzium-Phosphat-Haushalt wichtig ist" HEERS & BEHRENDS 1984). „Keineswegs ist es aber so, daß die Seehunde im Sommer das Wattenmeer aufsuchen, um hier (Fett-)Reserven für den kommenden Winter anzulegen. ... Es ist das Gegenteil der Fall. Der Sommer mit dem Aufenthalt im Wattenmeer ist für die Seehunde physiologisch notwendig und zehrend. Die Seehunde sind in dieser Zeit außerordentlichen (biologischen) Streßfaktoren ausgesetzt: Das Werfen und Aufziehen der Jungtiere, die geringe Individualdistanz in dieser Zeit bedingt durch die Konzentration im Watt und auf den Liegeplätzen, der Haarwechsel, die Paarung, die durch den Aufenthalt bei Ebbe auf den Sandbänken eingeschränkte Zeit der Möglichkeit zur Nahrungsaufnahme. Die Abnahme der Speckdicke ist ein deutlicher Hinweis dafür. ... Der biologisch notwendige Aufenthalt in dieser Zeit im Wattenmeer stellt eine Engpaßsituation dar für die Seehunde, während der sie eines verstärkten Schutzes vor zusätzlichen menschlichen Störungen bedürfen" (DRESCHER 1979).

b) Ernährung

In einer Untersuchung aus den dreißiger Jahren (aus REIJNDERS & WOLFF 1981) wird folgende Nahrungszusammensetzung aus dem niederländischen Wattenmeer angegeben: Flunder bis 30 %, Wittling 17 %, Hering 15 %, Seeskorpion und Steinpicker zusammen 16 % sowie eine Reihe weiterer seltener gefundene Arten (die Prozentwerte geben den Gewichtsanteil an). Neuere Untersuchungen aus dem schleswig-holsteinischen Wattenmeer zeigen eine andere Verteilung (SIEVERS 1985, Abb. 104). Hiernach stellen Plattfische mit 79,2 % den wichtigsten Nahrungsanteil, woran Flundern mit 60,9 % und Schollen mit 11,7 % beteiligt sind. Die restlichen Plattfische sind wegen der geringen Größe unbestimmt geblieben. Dorsch und Wittling stellen zusammen 7,2 %, Stint 6,1 % und der Seeskorpion 4,2 %. Diese Angaben beziehen sich wiederum auf Gewichtsangaben. Betrachtet man die Anzahlen der Nahrungstiere, dann gewinnen natürlich die kleineren Tiere eine größere Bedeutung: Die kleinen unbestimmt gebliebenen Plattfische sind mit 25,9 %, Grundeln mit 22,5 %, Flundern mit 17,3 % und Garnelen mit 8,8 % beteiligt. SIEVERS teilt entsprechend ihren Ergebnissen die Nahrungstiere nach ihrer Bedeutung in drei

Nahrungszusammensetzung

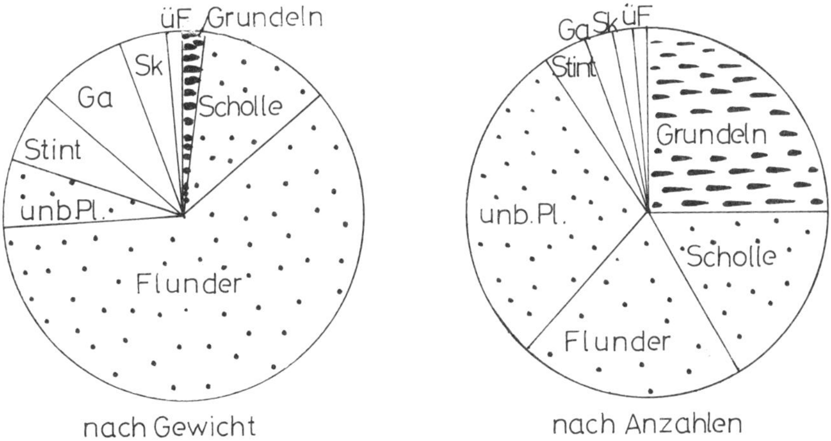

Abb. 104: Nahrungsspektrum des Seehundes im Wattenmeer, links nach Gewicht, rechts nach Anzahlen der Beutetiere; unb. Pl. wegen geringer Größe unbestimmte Plattfische, Ga Dorsch, Sk Seeskorpion, ü.F. übrige Fische (nach SIEVERS).

Gruppen ein: Grundnahrung (Plattfische), regelmäßige und wichtige Bestandteile (Grundeln, Dorsch, Wittling und Seeskorpion) sowie Gelegenheitsnahrung, z.B. Sandaal, Makrele, Seenadeln und Knurrhahn).

Die Nahrungswahl der Seehunde ist altersabhängig. Das durchschnittliche Beutegewicht betrug bei Seehunden im 1. Lebensjahr 4,5 g, im 2. – 4. Jahr 16,6 g und bei über 4jährigen Tieren 47,5 g. In den ersten Monaten leben die Seehunde vor allem von Garnelen, bis zum Ende des 1. Lebensjahres gewinnen Grundeln und kleine Plattfische eine immer größere Bedeutung. Ab dem 2. Lebensjahr stellen Plattfische rund 80 % der Beute. Offenbar haben die Seehunde die Jagd auf diese Fische jetzt sicher erlernt. Mit zunehmendem Alter werden Flundern über 20 cm Länge die wichtigste Beute.

Vergleicht man die Ergebnisse von SIEVERS aus dem Wattenmeer mit Nahrungsuntersuchungen aus anderen Gebieten, zeigen sich große Unterschiede. Seehunde vor der englischen Küste ernähren sich zumindest zeitweise vorwiegend von Wirbellosen (Cephalopoden, Muscheln, Krebsen). Der Seehund muß daher als ausgeprägter Nahrungsopportunist angesehen werden, der die Beute frißt, die am leichtesten zu fangen ist.

SIEVERS macht auch einen Versuch den „Schaden" von Seehunden an Nutzfischen abzuschätzen. Für einen Seehund wird ein täglicher Nahrungsbedarf von 4 – 8 kg angegeben (ca. 6 – 10 % des Körpergewichts).

Doch ist eine Hochrechnung mit vielen Unbekannten behaftet. Ein Vergleich mit Fangmengen von Speisefischen zeigt, daß der Wegfang der Seehunde maximal einige Prozent hieran erreicht. Allenfalls bei der in der Nordsee fangwirtschaftlich relativ unbedeutenden Flunder ist der Fang durch die Seehunde von einiger Bedeutung. Doch könnte dies auch auf den wegen der geringen Befischung hohen Flunderbestand zurückzuführen sein. Außerdem liegt der Hauptanteil der Nahrungstiere der Seehunde ohnehin unter Speisefischgröße.

c) Bestände

Im niedersächsischen Wattenmeer sanken die Seehundbestände seit Anfang der sechziger Jahre von etwa 2300 Tieren auf etwa 1000 im Jahre 1975. Erst im Jahre 1987 erreichten sie wieder einen Bestand von 2245 Tieren. In Schleswig-Holstein schwankte die Bestandsgröße in den sechziger Jahren zwischen 1000 und 1600 Hunden. Ab Mitte der siebziger Jahre kam es dann zu einer rapiden Zunahme auf etwa 3800 Seehunde im Jahr 1987. Im gesamten Wattenmeer lebten in diesem Jahr schätzungsweise 8000 Seehunde. Angegeben sind jeweils die Maximalbestände, die Mitte Juli gezählt wurden. Interessant ist auch der Anteil an neugeborenen Seehunden, da sich hieraus Aussagen darüber ableiten lassen, inwieweit das Wachstum der Bestände auf Zuwanderung oder auf natürlichen Zuwachs zurückzuführen ist. Während die Reproduktionsrate in Niedersachsen bei 11 % und in den Niederlanden bei 15 % liegt, beträgt der Neugeborenenanteil in Schleswig-Holstein 22 %. Hieraus läßt sich ableiten, daß die starke Bestandsvermehrung in Niedersachsen und auch in den Niederlanden auf Zuwanderung aus Schleswig-Holstein zurückzuführen ist. Ein Grund hierfür könnte in der begrenzten Kapazität des schleswig-holsteinischen Wattenmeeres, vor allem in Gestalt geeigneter Liegeplätze, liegen. Die Ursachen der Bestandsentwicklung werden im folgenden Kapitel behandelt.

d) Mensch und Seehund

Bis zum Reichsjagdgesetz im Jahre 1935 unterstand der Seehund nicht dem Jagdrecht, sondern die Jagd war für jedermann frei. Die Küstenbewohner stellten dem Seehund eifrig nach, da sie ihn als Konkurrenten beim Fischfang sahen. Inwieweit dies berechtigt war, muß dahingestellt bleiben, doch sind zumindest zahlreiche Schäden an Netzen belegt. Zudem wurde auch das Fell für Schulranzen u.ä., das Fett zum Braten von Pfannkuchen (in Dithmarschen) oder zur Lederbehandlung genutzt, und die Leber wurde gegessen. Die Jagd wurde mit großen Netzen betrieben, in die die Seehunde hineingetrieben wurden, in der Ostsee auch mit großen Reusen oder aber mit der Büchse. Mit dem aufkommenden Fremdenverkehr kam die Seehundjagd auch als Zeitvertreib für Touristen in Mode.

Dies wurde erst mit dem Reichsjagdgesetz anders, da jetzt Jagd- und Schonzeiten festgelegt wurden. In den fünfziger und sechziger Jahren wurden dann regelmäßige Zählungen zur Abschußplanung durchgeführt. Allerdings begann die Jagd schon am 16. Juli, also noch mitten in der Säugezeit. Dies hatte häufige Störungen zur Folge, die durch den aufkommenden Fremdenverkehr (Sportboote, Wattwanderungen) noch verstärkt wurden. Nicht selten mußten die Jungtiere mehrfach während einer Ruheperiode ins Wasser robben, wodurch die Nabelwunde nicht ordentlich heilen konnte. Über diese offene Wunde kam es zu Infektionen, die sich großflächig am Bauch ausbreiten konnten und der viele Jungtiere zum Opfer fielen. DRESCHER gibt für die Mitte der siebziger Jahre an, daß ca. 40 % der Jungtiere unter solchen Hautwunden im Nabelbereich litten. Die Störungen hatten zudem zur Folge, daß die Jungtiere nicht genügend gesäugt werden konnten und sie damit keine ausreichend dicke Speckschicht anlegen konnten, was zwei negative Folgen hatte: Erstens drückt eine dicke Fettschicht den Nabelkanal zusammen und verhindert so Infektionen des Bauchfells. Zweitens verlieren die Jungen nach der Säugezeit sowieso 20 – 40 % ihres Gewichts, wenn sie sich auf die eigene Nahrungssuche umstellen müssen. Gehen sie in diese Phase mit einer zu dünnen Speckschicht, besteht die Gefahr der Entkräftung und starken Parasitenbefalls.

Seit Mitte der siebziger Jahre wurde die Jagd auf Seehunde sehr stark begrenzt. Seitdem haben sich die Bestände deutlich vermehrt, was den Schluß zuläßt, daß die Jagd merkliche Auswirkungen auf die Bestandsentwicklung hatte. Zum einen ist dies darauf zurückzuführen, daß vor allem in den ersten Jagdmonaten vornehmlich Jungtiere geschossen wurden (im ersten Jagdmonat 86 % diesjährige Tiere, DRESCHER 1979), woraus eine negative Altersstruktur des Bestandes resultierte. Noch gravierender aber waren die Störungen, denn durch die Jagd reagierten die Seehunde auch auf „harmlose" Störungen sehr empfindlich.

Ein weiterer Hinweis auf den abnehmenden Einfluß von Störungen ist die Tatsache, daß der Anteil von Jungtieren mit Nabelwunden auf unter 10 % abgesunken ist.

e) Seehunde und Nordseeverschmutzung
(siehe auch „Das Seehundsterben 1988")

Die Nordsee ist eines der am stärksten verschmutzten Meere der Erde. Hauptquellen hierfür sind die Schmutzfrachten von Rhein und Elbe.

Entsprechend dem Prinzip der Anreicherung in der Nahrungskette konnten Schadstoffe in Seehunden in bis zu 100millionenfach stärkerer Konzentration als im Meerwasser nachgewiesen werden (DRESCHER 1979).

Die giftigen Schwermetalle Kupfer, Zink, Cadmium, Blei und Quecksilber traten in den höchsten Konzentrationen in Leber und Niere der Seehunde auf. Dagegen wurden die chlorierten Kohlenwasserstoffe PCBs, DDT (bzw. sein Metabolit DDE), Dieldrin und Lindan hauptsächlich im Fettgewebe nachgewiesen, da diese Substanzen fettlöslich sind (DRESCHER 1979). Dadurch sind die chlorierten Kohlenwasserstoffe besonders gefährlich, da die Speckschicht zum Sommer hin teilweise abgebaut wird und dann die Gifte in größeren Mengen in die Blutbahn gelangen. Auch die sehr fetthaltige Milch (45 %) muß bei entsprechend belasteten Weibchen eine hohe Schadstoffkonzentration aufweisen.

PCBs werden z.B. von REIJNDERS für den Rückgang der Seehundbestände in der Vergangenheit mitverantwortlich gemacht. Untersuchungen an kalifornischen Seelöwen und schwedischen Ringelrobben deuteten auf Zusammenhänge zwischen hohen PCB-Gehalten und Unfruchtbarkeit hin. Schwedische Forscher fanden bei Ringelrobbenweibchen mit hohen PCB-Konzentrationen krankhafte Veränderungen an Eileiter und Uterus als Ursache hierfür. Auch wenn noch nicht alle Einzelheiten geklärt sind, so ist es erwiesen, daß PCBs in den Hormonhaushalten eingreifen. Bekannt ist auch deren schädigende Wirkung auf das Immunsystem.

REIJNDERS fütterte eine Gruppe von Seehundsweibchen mit Fischen aus dem Wattenmeer mit relativ hohen PCB-Gehalten und eine Kontrollgruppe mit Fischen aus dem Nordatlantik. Die Gruppe der mit Wattenmeerfischen gefütterten Weibchen zeigte eine deutlich niedrigere Reproduktionsrate (nur 4 Junge im Vergleich zu 8 bei der Kontrollgruppe). Selbst wenn die Anzahl der untersuchten Tiere (jeweils 12 Weibchen) recht klein und der Untersuchungszeitraum kurz war (2 Jahre), so weist auch dieses Experiment in die gleiche Richtung.

Allerdings ist der Seehundsbestand im gesamten Wattenmeer in den letzten Jahren trotz gleichbleibender PCB-Belastung deutlich angestiegen. Diese Entwicklung ist indessen wohl, wie oben erwähnt, im wesentlichen auf den starken Zuwachs der schleswig-holsteinischen Population zurückzuführen, deren „Überschüsse" offensichtlich im wesentlichen nach Südwesten abwandern. Nach wie vor liegt die Reproduktionsrate in den Niederlanden deutlich niedriger als in Schleswig-Holstein. Da praktisch im gesamten Wattenmeer die Jagd auf die Seehunde kaum noch eine Rolle spielt, könnte ein Grund hierfür durchaus in den festgestellten höheren PCB-Werten im niederländischen Wattenmeer aus der Rheinverschmutzung liegen. Dagegen spricht jedoch, daß bei Seehunden des Wattenmeeres höhere PCB-Konzentrationen als bei den genannten schwedischen Ringelrobben festgestellt wurden, ohne daß entsprechende krankhafte Veränderungen der weiblichen Geschlechtsorgane auftraten. Allerdings waren im Versuch von REIJNDERS Veränderungen im Hormonhaushalt feststellbar. Seehunde scheinen insgesamt aber recht unempfindlich gegen Schadstoffe zu sein.

Das Seehundsterben 1988

Im Jahre 1988 kam es in der Nordsee und im Skagerrak/Kattegat zu einem Seehundsterben von bisher nicht gekannten Ausmaßen, dem über 17.000 Tiere zum Opfer fielen. Bis zum Winter wurden allein im Wattenmeer rund 8500 tote Seehunde gefunden, davon 5820 im schleswig-holsteinischen und 1100 im niedersächsischen Wattenmeer. Die Wattenmeerpopulation der Seehunde für das Jahr 1988 wurde zu Beginn des Jahres auf etwa 10.500 Tiere geschätzt. Bei der letzten koordinierten Zählung im September 1988 wurden im Wattenmeer noch 3879 lebende Seehunde gezählt, davon 1330 in Schleswig-Holstein und 877 in Niedersachsen.

Die Seuche nahm ihren Ausgang im Kattegat, wo am 12. April 1988 die ersten auffälligen Totfunde auf der Insel Anholt auftraten. Am 11. Mai erreichte die Krankheit die Nordspitze Sylts, am 31. Mai Büsum. Anfang Juni wurden auch in Niedersachsen und in den Niederlanden tote Tiere mit den typischen Krankheitsmerkmalen gefunden. Die Zahl der im schleswig-holsteinischen Wattenmeer gefundenen Robben übersteigt deutlich die Anzahl, die nach den Bestandszählungen von 1987 für das Jahr 1988 hochgerechnet wurden, nämlich etwa 4300 Tiere. Dies ist wohl in geringem Maße darauf zurückzuführen, daß bei den Zählungen nur die Tiere auf den Sandbänken erfaßt werden. Denn es halten sich nach den Beobachtungen während des Niedrigwassers nur wenige Seehunde im Wasser auf. Auch eine Zuwanderung von – womöglich kranken – Tieren aus dem Norden kann weitgehend ausgeschlossen werden. Vielmehr handelt es sich bei den überzähligen Tieren im wesentlichen um Kadaver, die mit den Gezeitenströmungen aus den Niederlanden und Niedersachsen angetrieben wurden. Denn hier wurden weniger lebende und tote Seehunde gezählt, als nach den Bestandsschätzungen zu erwarten gewesen wären.

Die Krankheitssymptome ähnelten sich bei vielen Tieren: Husten, schleimiger, z.T. blutiger Auswurf aus Mund und Nase, stark aufgetriebene entzündete Lungen, die den Tieren das Tauchen unmöglich machten. Deutlich vergrößerte Nebennieren wiesen auf die starke Belastung des Organismus hin.

Auffällig ist der rasche Verlauf der Krankheit, viele der Kadaver wiesen eine Fettschicht von mehr als 20 mm Dicke auf, was auf ein kurzes Siechtum hindeutet. Bei einer Reihe von Tieren wurden keine Antikörper gefunden, was von Wissenschaftlern so gedeutet wird, daß der Tod eintrat, bevor das Immunsystem ausreichend reagieren konnte.

Als unmittelbare Krankheitsursache wird nach heutiger Kenntnis ein hundestaupe-ähnliches Virus aus der Gruppe der Morbilli-Viren angesehen, das den speziellen Namen PDV (phocine distemper virus) erhielt. Über seine Herkunft gibt es noch keine gesicherten Erkenntnisse. Es greift das Immunsystem der Seehunde an und ermöglicht so Folgekrankheiten. Die Tatsache, daß neben diesem Virus auch Herpes- und Pico-RNA-Viren, Mycoplasmen sowie z.T. starker Parasitenbefall (Lungen- und Herzwürmer) festgestellt wurden, weist neben dem differierenden Krankheitsbild auf ein komplexes Krankheitsgeschehen hin.

Von einer Reihe von Wissenschaftlern wie auch von Umweltschutzverbänden wird das Robbensterben in erster Linie als ökologisches Phänomen gedeutet. Die starke Giftbelastung der Seehunde als Endkonsumenten von Meeresnahrungsketten wird mit in die Ursachendiskussion einbezogen. Zumindest von Untersuchungen an anderen Säugetieren ist die negative Wirkung von PCBs auf das Immunsystem bekannt. Auch wird auf die Tatsache hingewiesen, daß sich in den relativ sauberen britischen Gewässern sowie an der norwegischen Küste nördlich von Bergen die Seuche kaum ausbreiten konnte. In Großbritannien wies im Jahr 1989 bei gesunden Seehunden die Hälfte der Tiere Antikörper gegen die obengenannten Viren auf. Ein direkter Zusammenhang zwischen Giftbelastung und erhöhter Sterblichkeit konnte allerdings bis jetzt nicht nachgewiesen werden. Es ist auch fraglich, ob sich dieser Zusammenhang nach strengen wissenschaftlichen Maßstäben überhaupt nachweisen läßt – und zwar ungeachtet der Tatsache, ob er besteht oder nicht. Zumindest ist auch das Gegenteil nicht bewiesen, daß nämlich keinerlei Zusammenhang zwischen Giftbelastung und Robbensterben besteht.

Im Winter 1988/89 wurden deutlich mehr tote Seehunde als in den Vorjahren gefunden. Im Jahre 1989 wurden bis zum September 169 tote Seehunde im Wattenmeer registriert, von denen einige an der Seehundseuche gestorben sind, doch zeigt sich deutlich ein „Ausklingen" der Epidemie. Im Sommer 1989 wurden im gesamten Wattenmeer 4500 Seehunde gezählt, nach Hochrechnungen aus den Bestandszahlen von 1987 wären ca. 12.000 Robben zu erwarten gewesen. Es wird voraussichtlich 10 – 20 Jahre dauern, bis die Population ihre Ausgangsgröße wieder erreicht.

Literatur

BLESSING, M.H. (1969): Beitrag zur Physiologie und Anatomie ein iger im Wasser lebender Mammalier. Z. f. Säugetierkunde 34, S. 65 – 75.

DRESCHER, H.E. (1979): Biologie, Ökologie und Schutz der Seehunde im schleswig-holsteinischen Wattenmeer. Beitr. z. Wildbiologie, H.1 (LJV Schleswig-Holstein).

HARRISON, R.J. & J.D.W. TOMLINSON (1963): Anatomical and physiological adaptions in diving mammals. Viewpoints in biology, 2, S. 115 – 163.

HEERS, K.E. & G. BEHRENDS (1984): Der Seehund im Wattenmeer, WWF Umweltinformation. Frankfurt/Worpswede.

JAHRESBERICHT 1986 der Forschungsstelle Wildbiologie, Institut für Haustierkunde der Christian-Albrechts-Universität Kiel.

JENSEN, T. & J. FRIKKE (o.J.): Untervisningsmateriale om saeler, Biologiske Meddelelser, Fiskeri- og Søfartsmuseet. Esbjerg.

JOHN, W. u. GÜNTHER, I. (1985): Die Robben sollen überleben, Bild der Wissenschaft, 5, S. 109 – 120.

KING, J. (1983): Seals of the world. London.

MOHR, E. (1952): Die Robben der europäischen Gewässer. Frankfurt/Main (Schöps).

REIJNDERS, P.J.H. (1986): Reproductive failure in common seals feeding on fish from polluted coastal waters. Nature Vol. 324, S. 456 – 457.

REIJNDERS, P.J.H. & W.J. WOLFF (ed) (1981): Marine mammals of the Wadden Sea. Leiden.

SCHOLZ, E.F. (1980): Seehunde an der deutschen Nordseeküste. NiU-B H. 7, S. 212 – 218.

SCHRÖPFER, R. (1973): Der Seehund – ein Beispiel für die Anpassung eines Säugetieres an den amphibischen Lebensraum Watt. Der Biologieunterricht Jg. 9, S. 125 – 131.

SCHUMANN, W. (1985): Seehunde im Wattenmeer. Hannover (Landbuch-Verlag).

SIEVERS, J. (1985): Untersuchungen zur Nahrungsökologie des Seehunds Phoca vitulina im schleswig-holsteinischen Wattenmeer. Unveröffentl. Staatsexamensarbeit, Univ. Kiel.

Glossar

Ästuar: Ursprünglich weite flache Flußmündungen mit Brackwasser, im weiteren Sinne auch geschützte Flachwasserbereiche an der Küste wie das Wattenmeer

Carnivor: fleischfressend

Detritus: (Lat. das Zerriebene), im Wasser schwebende unbelebte Sinkstoffe. Es wird zwischen anorganischen D. und organischem D. (zerkleinerte Überreste von Pflanzen und Tieren, meist dicht mit Bakterien besiedelt) unterschieden.

Erosion: Abtragung von Gestein oder Sedimenten

eury-: Vorsilbe, die eine weite Anpassungsbreite der Organismen bezeichnet, z.B. eurytherm: Anpassung an weiten Temperaturbereich, euryhalin: Anpassung an große Schwankungen des Salzgehalts.

Habitat: Teil des Lebensraums, in dem eine Art oder Individuen regelmäßig vorkommen.

Herbivor: pflanzenfressend

Kosmopolit: weltweit vorkommende Art

Litoral: Küstenzone (vom Sub- bis zum Supralitoral), es umfaßt:

> *Sublitoral:* Die Küstenzone unterhalb der Niedrigwasserlinie, die ständig vom Meer bedeckt ist.
>
> *Eulitoral:* Die Küstenzone zwischen der Hoch- und der Niedrigwasserlinie, die entsprechend zweimal täglich trockenfällt.
>
> *Supralitoral:* Die Zone oberhalb der mittleren Hochwasserlinie, die noch durch seltene Überflutungen oder Spritzwasser unter Meereseinfluß steht.

Makrofauna: Tiere, die von einem Netz mit 1 mm Maschenweite zurückgehalten werden.

Meiofauna: Tiere, die durch Siebe von 0,1 mm Maschenweite zurückgehalten werden und Siebe von 1 mm Weite passieren.

Mikrofauna: Kleine Tiere, die Netze mit 0,1 mm Maschenweite passieren.

Nahrungsressourcen: zur Verfügung stehende Nahrung, Nahrungsquellen

Nipptide: Bei Halbmond schwächen sich die Wirkungen der Anziehungskräfte von Sonne und Mond gegenseitig. Das Hochwasser ist niedriger und das Niedrigwasser höher als normal.

Opportunismus: Überlebensstrategie von Lebewesen, die wenig wählerisch sind und verschiedene Möglichkeiten der Ernährungsweise, der Nahrung, von Habitaten usw. wahrnehmen können und sich so rasch verändernden Bedingungen anpassen können.

Organogen: durch Lebewesen entstanden

Phytal: Lebensraum des pflanzlichen Aufwuchses am Meeresboden, beherbergt eine charakteristische Fauna

Phytoplankton: kleine, meist einzellige Algen, die passiv im Wasser treiben

Regression: langfristiges Zurückweichen des Meeres

Schill: zusammengespülte Anhäufung von leeren Muschel- und Schneckenschalen

Sedimentation: Ablagerung von lockerem Material

Sekundäres Hartsubtrat: fester Untergrund, z.B. Steine der Lahnungen oder Holz in Hafenanlagen, der im von lockeren Sedimenten geprägten Wattenmeer ursprünglich nicht vorhanden war.

Sessil: seßhaft; Lebewesen, die meist am Untergrund festgewachsen sind.

Springtide: Bei Neu- und Vollmond addieren sich die Anziehungskräfte von Sonne und Mond. Das Hochwasser ist höher und das Niedrigwasser tiefer als normal.

steno-: Vorsilbe, die einen engen Anpassungsbereich bezeichnet, z.B. stenophag: auf bestimmte Nahrung spezialisiert, stenotherm: an engen Temperaturbereich angepaßt.

Transgression: langfristiges Vordringen des Meeres über ein Festland

Vagil: zur Ortsveränderung befähigt, Gegenteil von sessil

Zooplankton: meist kleine, passiv im Wasser treibende Tiere